Einführung in die Mikroskopie

Einführung in die Mikroskopie

Von

Professor Dr. P. Mayer
in Jena

Mit 28 Textfiguren

Springer-Verlag Berlin Heidelberg GmbH 1914

ISBN 978-3-662-23827-1 ISBN 978-3-662-25930-6 (eBook)
DOI 10.1007/978-3-662-25930-6

Ursprünglich erschienen bei Julius Springer in Berlin 1914
Softcover reprint of the hardcover 1st edition 1914

Vorwort.

Als Leser dieses anspruchlosen Büchleins denke ich mir Personen, die sich durch eigene Erfahrung einen Einblick in die Welt des Kleinen verschaffen wollen, aber dabei ganz auf sich angewiesen sind und keinerlei praktische Unterweisung erhalten können. Besonders wende ich mich also an die Lehrer, namentlich in kleinen Orten, nebenher an solche Ärzte und Apotheker, die gern die auf der Universität erworbenen Kenntnisse wieder auffrischen, auch an die Schüler höherer Lehranstalten, soweit ihnen die Anleitung zum Mikroskopieren nicht durch einen tüchtigen Praktiker zuteil wird. Hoffentlich erlangen sie alle durch fleißige Beschäftigung mit den von mir angegebenen oder nur vorgeschlagenen Aufgaben bald die Fähigkeit, sich des Mikroskopes richtig zu bedienen.

In der Wahl der Objekte, die sich zur Untersuchung eignen, mußte ich mir mit Rücksicht auf den Leserkreis natürlich große Beschränkung auferlegen. Die Organismen des Meeres wurden ganz weggelassen, auch sonst durfte die Wahl nur auf solche fallen, die leicht und fast das ganze Jahr hindurch zugänglich sind. Diese Lücken mag sich später jeder ausfüllen, so gut es ihm möglich ist; mir genügt es, wenn ich ihm dazu die nötige Anweisung gegeben habe. — Die Zahl der Figuren — sie sind fast alle neu — ist absichtlich gering, denn der Leser soll kein Bilderbuch in die Hand bekommen, sondern lediglich Winke zum Umgange mit dem Mikroskope und zur Anfertigung brauchbarer Präparate, nicht auch eine Beschreibung dessen, was er unter günstigen Umständen an diesen sehen kann. Das muß er aus den Spezialwerken lernen: nur diese können ihm eine gründliche Kenntnis vermitteln, nicht aber darf er sie von einem Leitfaden der Mikroskopie erwarten.

Den Bestrebungen der Sprachreiniger bin ich, soweit ich sie für berechtigt anerkenne, entgegengekommen, habe auch hier und da neue Ausdrücke geprägt, wenn sie kürzer oder besser sind als die des Gelehrtendeutsches, das ja vieler Fremdwörter nicht entbehren kann, ohne für die Forscher unbrauchbar zu werden.

Jena, im Frühjahre 1914.

P. Mayer.

Inhaltsverzeichnis.

Einleitung.

Da dieses Buch ausdrücklich für Anfänger bestimmt ist, denen keine Unterweisung von anderer Seite zugeht, noch weniger aber ein zoologisches oder botanisches Institut offen steht, so darf ohne weiteres angenommen werden, daß sie in der eigenen Wohnung mikroskopieren wollen und müssen. Wir geben daher auf den folgenden Zeilen einige Winke für die Einrichtung des Arbeitsraumes in ganz bescheidenen Grenzen und mit Rücksicht auf eine schmale Börse.

Natürlich ist es am besten, wenn man ein besonderes Arbeitszimmer für sich hat. Wenn irgend möglich, so sollte der Raum nach Süden liegen, damit man sich unter Umständen der Sonne bei seinen Untersuchungen bedienen kann. Allerdings hat diese Lage die Folge, daß man sich namentlich im Frühjahre und Herbst, wenn die Sonne niedrig steht, durch weiße Vorhänge oder Rahmen aus weißem Stoffe, die nach Bedarf vor die Fenster gehängt oder gesetzt werden, vor dem direkten Sonnenlichte schützen muß; das ist aber weniger unangenehm, als wenn man einen Raum nach Norden wählt, denn das Licht von dort ist oft nicht hell genug und wird es eigentlich nur dann, wenn weiße Wolken am Nordhimmel von der Sonne beschienen werden.

Im Anschlusse hieran sei von der künstlichen Beleuchtung einstweilen nur so viel gesagt, das man sie am besten nach Möglichkeit vermeidet. Selbst im Hochwinter genügt meist das Tageslicht, wenigstens wenn man den Blick auf den Himmel frei hat, also Licht von dort in den Spiegel des Mikroskopes gelangen lassen kann. Wer nicht in der Behandlung der künstlichen Lichtquellen geübt ist, kommt mit dem Tageslicht entschieden weiter und strengt, was wichtiger ist, die Augen viel weniger an als bei Gas- oder elektrischem Licht. Natürlich gilt das nur von den Beobachtungen mit dem Mikroskope oder der Lupe, aber gerade diese sollte man, wenn eben möglich, immer bei Tage ausführen.

Wenn es angeht, so habe man einen eigenen Arbeitstisch zur Verfügung. Zur Not reicht zwar ein ganz gewöhnlicher fester Tisch aus, indessen wird man schon bald merken, daß ein solcher, wenn er nicht außergewöhnlich groß ist, allerlei Nebeneinrichtungen nötig macht. Seine Platte sollte wenigstens 1 m lang und $\frac{1}{2}$ m breit sein, damit man außer dem Mikroskope und seinen Hilfsapparaten sowie dem zu untersuchenden Materiale an Tieren und Pflanzen die gebräuchlichsten Chemikalien — etwa 15—20 Flaschen — darauf bequem unterbringen kann und sich nicht alle Augenblick derartige unentbehrliche Dinge vom Nebentische oder einem Wandgestelle holen muß. Außerdem bedarf man, um die feineren Instrumente und Präparate vor Staub zu schützen, einer oder gleich mehrerer Schubladen, die man an gewöhnlichen Tischen doch nicht findet. Wir geben daher lieber genau an, was nach unserer Meinung in dieser Hinsicht so gut wie unumgänglich nötig ist, und überlassen es dem Anfänger, sich hiermit abzufinden.

Der Arbeitstisch sei etwa 2 m lang und wenigstens $\frac{3}{4}$ m, besser sogar 1 m breit. Hat man gar wenig Raum frei, so läßt sich ja auch mit einer nur $^1/_2$ m breiten Platte auskommen, wenn an der Wand Gestelle oder andere Vorkehrungen zur Aufbewahrung der vielen Nebendinge existieren, und das gewährt sogar den Vorteil, daß man über die Platte hinwegreichen und das Fenster öffnen oder die Vorhänge bewegen kann, falls der Tisch ganz dicht vor dem Fenster steht. Ist dagegen die Platte so breit, wie wir vorschlagen, so muß man den Tisch wenigstens $^1/_2$ m vom Fenster wegrücken, um zwischen ihm durchzukommen, wenn man etwas am Fenster zu tun hat. Man sitzt dann etwa $1^1/_2$ m weit im Zimmer, braucht also sehr viel Raum, kann aber dafür die Breite der Platte gehörig ausnutzen. — Am besten ist der Tisch etwa 75 cm hoch; die Platte sei aus einem recht harzreichen Holz, entweder Pitchpine oder wenigstens Fichte; angestrichen braucht sie nicht zu sein, wohl aber läßt man sie mit Paraffin tränken, je tiefer, desto besser. Auch ist es anzuraten, dort, wo man die Präparate anfertigt, also mit allerhand Chemikalien und Farbstoffen zu tun hat, einen Bogen Löschpapier oder Löschpappe auszubreiten, da sonst der Tisch schon bald die Spuren der Tätigkeit deutlicher zeigt, als angenehm ist.

Die Schubladen können genau wie bei einem Schreibtische gar nicht zu zahlreich sein, nur muß man die Mitte, also da, wo man in der Regel sitzt, davon frei sein lassen. Man kommt allenfalls mit einer tiefen und zwei übereinander gelegenen flacheren aus, geeignete Tiefen sind 10 und 4 cm. Die Laden läßt man vom Tischler ungeteilt anfertigen, zugleich aber eine Menge kräftiger Leisten von etwa 3 cm Höhe und 1 cm Breite liefern, die man je nach Bedürfnis in den Laden anbringt, um sich die Abteilungen darin selber zu schaffen. Mit kleinen Nägeln lassen sie sich bequem befestigen und, falls sie nicht gleich in der richtigen Entfernung voneinander angebracht wurden, ebenso leicht wieder herausnehmen und anders einsetzen.

Von Stühlen brauchte man eigentlich zwei, den einen etwa 15 cm höher als den anderen; der niedrige dient bei der Anfertigung der Präparate, beim Zeichnen, Schreiben usw., der hohe nur beim Hineinsehen ins Mikroskop, falls man dieses aus irgendeinem Grunde nicht neigen darf. Aber das kommt nicht so oft vor, daß die Anschaffung eines besonderen Stuhles sich lohnte. Jedenfalls sollte man es eine Zeitlang versuchen, mit nur einem gewöhnlichen Stuhle auszureichen, dessen Sitz man durch ein Kissen zeitweilig erhöhen mag. Zu einem Drehsessel raten wir nicht, da er unpraktisch ist.

Der vorhin beschriebene Tisch bietet Raum genug, und man wird nur äußerst selten einmal etwas von der Platte wegzunehmen haben, um anderem Platz zu schaffen. Aber es muß auch Ordnung darauf herrschen, und man sollte es sich zum Gesetz machen, alle Abende oder überhaupt nach Schluß des Tagewerkes den Tisch vollständig aufzuräumen und besonders die feineren Instrumente sorgsam abzuwischen und in ihre Behälter zurückzulegen. Das gilt nicht nur vom wichtigsten, dem Mikroskope, sondern ebensogut von den Nadeln, Messern usw., die gleichfalls nicht zu sauber gehalten werden können. Diese Vorschrift muß man sich derart ins Blut übergehen lassen, daß man absolut sicher weiß, man findet bei Beginn der Arbeit am nächsten Tage alles bereit und braucht es nicht erst gerade dann in Ordnung zu bringen, wenn man damit zu arbeiten vorhat. Überhaupt soll der Mikroskopiker wenigstens ebenso sauber und gewissenhaft verfahren wie der Chemiker, und dazu gehört auch das tadelfreie Reinhalten der vielen Gerätschaften. Gerade hierin liegt zum Teil der pädagogische Wert der Beschäftigung mit dem Mikroskope, wenn sie ernst gemeint ist und nicht zur Spielerei ausartet.

Da man, wie nochmals hervorgehoben sei, bei den Untersuchungen in der Sauberkeit nicht leicht zu weit gehen kann, so bilden die Wischtücher eine durchaus nicht nebensächliche Einrichtung. Von ihnen sollte man wenigstens je eins für die wässerigen und für die fettigen Stoffe haben, nicht aber alle Unreinigkeiten mit einem und demselben Tuche entfernen wollen. Namentlich gilt das, sobald es sich um die Reinigung von Glasgegenständen handelt: diese behalten stets eine feine Fettschicht auf der Oberfläche, wenn man sie nicht zu guter Letzt mit einem ganz fettfreien Tuche abwischt. Übrigens kann man in vielen Fällen Wattebäusche benutzen, um z. B. Paraffin wegzuwischen oder um die Schalen zu reinigen, in denen man die Färblösungen bereitet hat; aber hinterher muß man immer das Wischtuch folgen lassen. Hat man die Reste stark riechender Mittel zu entfernen, die sich dem Auge nicht so leicht verraten wie jene, so ruhe man nicht eher, als bis dabei die Nase ihr endgültiges Urteil abgegeben hat.

Gemeiniglich glaubt man, das Mikroskop sei das teuerste Instrument für die Untersuchungen, bei denen es gebraucht wird. Das ist indessen nur dann ganz richtig, wenn man die subtilsten Forschungen anzustellen hat. Wer sich jedoch mehr auf der Oberfläche der Wissenschaft bewegt oder nur als Anfänger ihr naht, für den sind die vielen Nebenapparate zusammen wenigstens ebenso kostspielig. Hierauf bei den Anschaffungen Rücksicht zu nehmen, ist sehr ratsam. Man kommt namentlich im Anfange mit einem recht billigen Mikroskope aus, sollte es allerdings nicht so klein wählen, daß man schon bald keine Freude mehr daran hat, sondern von vorneherein so groß, daß es für lange ausreicht und auch durch weitere Zutaten vervollständigt werden kann. Aber — und dies gehört ebenfalls in das Kapitel von der Reinlichkeit — wie auch das Mikroskop beschaffen sein mag: wenn man es nicht benutzt, darf man es ja nicht sozusagen nackt auf dem Tisch stehen lassen, sondern muß es entweder in seinen Kasten zurückbringen oder mindestens mit einem reinen glatten Tuche, am besten einem alten, gut gewaschenen Taschentuche, bedecken. Es gibt dafür zwar eigene Glasglocken, aber sie sind unnötig teuer, leicht zerbrechlich und nehmen viel Platz weg, wenn sie beiseite gestellt werden.

Bei richtiger Behandlung ist ein gutes Mikroskop fast unzerstörbar; es mag an manchen Stellen etwas abgenutzt werden, auch an Eleganz der Erscheinung einbüßen, aber die wichtigen Teile werden nach wie vor in Ordnung bleiben. Sollte es aber durch einen unglücklichen Zufall — etwa indem man es vom Tische stößt oder sonst gröblich beschädigt — ernstlich Schaden gelitten haben, so versuche man ja nicht, es selbst wieder instand zu setzen, sondern schicke es an die Firma, die es geliefert hat und am besten beurteilen kann, was dann geschehen muß.

Wie er unter normalen Umständen mit dem Mikroskope umzugehen hat, und welche Leistungen er dann von ihm mit Recht erwarten darf, erfährt der Leser im 1. Kapitel, zu dem wir uns jetzt wenden.

Erstes Kapitel.

Handhabung des Mikroskopes.

Absichtlich legen wir den folgenden Auseinandersetzungen eine bestimmte Art von Mikroskop zugrunde. Es ist dieses das wegen seines relativ geringen Preises wohl allen erschwingliche sogenannte Kurs-Mikroskop der Firma R. Winkel in Göttingen, das so, wie es in Fig. 1 abgebildet ist, seinen Schrank inbegriffen, nur 132 M. kostet. Das Gestell, gewöhnlich als Stativ bezeichnet, ist für 65 M. zu haben; ein noch billigeres zu wählen, empfehlen wir nicht, da man alsdann auf manche Bequemlichkeiten verzichten müßte, die man bei längerer Arbeit doch nicht gern entbehren würde. Der Leser möge sich nun vor allem mit dem Instrumente etwas vertraut machen und nicht nur die folgenden Zeilen recht aufmerksam lesen, sondern auch die Abbildung (Fig. 1) genau betrachten und sich die Namen für die Teile des Mikroskopes einprägen.

Wir nehmen an, das Mikroskop werde aus seinem Schranke herausgeholt und auf den Arbeitstisch gebracht. Es muß dann so stehen, daß es die Seite, die den Spiegel zeigt — in der Figur links — dem Fenster zukehrt[1]).

Da jedes auch nur einigermaßen anständige Mikroskop ein Präzisionsinstrument darstellt, so muß man es demgemäß behandeln, damit es nicht rasch an seiner Leistungsfähigkeit erheblich einbüßt. Man gewöhne sich also unbedingt daran, es bei dem Herausnehmen aus dem Schranke oder dem Transporte von einer Stelle des Arbeitstisches zu einer anderen unten an der sog. Säule[2]), nicht aber weiter oben an dem gelb lackierten Rohre (dem Tubusträger) anzufassen. Denn in diesem ist der sehr empfindliche Mechanismus zur sog. feinen Einstellung verborgen, der unter keinen Umständen leiden darf. Auch wenn man dieses Rohr anfassen muß, um den ganzen Oberteil des Mikroskopes zu sich umzulegen, wie in der Abbildung dargestellt, tue man dies behutsam und greife dabei nicht etwa weiter oben an der Groben Schraube an! Mit dem Umlegen des Oberteils erreicht man nur, daß man nicht senkrecht von oben ins Mikroskop

---

[1]) Beim Hineinstellen des Instrumentes in den Schrank muß man dafür sorgen, daß es darin nirgend anstößt, also vorher eventuell den Tubus weit genug herunter schrauben.

[2]) Dieser Name rührt daher, daß sich bei manchen älteren Mikroskopen vom Fuße wirklich eine runde Säule erhob; er wird trotz der veränderten Form auch heute noch gebraucht.

zu schauen braucht, sondern diese auf die Dauer etwas unbequeme Haltung des Kopfes mit der angenehmeren schrägen vertauschen kann. Aber das ist meist überflüssig, man beobachte

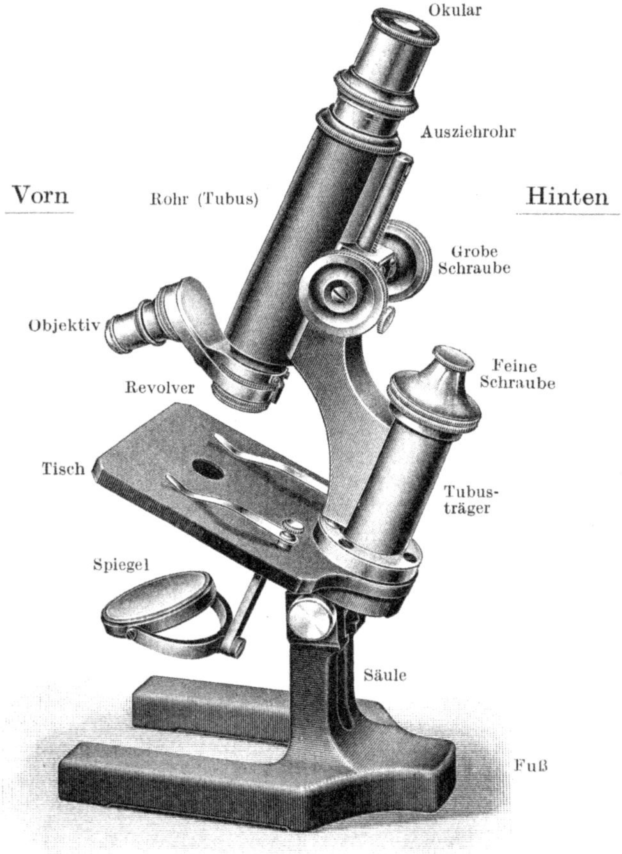

Fig. 1.

daher in erster Linie mit nicht umgelegtem Oberteile! Das ist auch die allein richtige Stellung des Instrumentes, so oft man mit Flüssigkeiten zu tun hat, die bei geneigtem Oberteile natürlich heruntertropfen würden. Hat man indessen aus irgendeinem Grunde diesen so weit geneigt, daß er wagerecht liegt, so sei man besonders vorsichtig: zwar sind die beiden vorderen Schenkel des Fußes so lang, daß sie auch in dieser ungewöhnlichen Lage das ganze Instrument tragen, aber ein leichter Stoß würde es doch schon umwerfen können.

Soweit über das Mikroskop als Ganzes! Von seinen Teilen interessiert uns zunächst die schwarze, bei normaler Stellung wagerechte Platte, der sog. Tisch, mit dem Loch in der Mitte. Er muß so sauber wie nur möglich gehalten werden. Daß seine gleichmäßige Farbe mit der Zeit an manchen Stellen dem Gelb des Messings Platz macht, ist freilich nicht zu ändern, auch nicht gar schlimm, aber rein sollte er immer sein! Man habe einen leinenen Lappen bereit, der nur hierfür bestimmt ist; den Staub vom Fuß und Spiegel kann man mit einem weichen Pinsel entfernen. Die beiden sog. Klemmen (in der Figur nicht bezeichnet) auf dem Tische dienen zum Festhalten des Präparates, das man just beobachtet, sind aber bei einiger Übung meist entbehrlich, werden daher am besten einstweilen im Schranke aufbewahrt. Wir kommen auf sie später (S. 19) zurück.

Einen anderen wichtigen Teil des Mikroskopes bildet als Träger der vergrößernden Linsen der schon erwähnte Tubus. Dieser ist am Oberteile durch Drehen an einem der beiden senkrechten Köpfe der sog. Groben Schraube von oben nach unten und umgekehrt verschiebbar. Diese Bewegung muß ausschließlich senkrecht erfolgen, ohne daß der Tubus auch nur im geringsten seitlich schwankte. Man gewöhne sich daher auch hier an ein recht behutsames Verfahren, damit die Schraube und die von ihr berührten Zähne der Zahnstange nicht vor der Zeit abgenutzt werden[1]).

Unten trägt der Tubus ein eigentümliches vernickeltes Stück, den Revolver; an diesem werden die zwei Objektive angebracht, die zum Mikroskope gehören. Man schraubt hierzu den Tubus erst recht hoch, schiebt das Objektiv 4, nachdem man es aus seiner Kapsel herausgeholt hat, von unten her genau senkrecht in die eine Öffnung des Revolvers und schraubt es ein; mitunter gelingt das nicht rasch, und dann mache man erst einige Drehungen in der falschen Richtung, d. h. von rechts nach links, bis man merkt, daß die Schraube und ihre Mutter ineinander eingreifen wollen. Jedenfalls darf bei diesen Ver-

---

[1]) Zwischen den beiden senkrechten Köpfen ragt eine kleine Schraube hervor. Durch sie kann man den Gang der Groben Schraube leichter oder schwerer machen, aber in der Regel beläßt man sie am besten so, wie sie von der Firma gestellt ist.

suchen das Objektiv ja nicht hinfallen oder mit der untersten Linse auf den Tisch stoßen; auch soll man diese nicht mit der Hand berühren, damit sie nicht fettig wird. Hat man nun Objektiv 4 glücklich an seinem Orte, so drehe man an dem Revolver so lange, bis die Feder an ihm von neuem einschnappt, und schraube auf dieselbe Weise Objektiv 1 ein. Man könnte das auch tun, während die freie Öffnung des Revolvers schräg steht; aber das ist so viel schwieriger, daß man es nicht erst zu versuchen braucht. Natürlich ließe sich sogar ganz ohne den Revolver auskommen, wie es denn in der Tat lange gedauert hat, bevor man ihn erfand. Aber das jedesmalige Ab- und Anschrauben der Objektive, wenn man von einem zum anderen übergehen muß, kostet nicht nur viel Zeit, sondern kann den Beobachter auch nervös machen, sobald es just dann nicht gut gelingen will, wenn man im Interesse der Arbeit recht schnell den Wechsel vornehmen müßte. Daher haben wir den Revolver, da er nur 15 M. kostet, als unentbehrliches Stück der Ausrüstung von vorneherein mit aufgenommen,

Sind nun die beiden Objektive richtig angebracht, so läßt man in den offenen Tubus eins der beiden Okulare, am besten das schwächere, also Nr. 2, langsam hineingleiten und ist dann zur ersten Beobachtung gerüstet. Bevor wir aber zu dieser schreiten, sei noch bemerkt, daß man Objektive und Okulare (zu Deutsch: die dem Objekt bzw. dem Auge zugekehrten Gläser) zusammen kurz als Linsen bezeichnet, oft aber unter der Linse das Objektiv allein versteht. In beiderlei Sinne wird das Wort Linse der Kürze halber hier und da auch in diesem Buche angewandt, wenn aus dem Zusammenhange ohne weiteres hervorgeht, was damit gemeint ist.

Welcher Gegenstand (Objekt) sich ohne weitere Vorbereitung zur ersten Beobachtung eignet, mag zweifelhaft sein; uns scheint, man beginnt am besten in folgender Weise. Zunächst setzt man die Brille, falls man eine trägt, ab, da sie nur stören würde; bei anderen Beobachtungen mag man sie aufbehalten, obwohl man im allgemeinen besser ohne sie auskommt; hierauf wird noch im 10. Kapitel einzugehen sein. Ferner stellt man den Spiegel — von ihm ist später genug die Rede — genau wagerecht, schaltet ihn so einstweilen aus und bedeckt ihn mit weißem Papier. Schaut man nun in das Okular, so erblickt man ein weiße kreisrunde Fläche, das sog. Sehfeld, das noch völlig leer ist. Jetzt schiebt man den unter dem Tisch rechts etwas hervorragenden kleinen schwarzen Griff so weit wie möglich nach dem Fenster hin. Dies hat zur Folge, daß in dem runden Loch des Tisches mehrere eigentümliche Plättchen, die Lamellen der sog. Blende, sichtbar werden und es bis auf eine winzige Öffnung in der Mitte verschließen. Dann schraubt man den Tubus langsam so weit abwärts, bis man das Löchlein scharf erblickt. Sitzt — das wollen wir annehmen — das kurze Objektiv am Tubus, so bleibt hierbei sein unterer Rand etwas weniger als 3 cm vom Tische entfernt.

Während man nun hineinsieht, öffne man durch Zurückschieben des kleinen Griffes das Löchlein — es erscheint schon mit dem erwähnten Objektive nicht mehr rund, sondern durch recht grobe Zacken begrenzt — langsam mehr und mehr. Dabei wird einem auffallen, daß das Bild der Lamellen, je näher es dem Rande des Sehfeldes rückt, um so undeutlicher wird. Um es wieder scharf zu haben, muß man durch neues Drehen an der Groben Schraube den Tubus etwas senken. Zuletzt verschwinden die Lamellen völlig aus dem Sehfelde; schaut man aber mit dem unbewaffneten Auge hin, so merkt man, daß das Loch im Tische noch lange nicht ganz frei ist, und erhält so die erste Vorstellung von der Größe des Sehfeldes, das sich mit Objektiv 1 auf einmal überblicken läßt: es hat ungefähr 4 mm im Durchmesser und wird nur wenig kleiner, wenn man statt des schwächeren Okulares das stärkere (Nr. 4) einsetzt. Nun bringe man durch Umschlagen des Revolvers das andere Objektiv (Nr. 4) an das untere Ende des Tubus, schraube aber diesen vorher etwas höher, da sonst das Objektiv den Tisch berühren würde! Da muß man, um die Lamellen scharf zu sehen, ganz tief hinunterschrauben und kommt mit dem freien Ende der Linse den Rändern der Tischöffnung schon bedenklich nahe. Das Bild aber, das sich im Okulare zeigt, erscheint viel weniger hell, und die Ränder der Lamellen sind jetzt gar grob geworden; das Sehfeld hat nur noch etwa 1 mm im Durchmesser.

Ein eigentliches, d. h. nicht zum Mikroskope selber gehöriges Objekt haben wir bisher nicht beobachtet. Es wird also Zeit, sich eins — absichtlich ein ganz einfaches — herzustellen. Wir schneiden aus einer Zeitung einen Streifen mit recht kleinen Lettern, etwa 10 cm lang und 5 cm breit, und legen ihn direkt auf den schwarzen Tisch, lassen dabei auf dem Spiegel das weiße Papier, schließen aber die Blende. Bei der Betrachtung des Druckes mit Linse 1 und Okular 2 erkennen wir sofort, daß das Bild der Buchstaben verkehrt erscheint, wir müssen also das Blatt mit den Buchstaben auf dem Kopfe hinlegen, um die Schrift lesen zu können. Ferner üben wir an diesem Objekte sehr bequem das sog. Einstellen, d. h. das Nähern des Tubus an das

Objekt, bis dieses am deutlichsten wird, oder das Entfernen davon, falls wir ihm zu nahe waren. Zwar sehen schon mit dem schwachen Objektive die Linien der Druckerschwärze etwas verwaschen aus, aber es gelingt immer noch, ein leidlich scharfes Bild zu gewinnen. Schlägt man nun den Revolver um, so wird man zwar mit Objektiv 4 das Licht just noch hell genug finden, um die Einzelheiten im Objekte wahrzunehmen, aber die Lettern sind schon gar zu umfangreich geworden. Auch will zur scharfen Einstellung die bisher benutzte Grobe Schraube nicht mehr recht genügen, sondern man muß zu der anderen greifen, deren Kopf das gelbe Rohr des Tubusträgers oben abschließt, d. h. zu der Feinen Schraube (Mikrometerschraube). Durch vorsichtiges Drehen an dieser in der einen oder anderen Richtung sieht man an den unbedruckten Stellen die Papierfasern bald deutlicher werden, bald mehr verschwimmen. Diese Art der Einstellung, im Gegensatze zu der bisher geübten sog. groben die feine genannt, nähert das Objekt dem Gegenstande, wenn man die Schraube so dreht, wie bei einer Uhr die Zeiger laufen, und entfernt es davon bei der umgekehrten Bewegung. Sie ist sehr viel feiner als die grobe; es empfiehlt sich, die Schraube ein gut Stück im Sinne des Uhrzeigers zu drehen und zu beachten, wie langsam sich das Objektiv auf das Papier senkt. Ebenso sollte man den Tubus die umgekehrte Bewegung machen lassen, bis er nicht mehr steigt; man erfährt so, wie weit die Schraube überhaupt reicht. Aber auch abwärts hat die Bewegung bald ein Ende, nämlich wenn der ausgeschweifte Teil des Tubusträgers unten auf den breiten Messingring aufstößt, der auf den Tisch geschraubt ist. Dann muß man die Feine Schraube wieder in der anderen Richtung drehen. Überhaupt gewöhne man sich daran, mit der groben Einstellung so weit zu kommen wie möglich und die Feine Schraube erst dann in die Hand zu nehmen; so wird sie nicht leicht an eins ihrer Enden geraten, sondern immer einigermaßen die Mittelstellung innehalten.

Um die Zeitung noch weiter auszunutzen, schiebe man sie so, daß ein Rand von ihr mitten über das Loch im Tische tritt. Nun kann man die aus der ganzen Masse herausragenden Papierfasern gut beobachten: zuerst, wie bisher, auf schwarzem Grunde, dann aber, nachdem man die Blende — sie heißt nach der Art ihres Baues die Irisblende — durch Drehen des kleinen Griffes weit geöffnet hat, auf weißem Grunde, da ja nun das Papier auf dem Spiegel sein Licht emporsendet. Man merkt sofort, daß in diesem Falle alle Feinheiten bei weitem besser auf dem schwarzen Grunde hervortreten. Endlich entferne man das

Papier vom Spiegel und setze ihn in Tätigkeit, wobei es momentan gleichgültig ist, welche Fläche, die ebene oder die hohle, er nach oben kehrt. Durch Drehen des Spiegels hin und her suche man das Licht des Himmels so zu lenken, daß es durch das Loch im Tische nach oben in das Objektiv gelangt. Nach einigen Versuchen[1]) wird das erreicht sein, und man erblickt die freien Faserenden wieder in ganz anderer Weise, nämlich vom Lichte durchstrahlt, soweit sie dieses durchlassen. Diese Art der Beleuchtung — mit durchfallendem Lichte — und der Beobachtung ist aus guten Gründen beim Mikroskopieren die gebräuchlichste und so wichtig, daß wir bei ihr noch etwas verweilen müssen.

Beim Sehen mit dem unbewaffneten Auge, wie wir es täglich üben und von Jugend auf gewöhnt sind, machen wir nicht nur beinahe immer von beiden Augen zugleich Gebrauch, sondern sehen fast alle Objekte auch so, wie sie uns das auf sie „auffallende" Licht — wir wollen es kürzer als Auflicht bezeichnen im Gegensatze zum durchfallenden oder Durchlicht — darbietet. Darum bleiben wir auch mit dem Blicke stets an der Oberfläche der Gegenstände haften und dringen in ihre Tiefe nur in den seltenen Fällen, wenn sie durchsichtig genug sind. Das genügt aber dem Naturforscher nicht, und so versucht er es auf alle Weise, die Objekte durchsichtig zu machen, um hineinschauen zu können. Wir werden später sehen, wie ihm das gelingt, oft erst auf eine sehr umständliche und mühevolle Art. Aber wir begreifen schon jetzt, daß man beim Mikroskope, wenn es den Beobachter wesentlich weiter führen soll, als er ohne es gelangt, nicht mit dem Auflichte auskommt, sondern gleich nachher und in viel stärkerem Maße das Durchlicht heranholen muß. Nun könnte man ja bei seiner Anwendung das als transparent vorausgesetzte Objekt einfach von der Lichtquelle, z. B. dem Fenster, durchstrahlen lassen und so betrachten. Dabei müßte natürlich der Tubus mit den Linsen wagerecht gehalten werden. Aber, da das recht unbequem und umständlich wäre, so läßt man das Licht durch den Spiegel so abgelenkt werden, daß es die Objekte von unten

[1]) Es gelingt leichter, wenn man sowohl das Okular herausholt als auch den Revolver so dreht, daß keins der beiden Objektive die untere Öffnung des Tubus einnimmt. Man sieht dann die Hälfte des Loches im Tische vom Papier eingenommen und muß nun dafür sorgen, daß der Spiegel nicht den Rahmen oder gar das Kreuz des Fensters als Bild in die andere Hälfte gelangen läßt, sondern nur den Himmel. Dann mag man die Linsen wieder an ihre Stelle bringen und braucht höchstens noch ein wenig an der Stellung des Spiegels zu ändern, um das beste Licht, das das Fenster hergibt, benutzen zu können.

her durchsetzt und erst nun in das Objektiv dringt. Da die eine Fläche des Spiegels konkav ist, so bringt sie mehr Licht in das Mikroskop als es die plane tut, ist daher anzuwenden, wenn dies verlangt wird. Natürlich muß man den Spiegel so richten, daß er recht viel Licht auffangen kann. Gewöhnlich reicht das Tageslicht für unsere Linsen und Objekte aus, sonst muß man als Quelle entweder eine Gasglüh- oder eine gute Petrollampe nehmen, dann aber das Licht durch Einschaltung einer matten Glasscheibe oder eines Wachspapieres diffus machen. (Genaueres hierüber siehe auf S. 193.) Direktes Sonnenlicht dagegen darf man unter keinen Umständen in den Spiegel locken und von da in das Mikroskop schicken, denn 1. kann es den Linsen schaden, 2. schadet es bestimmt den Augen, und 3. liefert es schlechte Bilder der Objekte. Es sei also dringend davor gewarnt! Überhaupt soll man seine Objekte nicht in einem Meere von Licht ertränken, sondern mit so wenig Licht wie möglich auszukommen suchen und deswegen fleißig Gebrauch von der Blende machen.

Alles dies gilt in erster Linie, wenn man mit ganz durchsichtigen Gegenständen zu tun hat. Liegt aber auf dem Tische des Mikroskopes ein etwas dickeres und nur teilweise durchsichtiges oder gar nur durchscheinendes Objekt, so wird die Beobachtung in seinen inneren Schichten schwierig, und man muß oft nicht nur alles Licht hineinsenden, das man überhaupt erhalten kann, sondern auch das Auflicht durch die Hand oder einen kleinen Schirm abhalten. Besonders wird das bei Objektiv 1 nötig, während Objektiv 4 bereits dem Gegenstande so nahe kommt, daß vom Fenster her nicht mehr viel Licht auf ihn gelangen kann. Einen Schirm derart, daß er das fremde Licht vom Objekte abhält, kann man sich leicht aus schwarzer Pappe selber herstellen, aber dann macht man ihn lieber gleich so groß, daß er auch die Augen schützt. Ein Stück Pappe, etwa 40 cm hoch und 50 cm lang, wird zu einem Halbzylinder gebogen, damit es auf dem Arbeitstische stehen kann; unten muß es natürlich zum Eintritt des Lichtes in den Spiegel einen Ausschnitt bekommen. Damit es seine Form behält, legt man in der Mitte wagerecht einen entsprechend gebogenen Kupferdraht darum.

Das Papier auf dem Tische hat noch mehr mitzuteilen. Bei der Beobachtung der am Rande herausragenden Fasern nämlich wird man leicht gewahr, daß es nicht gelingt, eine just scharf ins Auge gefaßte auf ihrer ganzen Ausdehnung gleich deutlich zu sehen. Am ehesten geht das noch mit der schwachen Linse, obwohl man schon da sein Auge anstrengen muß. Aber mit der starken Linse sieht man nur dann wirklich scharf, wenn man die Feine Schraube fortwährend braucht, falls nicht etwa die Faser genau horizontal verläuft. Man übe sich also in fleißiger Benutzung eben dieser Schraube, sobald es sich um die Verfolgung von Objekten handelt, die nicht in der gleichen Ebene bleiben, und merke sich, daß man in dem Maße, wie man die Schraube im Sinne des Uhrzeigers bewegt, in eine tiefere Ebene gelangt, mithin auch zu unterscheiden vermag, welches von zwei Objekten höher liegt als das andere. Verläuft eine der freien Papierfasern schräg in die Höhe, so muß man den Tubus um genau eben so viel heben, um sie bis zur freien Spitze zu verfolgen; ragt sie aber geradezu senkrecht aufwärts, so ist es oft gar nicht leicht, sich hierüber ganz klar zu werden.

Auch hierin macht viele Übung erst den Meister. Wir raten aber energisch davon ab, solche Unterschiede in der Höhe der Objekte durch die Akkomodation im Auge statt durch den Gebrauch der Feinen Schraube ermitteln zu wollen. Überhaupt soll man das Auge nicht unnötig anstrengen, indem man ihm zumutet, ein nicht ganz scharfes Bild doch scharf zu sehen. Das muß eben die Schraube besorgen, und das Auge soll nur die ihm vom Mikroskope dargebotenen Bilder ruhig aufnehmen, just als wäre es eine photographische Kammer, bei der man ja vor der Exponierung das Bildchen auf der Mattscheibe immer so scharf wie nur möglich zu erhalten trachtet.

Mit welchem Auge man ins Mikroskop schaut, ist ziemlich gleichgültig. Macht es dem Anfänger keinen Unterschied, so gewöhne er sich daran, das linke zu benutzen — der Grund dafür wird im 10. Kapitel angegeben —, aber mancher ist dazu nicht imstande, brauche also das rechte. Jedenfalls muß man das andere Auge offen lassen, sonst kann man nicht lange beobachten, ohne zu ermüden. Man lernt es auch schon sehr bald, dieses Auge ganz untätig sein zu lassen, d. h. die Bilder, die es vom Arbeitstisch oder den Gegenständen darauf empfängt, nicht zu beachten. Im Anfange möge man neben das Mikroskop ein schwarzes Papier, das aber nicht glänzen darf, legen, oder man befestige oben am Tubus mit einer Drahtschlinge ein Stück solchen Papieres, das natürlich dann nur klein zu sein braucht und doch dem untätigen Auge den ihm auf die Dauer sehr willkommnen dunklen Grund bietet. (Es gibt auch derartige Schirme zu kaufen.) Mit der Zeit lernt man auf solche kleinen Mittel verzichten.

Schon vorhin (S. 12) wurde es als gute Regel bezeichnet, die Objekte nicht allzu hell zu beleuchten, da dann manche feinere Einzelheiten nur schwer sichtbar werden, auch das Auge leichter ermüdet als bei schwächerem Lichte. Das gilt namentlich vom Beobachten durch Objektiv 1 und Okular 2, und in diesem Falle läßt auch die Irisblende im Stiche, da sie ja zugleich das Sehfeld viel zu sehr einengen würde. Ein ganz einfaches Mittel hiergegen besteht in folgendem: man schneidet sich aus schwarzem Papier oder Karton — es muß matt sein — eine Scheibe von der Größe des Spiegels und läßt daran an einer Stelle einen etwa 5 cm breiten Streifen stehen, der umgebogen wird und die Scheibe vor dem Abgleiten vom Spiegel bewahrt, wenn dieser schräg steht. Im Zentrum macht man ein rundes, 6 mm großes Loch und läßt nur durch dieses das Licht auf den Spiegel fallen, auch kann man eine andere Scheibe mit einem Loche von nur 3 mm benutzen, wenn jene noch zu viel Licht durchlassen sollte. Man übe sich im Gebrauche dieser Blenden, indem man als Objekt Papierfasern nimmt, die in Terpineol — hiervon ist weiterhin noch die Rede — liegen; sie treten erst dann scharf hervor, wenn man das Zuviel an Licht durch das angegebene Mittel abgeschnitten hat. Unter Umständen ist es sogar vorteilhaft, das Papier auf dem Spiegel etwas seitwärts zu verschieben, so daß man kein genau zentrales Lichtbündel in die Linse schickt.

Um mit der Beschreibung des Mikroskopes zu Ende zu kommen, sei noch erwähnt, daß am oberen Rande des Tubus ein geränderter Ring hervorragt, an dem man anfaßt, um das sog. Ausziehrohr zu bewegen. Dieses etwas engere Rohr trägt eine Teilung in Millimetern, so daß man die Länge des ausgezogenen Stückes messen kann. Nun sind die Objektive der Firma Winkel derart konstruiert, daß sie die besten Bilder liefern, wenn das Ausziehrohr genau bis zur Marke 17 herausragt; hat man jedoch einen Revolver angeschraubt, so ist dessen Höhe ($1\frac{1}{2}$ cm) in die Rechnung aufzunehmen: man darf nur bis zu $15\frac{1}{2}$ gehen. Diese Stellung ist als normal zu betrachten, und man soll sie stets innehalten. Je mehr man übrigens den Tubus verlängert, also die Entfernung zwischen Okular und Objektiv vergrößert, desto näher muß man letzteres dem Objekte bringen, und umgekehrt. Man kann daher auch auf diesem Wege sich darüber klar werden, welches von zwei Objekten höher liegt als das andere. Versucht man das an einer der Fasern, so sieht man leicht, daß man den engen Tubus schon recht stark ausziehen muß, ehe man denselben Effekt erreicht wie durch eine geringe Drehung der Feinen Schraube. In der Praxis macht man aber von diesem Mittel wohl kaum Gebrauch, denn die Schraube hat so niedrige Windungen und einen so großen Kopf, daß man selbst ganz minimale Unterschiede in der Höhe damit bequem feststellen kann.

Eine Frage oder vielmehr die Frage, die der Anfänger gleich zu Beginn zu tun pflegt, ist die nach der Stärke der Vergrößerungen, die man mit dem Mikroskope erreichen kann. Darauf sei hier kurz erwidert, daß die schwache Linse 1 mit Okular 2 etwa 25mal, mit Okular 4 etwa 50mal vergrößert, und daß für Objektiv 4 die Zahlen lauten: 130 und 250. Später (im 10. Kapitel) sollen die Mittel angegeben werden, die zur genauen Bestimmung dieser Werte dienen, und es wird sich dann lohnen, sie selber von neuem festzustellen; zugleich soll gezeigt werden, wie man die Größe der Objekte einigermaßen exakt berechnen kann.

Kehren wir nun nochmals zu unserem Papierstreifen zurück! Es ist zum letzten Male, und wir müssen, wie sich sogleich zeigen wird, dann zur Anfertigung wirklicher mikroskopischer Präparate schreiten. Es handelt sich nämlich jetzt darum, die Wirkung einer Flüssigkeit auf eben diesen Streifen, der ja bisher einfach in Luft lag, kurz zu erörtern. Um jedoch den Tisch nicht zu beschmutzen, bringt man zuvor eine Glasplatte[1]), am besten eine gebrauchte photographische, von den richtigen Maßen auf den Tisch und erst auf sie den Streifen, diesen aber genau so wie bisher, so daß der freie Rand just die Mitte des Loches im Tische einnimmt. Nun setze man erst einen Tropfen Spiritus und gleich hinterher einen Tropfen[2]) Wasser auf die Stelle, die man vorher trocken beobachtet hat. Man sieht, daß die Fasern, durch das Wasser erweicht, sich dem Glas angelegt haben, daher bequemer auf eine lange Strecke zu verfolgen sind. Sie erscheinen jetzt auch nicht mehr weiß, sondern sind bei Auflicht schwerer sichtbar, zeigen aber bei Beleuchtung von unten mehr Einzelheiten als früher, da sie durchsichtiger geworden sind. Da sich der Streifen durch das Wasser dem Glase angeklebt hat, so kann man nicht mehr ihn allein verschieben, um irgend eine Stelle genau zu verfolgen, sondern muß das Glas bewegen. So sind wir denn bei dem ersten mikroskopischen Präparate angelangt

---

[1]) Die Benutzung einer solchen Platte empfiehlt sich überhaupt dem Anfänger, sobald er, wie das oft genug vorkommen kann, mit Flüssigkeiten zu hantieren hat, die dem Präparate, während es auf dem Tische liegt, zugesetzt werden sollen.

[2]) Daß wir nicht gleich Wasser, sondern erst Spiritus darauf bringen, hat seinen guten Grund: die trocknen Fasern sind ja voll Luft, nehmen daher das Wasser nicht rasch genug auf, der Spiritus hingegen vertreibt die Luft sofort wenigstens zum größten Teile und bereitet so dem Wasser den Weg zum Eintritte in die Fasern.

und haben nun des genaueren uns mit deren Anfertigung und Beobachtung zu beschäftigen.

Ein Präparat, wie das soeben flüchtig hergestellte, kann übrigens den Linsen schädlich werden, falls sie in die Flüssigkeit eintauchen, und diese nicht gerade Wasser, sondern eine Säure oder ein anderer nicht harmloser Stoff ist. Man sei daher besonders vorsichtig, sobald man das stärkere Objektiv verwendet, das nur reichlich einen Millimeter von der Oberfläche des Präparates absteht, und mache es sich zur Regel, immer das Objekt zuerst mit Objektiv 1 zu betrachten. Ist man kurzsichtig, so muß man, um mit Objektiv 4 scharf zu sehen, den Tubus vor dem Drehen des Revolvers ein wenig aufwärts schrauben.

Zweites Kapitel.

Anfertigung und Beobachtung einiger einfacher Präparate.

Zur Übung im Gebrauche des Mikroskopes wollen wir einige einfache Präparate herstellen und kurz erläutern, damit der Anfänger sieht, was sie zeigen müssen und was nicht. Wir benutzen dazu zwar nur ganz gewöhnliche, wohl jedermann leicht und fast immer zugängliche Objekte, müssen uns aber zuvor mit zweierlei Dingen bekannt und vertraut machen, denen wir bisher noch nicht begegnet sind: den Trag- und den Deckgläsern. Ein Tragglas (oder, wie es bei den Fachleuten heißt: ein Objektträger) ist ein Stück durchaus ebenen Glases, das den Gegenstand der Untersuchung aufzunehmen und zu tragen hat. Mit dem Deckglase hingegen bedeckt man das fertige Präparat; warum das geschieht, erörtern wir später (s. S. 43), gehen dabei auch genauer auf die Reinigung[1]) beider Glasarten ein. Hier genügt es, zu wissen, daß man ihrer bedarf, sich also damit versehen muß. Für den Anfang reichen einige von jeder Art hin, allerdings wird dabei vorausgesetzt, daß man die Deckgläser nicht gleich zerbricht, was leider viel häufiger geschieht, als man glauben möchte.

Wir beginnen mit dem Safte, den man durch Streichen mit dem Messer über einen frischen Schnitt durch eine rohe Kartoffel erhält. Man gebe etwas davon auf ein Tragglas und lege gleich ein Deckglas darauf. Ferner bringe man ein wenig auf ein

---

[1]) Es schadet nichts, wenn man sich hierüber schon jetzt durch Lesen der S. 34 orientiert.

anderes Tragglas und lasse es ruhig darauf eintrocknen. Jenes Präparat lege man auf den Tisch des Mikroskopes und stelle zunächst — das ist ja unsere Regel — das schwache Objektiv darauf ein: es zeigen sich große und kleine, meist längliche Körperchen, die Stärkekörner (s. Fig. 2). Außerdem gewiß hie und da kugelrunde Gebilde mit schwarzem Rande: dies sind Luftbläschen, die durch Zufall beim Schaben über die Kartoffel hineingeraten sind. Mit Linse 4 nun ergibt sich eine scharfe

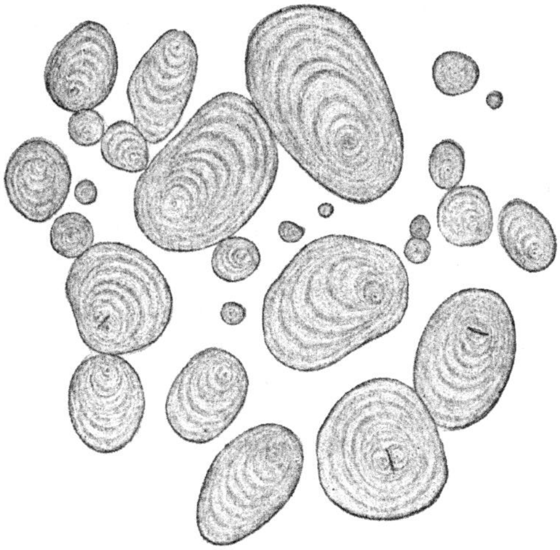

Fig. 2.

Differenz zwischen diesen beiden: hat man den Spiegel absichtlich so gerichtet, daß er das Fensterkreuz wiedergibt — man sieht das am besten, wenn man das Okular wegnimmt und von oben in den Tubus schaut — so erblickt man (allerdings verkleinert) das Kreuz in den Luftblasen, wenn man den Tubus etwas senkt, in den Stärkekörnern dagegen, wenn man ihn hebt. Ferner wird der schwarze Rand um die Blasen heller beim Heben des Tubus, während er bei den Körnern erst dann auftritt. Die Stärke zeigt einen auffälligen Glanz, der den Blasen fehlt. Hat man auf ein Korn derart eingestellt, daß der Rand einfach scharf ohne schwarze Grenze erscheint, so nimmt man beim Abblenden des Lichtes im Innern feine Streifen als Ausdruck einer Schichtung des Kornes wahr. Tiefer in den Bau eines solchen Korns eindringen läßt sich ohne weitere Hilfsmittel zwar nicht, aber man mag bei Gelegenheit ein analoges Präparat von Reisstärke (Puder) oder Weizenmehl machen und den Unterschied zwischen den drei Sorten feststellen.

Inzwischen ist das andere Präparat trocken geworden. Man überzeuge sich davon, daß man, da die Körner nun ja nur in Luft liegen, erheblich weniger sieht als vorhin, wo sie von Wasser umgeben waren, und bringe dann einen Tropfen einer stark brechenden Flüssigkeit, etwa von Benzylalkohol[1]), darauf, natürlich auch ein Deckglas. Jetzt unterscheidet man sogar noch weniger als vorhin und merkt so, daß unter Umständen ein das Licht stärker brechendes Medium[2]) nicht so vorteilhaft ist wie Wasser, das von allen gewöhnlichen Medien das Licht am schwächsten bricht, die Luft ausgenommen, die aber in unserem Falle auch versagte. Es gelingt ferner nicht mehr, durch Höherschrauben des Tubus das Fensterkreuz sichtbar zu machen, und dies zeigt, daß die Stärke das Licht gewiß nicht stärker bricht als das Medium, in dem sie liegt, nämlich der Benzylalkohol. Daher sind auch alle feineren Strukturen im Korne gewissermaßen ausgelöscht, und die Grenze gegen das Medium ist viel weniger auffällig als beim Wasser. Ja, man muß sogar den Tubus senken, um das Kreuz — allerdings undeutlich — zu sehen, so daß man zu dem Schlusse gelangt, daß die Stärke im Benzylalkohol optisch sich so verhält wie die Luftblasen im Wasser, d. h. schwächer bricht als das Medium. Legte man es darauf an, so würde man durch ein geeignetes Gemisch den Unterschied in der Brechung zwischen Medium und Objekt ganz aufheben können, und dann wäre die Folge die, daß die Objekte gar keine Grenzen mehr zeigten und dem Auge entschwänden. Bemerkt sei hier noch, daß sowohl in Glyzerin als auch in Terpineol, die beide das Licht ziemlich gleich stark brechen, das Fensterkreuz über dem Stärkekorn sichtbar wird, also diese Medien nicht das leisten, was der genannte Alkohol (oder der ihm in dieser Art gleichwertige Canadabalsam) tut.

Ehe wir weiter gehen, müssen einige Erscheinungen und ihre Folgen kurz besprochen werden. Schon früher (s. S. 9) fanden wir, daß im Sehfeld Rand und Mitte nicht zugleich scharf er-

---

1) Über diesen und alle anderen Reagentien findet man im 11. Kapitel Genaueres.

2) Als Medium oder Mittel bezeichnet man die unmittelbare Umgebung des Objektes, das man zur Untersuchung vornimmt. Gewöhnlich ist es eine Flüssigkeit, kann aber auch Luft oder ein fester Körper, z. B. ein Harz sein. Auf die Unterschiede in der Lichtbrechung, die bei der Wahl eines Mediums neben dessen anderen Eigenschaften eine bedeutende Rolle spielen, soll später (s. S. 59) eingegangen werden.

scheinen, sondern daß man, wenn diese scharf ist, den Tubus etwas senken muß, um jenen scharf zu sehen. Am schärfsten wird immer die Mitte sein, also tut man gut daran, den Gegenstand, den man besonders genau betrachten möchte, in die Mitte oder doch wenigstens nahe dabei zu bringen. Versuchen wir dies mit einem der vielen Stärkekörner, das aus irgendeinem Grunde unsere Aufmerksamkeit erregt hat, so ist das im Anfange leichter gesagt als getan. Denn erstens sehen wir bei dem Bestreben, es dahin zu dirigieren, d. h. das Tragglas, worauf es ja unbeweglich ruht, in der gewünschten Richtung zu verschieben, daß es genau den entgegengesetzten Weg einschlägt. Das ist natürlich nicht anders möglich, da ja, wie die Beobachtung des Druckpapieres (s. S. 9) uns lehrte, die Linsen das Objekt umgekehrt erscheinen lassen. Und zweitens merken wir sofort, daß jede Bewegung, die wir dem Tragglase erteilen, durch die Linsen ebensosehr vergrößert wird, wie das Objekt selbst. Will man sich daher im Verschieben der Objekte üben, so beginnt man am besten mit Linse 1, denn bei ihr geht es noch einigermaßen leicht, ohne daß man übers Ziel hinausschießt. Hat man sich dann etwas geübt, so mag man sein Glück mit Linse 4 versuchen. Mit der Zeit gelangt man dahin, die Bewegungen ganz mechanisch in der scheinbar falschen Richtung auszuführen, gerade so wie Setzer und Lithograph daran gewöhnt sind, die Buchstaben verkehrt zu lesen oder zu schreiben. Bei der starken Linse 4 ist es unter Umständen vorteilhaft, die Bewegung des Tragglases zu verlangsamen, indem man es mit einer oder gar beiden Klemmen festlegt, so daß man zum Verschieben mehr Kraft gebraucht, also nicht gegen seinen Willen die Bewegungen zu rasch und weit macht.

Da von den Stärkekörnern unseres Präparates immer nur die wenigsten genau in der nämlichen Ebene liegen, so können sie nicht alle zugleich scharf erscheinen, sondern werden erst nach und nach mit Hilfe der Feinen Schraube dem Auge scharf dargeboten. Daher muß man, während man mit der einen Hand das Tragglas hin- und herschiebt, um so immer neue Teile des Präparates in die Mitte des Sehfeldes zu bringen, mit der anderen unausgesetzt die Feine Schraube mal rechts, mal links drehen. In der Tat erkennt man den geübten Mikroskopiker rein äußerlich sofort daran, daß er 1. auch das untätige Auge weit offen hat, 2. die eine Hand, gewöhnlich die rechte, an der feinen Schraube hält, und 3. mit der anderen das Tragglas bewegt. Was man ihm aber nicht ansieht, ist folgendes: er weiß mit seinen Augen Maß zu halten und strengt sie, wenn nicht ganz besondere Umstände ihn dazu zwingen, nicht über Gebühr an, sondern läßt sie oft ausruhen. Das muß in noch weit höherem Grade der Anfänger tun: sowie ihn das tätige Auge auch nur im geringsten mahnt, soll er sich sofort vom Mikroskop abwenden und den Blick lieber in die Ferne richten. In der Regel hat er, ohne es zu wollen oder zu bemerken, doch statt mit der Feinen Schraube mit dem Auge eingestellt und dieses viel mehr bemüht, als er durfte.

Gar nicht selten, vornehmlich aber falls das Auge gereizt ist, nimmt man im Sehfelde, auch wenn gar kein Objekt darin ist, eigentümliche dunkle oder hellere Körner und Ringe wahr, die sich auch zu langen Schnüren und Bändern vereinigen können, aber im Sehfelde nicht an der nämlichen Stelle bleiben, sondern hin und her wandern. Sie sind nie gut begrenzt, vielmehr verwaschen. Zu beunruhigen braucht man sich darüber nicht: sie sind zwar mitunter recht lästig, aber nicht gefährlich. Am besten wartet man einen Augenblick, bis sie nachgelassen haben, und beobachtet ruhig weiter. Es handelt sich dabei um die sog. Mouches volantes: sie stammen aus dem Glaskörper des eigenen Auges. Den einen plagen sie kaum, während ein anderer mehr darunter zu leiden hat, nicht nur beim Sehen ins Mikroskop, wo sie stärker auffallen, sondern auch mit dem bloßen Auge.

Benutzt man das Mikroskop in einem kalten Zimmer, so beschlägt leicht beim Arbeiten das Objektiv und macht die Bilder trübe; teils rührt das vom Atem, teils von der Feuchtigkeit der Hand her. Da muß man einfach so lange warten, bis die Linse wieder klar geworden ist. Auch das Okular kann beschlagen oder durch die Wimpern geradezu beschmutzt werden, läßt sich aber ja leicht aus dem Tubus nehmen und abputzen.

Nach dieser Abschweifung, die aber keineswegs überflüssig war, kehren wir zu unseren Präparaten zurück. Hat uns ein so einfaches, wie es die Kartoffelstärke war, den Unterschied im optischen Verhalten zwischen dieser und den Luftbläschen gezeigt, uns auch nebenbei über die Wichtigkeit der Medien etwas unterrichtet, so müssen wir jetzt an einem anderen, nicht minder bequemen Objekte die ebenfalls kleinen Gebilde kennen lernen, die man sehr häufig in mikroskopischen Präparaten findet und daher, wenn man sich nicht in ihrer richtigen Deutung geübt hat, leicht falsch einschätzen möchte. Wir meinen die Öle, sowohl fette als auch ätherische.

Bringt man auf ein Tragglas ein wenig Kaffeesatz, verdünnt ihn, falls er zu undurchsichtig sein sollte, mit Wasser und besieht ihn ohne Deckglas — mit Linse 4 natürlich recht vorsichtig —, so erblickt man nicht wenige das Licht stark brechende Tröpfchen, in denen sich das Fensterkreuz dann zeigt, wenn man den Tubus langsam hebt. Um sich davon zu überzeugen, daß man es wirklich mit einem Öle zu tun hat, setzt man den Fettfarbstoff Sudan III hinzu; entweder rührt man mit einer Nadel eine höchst geringe Menge davon in den Tropfen hinein und sucht im Präparate eine Stelle aus, wo ein Kristall des Sudan einem Öltropfen dicht anliegt, oder man gibt zum Kaffeesatze einen Tropfen der Lösung des Sudan in Chloralhydrat (s. S. 183). Das Resultat ist im ersten Falle langsamer, im zweiten fast augenblicklich die Färbung der Tropfen in Gelbrot.

Ein anderes Objekt, das allerdings nicht so bequem herzustellen ist, bildet ein dünner Schnitt mit einem scharfen Messer durch die Rinde einer frischen Zitrone; auch hier färben sich die Öltropfen ziemlich rasch in der charakteristischen Farbe des Sudan. Weniger hübsch ist das Bild, wenn man etwas von der Rinde abschabt und in einen Tropfen der Sudanlösung bringt, der auf einem Tragglase bereit liegt und bis zum Eintritte der Reaktion unbedeckt bleibt.

Sehr lehrreich ist auch folgender Versuch. Man bringt auf einem Tragglas neben einen Tropfen Wasser einen relativ kleinen von Terpineol, verrührt beide miteinander mit einer Nadel und sieht nun das Fensterkreuz überaus deutlich in den kleinen Terpineolkugeln. Nimmt man statt des Wassers aber Glyzerin, das beinahe ebenso stark bricht wie das Terpineol, so sieht man zwar noch die Tropfen, kann aber in ihnen das Kreuz nicht mehr erblicken. Hat man das Terpineol vorher mit ein wenig Sudan in Substanz vermischt, so werden seine Tropfen später gelbrot sichtbar. Endlich mag man auch irgendein gewöhnliches fettes Öl auf dem Tragglas mit Wasser mischen und wird dann sowohl kleine Tropfen jenes in diesem als auch dieses in jenem verteilt finden, also das Fensterkreuz mal beim Heben, mal beim Senken des Tubus sehen. In Glyzerin ist dieser Versuch wegen des zu großen Unterschiedes im spezifischen Gewichte der beiden Flüssigkeiten nicht so instruktiv.

Auch mit Milch kann man operieren, indem man auf einen großen Tropfen der Sudanlösung einen sehr kleinen von Milch sich ausbreiten läßt und das Auseinanderfahren der sich gleichzeitig gelbrot färbenden Fettkügelchen beobachtet.

Ein anderes recht brauchbares Präparat liefern die Menschenhaare, besonders wenn man zugleich weiße, graue und dunkle nimmt, von jeder Sorte Stücke von geeigneter Länge abschneidet und je eins davon nebeneinander in Luft, je ein anderes in Benzylalkohol bringt. Das dunkle Haar präsentiert sich in Luft einfach als ein Zylinder, an dem sich keine Einzelheiten unterscheiden lassen; im Benzylalkohol hingegen sieht man die feinen Pigmentkörnchen wenigstens angedeutet. Andererseits zeigt das weiße Haar, da es gar kein Pigment mehr hat, in Luft außen ein feines Netz krummer Linien, die den Grenzen der Zellen entsprechen, aus denen seine Rinde besteht; dagegen verschwindet diese feine Struktur im Benzylalkohol völlig, aber dafür werden nun ziemlich tief im Haare, im sog. Mark, dunkle Körnchen sichtbar, die an manchen Stellen zu Streifen zusammentreten. Das sind aber durchaus keine Reste des Farb-

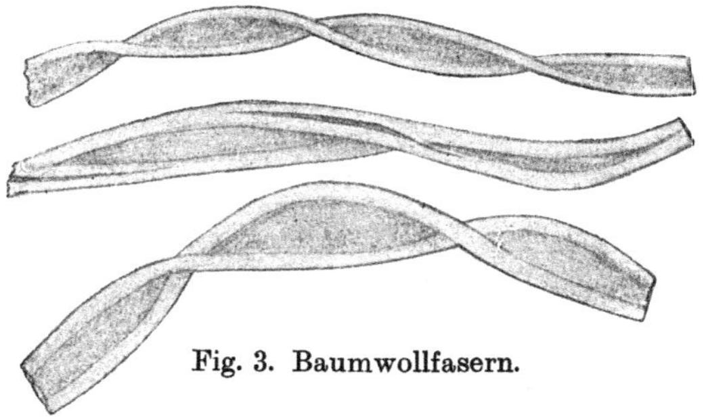

Fig. 3. Baumwollfasern.

stoffes, denn bei Auflicht erscheinen sie weiß, ordentlich mit Silberglanz. Es handelt sich vielmehr um Luft, die das Mark zum Teil anfüllt[1]).

Zum Vergleiche mag man aus einem Faden weißer Wolle einige Fasern herauszupfen und neben die Haare bringen. Da sieht man nicht nur in Luft die Zellgrenzen deutlicher als vorhin, sondern nimmt auch im Benzylalkohol bei genauer Einstellung auf den optischen Längsschnitt wahr, daß dieser keine gerade Linie bildet, sondern feine Zacken zeigt, die jenen Zellgrenzen entsprechen.

Da wir just bei den Fasern sind, so ist es zweckmäßig, gleich hieran die Betrachtung der Leinen- und Baumwollfasern (Fig. 3) zu knüpfen. Mit zwei feinen Nadeln zerzupft man von einem alten Gewebe, z. B. einem Taschentuche, ein ganz kleines Stück und bringt diese Fäden in Luft auf dem Tragglase unter, um sich über ihr Aussehen im unbenetzten Zustande zu orientieren.

---

[1]) Erwärmt man auf einem Tragglase das Haar in einer Flüssigkeit, die es aufweicht, z. B. in Kalilauge, so läßt sich leicht beobachten, wie diese Körnchen als richtige Luftbläschen aus dem Marke austreten.

Dann läßt man, während man eine Faser scharf ins Auge faßt, von einem kleinen Tropfen Benzylalkohol, den man dicht neben das Deckglas gesetzt hat, mit Hilfe einer Nadel ein wenig unter das Deckglas treten. Da zeigt es sich denn, wie der Alkohol nicht nur um die Faser, sondern auch in sie hinein dringt, allerdings nicht überall gleich gut: hie und da bleiben in den Fasern geringe Mengen Luft gefangen und fallen durch ihre schwarzen Umrisse sofort auf. Freilich ist es nicht immer leicht, die Luft

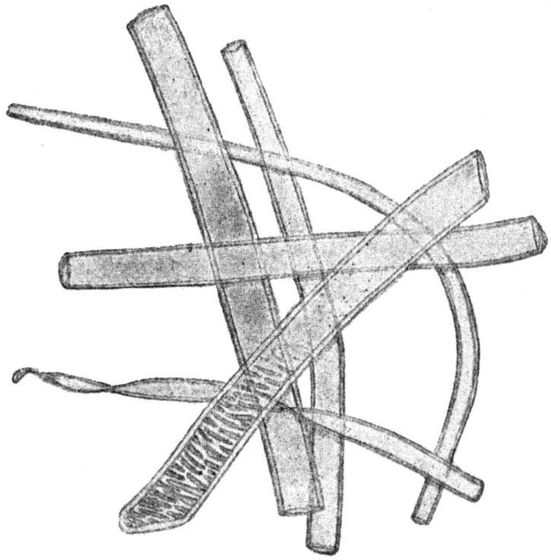

Fig. 4. Kapoksfasern.

als solche richtig zu erkennen, besonders wenn der Kanal in der Faser sehr dünn ist, d. h. auf dem Querschnitte nicht rund, sondern flach erscheinen würde. Es ist aber gut, wenn man sich gerade an solch bequemem Objekte im Erkennen derartiger Hohlräume voll Luft übt. Besonders lehrreich sind in dieser Beziehung die Kapokfasern (Fig. 4) wegen ihres weiten Kanales, in den man den Benzylalkohol rasch eindringen sieht, so daß man die Verdrängung der Luft sehr leicht verfolgen kann. An einzelnen Stellen mag man sogar kleine kugelrunde Luftblasen in einer Kapokfaser antreffen und hierin das Fensterkreuz sehen. Hat man statt des Benzylalkohols Wasser unter das Deckglas treten lassen, so sind die Erscheinungen weniger deutlich; aber wenn nun das Wasser langsam verdunstet, so wird das erneute Eindringen der Luft in die Fasern sehr auffällig.

Ein gutes Objekt bilden auch die oft überaus feinen Fäden

der Spinnen. Man braucht nur ein Tragglas in ein Spinngewebe zu bringen und die Fäden darum zu wickeln. Als Medium bei der Betrachtung empfiehlt sich der Benzylalkohol, worin sie sehr durchsichtig werden; zum Vergleich mag man die viel gröberen Fäden der Seide heranziehen. Interessant sind ferner feine Glasfäden, die man durch rasches Ausziehen eines dünnen Röhrchens in der Flamme erhält. Man betrachtet sie zuerst in Luft, worin sie nur wenig zeigen, und gibt dann Benzylalkohol hinzu: sofort läßt sich der Kanal in der Kapillare so weit verfolgen, wie er nicht in der Flamme zugrunde gegangen war.

Bei dieser Gelegenheit sei auch des Papieres gedacht. Am besten nimmt man gewöhnliches braunes Klosettpapier, schneidet sich davon kleine Stücke zurecht, die aber an einem Rande ausgefasert sein müssen, und legt sie auf kurze Zeit in starken Alkohol, um die vielen Luftblasen zu vertreiben, die der Beobachtung hinderlich sein würden. Alsdann untersucht man ein solches Stück in Wasser und findet ziemlich leicht in der Wand der langen Holzzellen die Tüpfel. Diese sind dagegen in Terpineol oder Benzylalkohol nur sehr schwer sichtbar; auch wird es kaum möglich sein, eine von den besonders langen und dicken Fasern durch das Gewirr der übrigen zu verfolgen.

Anders wird das, wenn man das Papierstück vorher färbt. Man durchtränkt das Papier mit einer Lösung von Hämatoxylin in Wasser, der man eine Spur Ammoniak zugesetzt hat, so daß sie nicht mehr braun, sondern lila aussieht, wäscht es in Leitungswasser gut aus, trocknet es auf Fließpapier und gibt, nachdem es auf das Tragglas gebracht worden, Terpineol oder Benzylalkohol darauf. Jetzt zeigen sich manche Fasern tiefblau, andere heller gefärbt, und man findet auch solche, wo just die Tüpfel allein die Farbe angenommen haben, während der Rest der Wandung farblos geblieben ist. Die dunkleren Fasern lassen sich ohne große Schwierigkeiten auf weite Strecken hin verfolgen, und eine geschickte Hand würde wohl, wenn es sein müßte, sie mit Geduld freipräparieren können. Die Färbung ist übrigens in Benzylalkohol und Terpineol nicht lange haltbar.

Wir dürfen in diesem Kapitel es nicht unterlassen, auf den Speichel als ein sehr lehrreiches und bequemes Objekt hinzuweisen. Es lohnt sich, ein Tröpflein von ihm auf das Tragglas zu bringen, wo möglich ohne viel Schaum, und nach Auflegung des Deckglases bei eng geschlossener Blende zu betrachten. Je nach dem Orte seiner Herkunft, d. h. ob rein durch Ausfluß aus dem Munde gewonnen, oder durch Bewegungen der Zunge mehr mit Fetzen von dessen Oberhaut vermischt, zeigt er eine größere oder kleinere Menge kugelrunder Körper, der sog. Speichelkörperchen, und dazwischen platte, vieleckige Gebilde. Diese gehören der äußersten Schicht der Mundhaut an, die sich beständig beim Kauen oder anderen Bewegungen der Zunge ablöst und aus sog. Epithelzellen besteht. In den meisten Zellen ist als relativ kleiner, länglicher Körper der Kern zu erkennen, besonders wenn man das zu helle Licht dämpft. Auch die Speichelkörperchen zeigen, obwohl weniger leicht, ihren runden Kern und eine Unmenge ganz feiner Körnchen. Natürlich muß man sich davor hüten, die Luftblasen, die als solche an ihrem schwarzen Rande ohne weiteres zu erkennen sind, als Zellen anzusprechen. Dieser Fehler wird leider von den Anfängern oft gemacht, und daher sei hier ausdrücklich darauf hingewiesen! Hat man viel Mundhaut mit im Speichel erhalten, oder kratzt man gar mit dem Finger über die Zunge hin und bringt jenen dann auf das Tragglas, so findet man fast nur Epithelzellen mit meist sehr deutlichen Kernen. Um diese noch besser hervortreten zu lassen, vermischt man auf dem Tragglase den Tropfen Speichel mit einem ebenso großen von Karmalaun — s. S. 130 — und legt das Deckglas auf. Der Alaun tötet die Zellen, und der Farbstoff — in diesem Falle das karminsaure Aluminium — tritt an die Zellkerne und wird von ihnen förmlich aufgespeichert, so daß sie schon in einer Minute schwach, aber deutlich rot erscheinen, während der Körper der Zellen fast farblos bleibt. Man sieht die Färbung besonders gut, wenn man unter das Tragglas ein Stück weißes Papier legt und nun durch den Spiegel von unten her Licht herauf leitet. Will man dieses Präparat aufbewahren, so braucht man nur an dem einen Rande des Deckglases ein wenig Glyzerin zuzusetzen und das Wasser langsam verdunsten zu lassen. (Sehr viel stärker würde die Färbung ausfallen, wenn man statt des Karmalauns einen Tropfen Hämalaun verwendete.) Allerdings von langer Dauer sind solche Präparate nicht, so daß es sich kaum lohnt, sie mit einem Lackrande zu versehen. Wir kommen überdies im 7. Kapitel auf diese Dinge ausführlich zu sprechen.

Stände uns eine stärkere Vergrößerung zu Gebote, als sie das Objektiv 4 liefert, so würden wir in den Speichelkörperchen die feinen Körnchen in ständiger Bewegung[1]) sehen. Aber auch unsere Linsen zeigen uns oft genug Bewegungen, die freilich nicht den Objekten eigen sind, die wir just beobachten, sondern auf Strömungen beruhen, wie solche unter dem Deckglase gar

[1]) Diese, die sog. Molekularbewegung, ist ziemlich gut erkennbar an Tusche oder Karmin, die man selbst mit Wasser anreibt, um sie ganz feinkörnig zu erhalten.

leicht entstehen, sobald sich z. B. zwei Flüssigkeiten miteinander mischen. Man tut gut daran, auch diese Erscheinungen zu studieren und selbst hervorzurufen, um sie nötigenfalls von den echten Bewegungen der Objekte unterscheiden zu können. Gerade in dieser Hinsicht ist der Speichel trefflich zu verwerten: bringt man einen recht schaumigen Tropfen auf ein Tragglas, verdünnt ihn gleich mit etwas Wasser und betrachtet ihn ohne Deckglas mit Linse 1, so sieht man schon bald eine oder mehrere Luftblasen platzen und die Zellen in der Nähe lebhaft umherschleudern. Läßt man nun, nachdem man ein Deckglas aufgelegt hat, am Rande ein Tröpfchen Alkohol hinzutreten, so nehmen die Ströme im Speichel erst spät ein Ende, namentlich wenn man sie mit Linse 4 betrachtet, also entsprechend lebhafter erscheinen läßt. Und gar ohne Deckglas genügt jede Bewegung im Zimmer oder ein draußen vorbeifahrender Wagen, um die Zellen im Speichel nicht zur Ruhe kommen zu lassen.

Echte, d. h. den Objekten innewohnende Bewegungen dagegen sind an kleinen Tieren mit dem Mikroskope häufiger zu sehen, als einem im Interesse des genaueren Studiums lieb sein mag. Man ist daher auch mitunter dazu gezwungen, solche allzu große Lebhaftigkeit durch Mittel zu verringern, die, ohne das Tier ernstlich zu schädigen, es doch zu größerer Ruhe bringen. Genauer wird hierauf erst später (s. S. 160) eingegangen. Dafür sei hier noch auf ein sehr brauchbares, allerdings nicht leichtes Objekt zur Beobachtung im Leben hingewiesen, nämlich auf die Brennhaare der gewöhnlichen Nessel. Man darf freilich keine Nessel von den Wegerändern nehmen, da sie in der Regel zu viel Schmutz auf den Haaren trägt, der das Bild undeutlich machen würde. Von einem recht frischen Exemplare löst man mit Schere oder Pinzette ein ganz junges Blatt nebst dem Stiele ab, schneidet das Blättchen fort und bringt nur den Stiel auf ein Tragglas in einen großen Tropfen gewöhnlichen Wassers. Das Deckglas darf nicht stark drücken, sondern muß eher darauf schwimmen. Nun sucht man sich ein Haar aus, das genau wagerecht liegt und sauber ist, stellt darauf mit Linse 4 ein und beobachtet erst mit ziemlich weit offener Blende. Hat man durch die leider nie glatte Haut hindurch auf den Längsschnitt des Haares eingestellt, so erblickt man etwa in der Mitte der Länge, weniger gut näher zur Basis dicht nach innen von der Haarwand eine Schicht von unregelmäßiger Dicke und in ihr bei genauerem Aufpassen hie und da feine Körner. Fixiert man eins davon näher, so kann man es sich langsam verschieben sehen: es wird bei den Bewegungen des lebenden Zellplasmas rein passiv mitgeführt und verrät uns so diese Strömungen. Es empfiehlt sich, um sie deutlicher zu machen, den engeren Tubus fast ganz auszuziehen und die Blende mal weiter, mal enger zu stellen, bis man just die richtige Lichtstärke getroffen hat. Die Ströme laufen verschieden rasch, man darf sich also nicht entmutigen lassen, wenn man sie nicht gleich zu Anfang wahrnimmt, und mag dann ein anderes Haar aussuchen, das vielleicht günstiger ist. Das Wasser darf man natürlich nicht verdunsten lassen. Die Erscheinung ist nur an diesen großen einzelligen Haaren sichtbar; ihre kleinen Basalzellen und die anderen Arten von Haaren zeigen sie uns nicht. Es gibt zwar bequemere Pflanzen für solche Beobachtungen, aber sie sind nicht so leicht zugänglich. Am ehesten wären es wohl die Haare an den Staubfäden der bekannten Zimmerpflanze *Tradescantia*; jedoch muß man ja deren Blüte abwarten, während die Nessel zu jeder Zeit ihres Daseins brauchbar ist.

Bemerkt sei noch, daß je weiter oben und je zarter man die Blättchen wählt, um so sauberer die Haare sind. Aber nur solche, deren Endknopf noch unverletzt ist, zeigen die Strömung gut; die schon abgebrochenen haben meist innen Luftblasen. Ohne Zusatz von Wasser, also nur in Luft, sind die Haare wegen der starken Lichtbrechung an ihrer Wand innen undeutlich; auch das Einlegen in Terpineol gibt keine schärferen Bilder als das in Wasser[1]).

Jetzt bleibt noch eine Serie von Präparaten zu besprechen, die man ohne Mühe von anorganischen Gebilden erhält. Da ist zuerst als ein sehr gutes Mittel die Kristallisation von allerlei Salzen auf dem Tragglase zu erwähnen. Als einfachste Körper sind da zu empfehlen: Kochsalz, Alaun und Borax, besonders letzterer. In Tropfen von destilliertem Wasser bringt man winzige Mengen der genannten Salze, läßt sie sich lösen und legt die Traggläser, vor Staub geschützt, beiseite. Sollen die Kristalle groß ausfallen, so deckt man eine kleine Glasglocke über die Traggläser, damit die Verdunstung recht langsam geschieht. Natürlich muß man hinterher die fertigen Kristalle entweder in Luft belassen oder in einer Flüssigkeit untersuchen,

---

[1]) Die Wand der Haare ist für Flüssigkeiten aller Art so schwer durchlässig, daß das Wasser nicht schadet: man kann die Bewegungen noch lange darin beobachten. Leider macht es dieselbe Eigenschaft sehr schwierig, von den Haaren gute Dauerpräparate zu gewinnen; denn die Farbstoffe dringen nur äußerst langsam ein, und beim späteren Übertragen der gefärbten Haare in eine sie durchsichtig machende Flüssigkeit fallen ihre Wände oft ganz zusammen.

die sie nicht gleich wieder löst, also ja nicht in Wasser, sondern in Canadabalsam oder Benzylalkohol. Auch dickes Glyzerin mag man probieren: in diesem lösen sich die Kristalle unter den Augen des Beobachters langsam und werden dabei an den Kanten gewissermaßen angefressen.

Ein sehr lehrreicher Versuch, der sich leicht anstellen läßt und zugleich von weitem einen Einblick in die mikrochemische Analyse gewährt, ist folgender. Man zerdrückt trockenes Kochsalz (Chlornatrium) mit einem Spatel so fein wie möglich und mischt es gut mit ein wenig Karminsäure und etwas mehr Calciumcarbonat, wie dieses als sog. präparierte Austerschalen oder Schlemmkreide zu Zahnpulver verwandt wird. Für das Mikroskop bleibt das Gemisch immer noch grob genug, auch wenn es mit dem bloßen Auge ganz homogen erscheint. Bringt man etwas davon auf ein Tragglas und betrachtet es zunächst ohne Deckglas, so fällt die Karminsäure an ihrer lebhaft roten Farbe sogleich auf, während sich die beiden anderen Stoffe nicht gut voneinander abheben. Nun setzt man einen Tropfen Benzylalkohol hinzu und gibt ein Deckglas darauf: die Karminsäure löst sich langsam zu einer roten Flüssigkeit, Salz und Kalk werden deutlich als zwei verschiedene Körper sichtbar, und dieser Zustand bleibt viele Stunden hindurch unverändert bestehen. Genau dasselbe Bild zeigt ein anderes Präparat, wenn statt des Benzylalkohols Glyzerin genommen wurde. Gibt man aber jetzt am Rande Wasser zu und saugt dieses langsam unter dem Deckglase hin[1]), so wird man da, wo das Wasser hingelangt, das Salz sich allmählich lösen sehen, die Karminsäure desgleichen, aber nur für einen Augenblick; denn sofort setzt sie sich mit dem Zahnpulver zu karminsaurem Kalk um, der häßlich graugrün aussieht. Diese Reaktion kann nicht ohne Austreibung der Kohlensäure des Calciumcarbonats vor sich gehen, aber man sieht die frei werdende Kohlensäure nicht, weil sie sich bei ihrer geringen Menge gleich im Wasser löst. Alle diese Prozesse spielen sich viel rascher ab, wenn man statt des Glyzerins von vorneherein Wasser nimmt, und die Farbe des Calciumkarminates zeigt sich im ganzen Präparate gleichmäßig verbreitet. Natürlich hat sich dabei das Kochsalz sofort gelöst, während man im Glyzerin das langsame Abschmelzen der Salzkristalle verfolgen kann.

Zum Abschlusse dieser Reihe von chemischen Reaktionen gebe man, während man mit Linse 1 beobachtet, von einer Ecke des Deckglases ganz vorsichtig mit einem fein ausgezogenen

[1]) Wie man das macht, ist auf S. 54 u. 80 genau beschrieben.

Glasstabe ein Tröpfchen — ja nicht einen großen Tropfen! — konzentrierter Schwefelsäure hinzu. Sogleich entwickeln sich von dieser Ecke aus unter dem Deckglase, das man daher recht groß wählen sollte, viele Gasblasen, die nach Lage der Dinge solche der freiwerdenden Kohlensäure sind; zugleich wird das Karminat zersetzt, und die wieder frei werdende Karminsäure erscheint in ihrer roten Farbe. Aber damit nicht genug; überall, wohin die Schwefelsäure gelangt, sieht man sich plötzlich eine Masse feiner Kristallnadeln bilden, nämlich von dem hierbei entstandenen Calciumsulfat oder Gips, das in der geringen Menge Flüssigkeit nicht gelöst bleiben kann. Ihre Form ist mit Linse 4 deutlich zu erkennen. Man hat also auf diese einfache Weise gleich mehrere mikrochemische Reaktionen erprobt, von denen besonders der Nachweis des Carbonats relativ oft in der Praxis des Mikroskopikers vorkommt. Zugleich ersieht man zweierlei: 1. unter dem Deckglase können sich an dem einen Ende Vorgänge abspielen, die hierauf beschränkt bleiben mögen, wenn man nicht die Flüssigkeit unter ihm durchsaugt, um das reagierende Mittel überall hingelangen zu lassen; 2. laufen manche, ja man darf sagen die meisten Reaktionen nur in wässerigen Medien rasch und vollständig ab, in alkoholischen weniger und in Ölen, Harzen und dergl. noch unvollkommener oder sogar überhaupt nicht. Daher bleiben Karminsäure und Calciumcarbonat in Benzylalkohol einander auf beliebig lange Zeit hinaus völlig fremd; gibt man aber, wie vorhin geschehen, etwas Kochsalz hinzu, so genügt die diesem anhaftende Spur Wasser, die man sonst gar nicht merkt, um nach 24 Stunden doch die Reaktion zwischen den beiden anderen Körpern wenigstens hie und da in Gang zu bringen.

An Kristallen ließen sich noch sehr viele interessante Beobachtungen anstellen, indessen gehört dazu ein Polarisationsapparat, und dieser eignet sich sowohl seines Preises als auch der nicht leichten Handhabung wegen nicht recht für den Anfänger. Hier genüge der Hinweis darauf als auf ein Mittel zur Analyse namentlich von Mineralien.

Die Reihe der einfachen Beobachtungen mit dem Mikroskope wäre so für uns beendet. Damit soll aber nicht gesagt sein, daß man deren nicht noch manche andere machen könnte, indessen darf das in das Belieben des Anfängers gestellt bleiben. Ehe wir uns nun zu schwierigeren wenden, sei nochmals (s. S. 4 u. 7) darauf hingewiesen, daß man das Reinhalten des Mikroskopes im ganzen und besonders seiner Linsen nicht leicht übertreiben kann. Namentlich wenn man, wie soeben geschah, mit allerhand Flüssigkeiten und erst gar mit starken Säuren zu tun hat. Man versäume es in solchen Fällen ja nicht, auf den Tisch des Instrumentes eine Glasplatte zu legen, deren wir schon auf S. 15 gedachten. Ob die Okulare und der Spiegel rein sind, sieht man ja auch bei geringer Aufmerksamkeit. Hegt man dagegen den Verdacht, die Objektive seien unten, an der sog. Frontlinse, beschmutzt — und das kann trotz aller Vorsicht mal passieren —, so braucht man sie nicht gleich abzuschrauben, sondern besieht sie erst in einem kleinen Stücke gewöhnlichen Spiegels, das man im richtigen Winkel so hält, daß sie zugleich gut beleuchtet werden. Wasser, Glyzerin und andere wässerige Flüssigkeiten wischt man einfach mit dem feinen Tuche ab, kann auch vorher mit Filtrierpapier das meiste absaugen. Öle oder gar Harze werden am besten zuerst mit solchem Papiere entfernt, soweit das geht, ohne Gewalt anzuwenden, dann aber muß man vorsichtig Benzol oder ein ähnliches Lösungsmittel nehmen und hierbei ebenfalls ein Tuch benutzen; die letzten Spuren schafft man unter stetem Anhauchen fort und sieht so auch, ob die ganze Fläche der Linse rein geworden ist. Natürlich hat man zuvor das Objektiv abgeschraubt. Das muß erst recht geschehen, falls auf die dem Tubus benachbarte, also obere, Linse Staub oder andere Dinge gefallen sind. Diese nun versucht man einfach wegzublasen, am besten mit dem Luftstrahle aus einer trockenen Pipette oder auch mit dem Atem, aber dann von ganz weit her, damit dieser nicht durch seine Feuchte die Körperchen erst recht darauf festklebt. Hilft das nicht, so reibt man ganz behutsam mit einem dazu passend geschnittenen Stäbchen von Holunder- oder Sonnenblumenmark, das man zuvor mit der Ecke eines feinen Tuches oder einem Streifen des sog. Linsenpapieres überzogen hat, über das Glas hin, bläst dann eventuell nochmals und wiederholt diese Operationen, bis alles in Ordnung ist.

Drittes Kapitel.

Anfertigung schwierigerer Präparate.

Bei der Anfertigung schwieriger Präparate spielen mehrere Arten von kleinen Instrumenten und optischen Hilfsmitteln eine wichtige Rolle. In erster Linie seien von jenen die Nadeln genannt. Man kommt zumeist mit ganz gewöhnlichen Näh- oder Stecknadeln aus, jedoch muß man den letzteren die Köpfe mit einer Zange abkneifen, auch dürfen es keine aus Messing sein. Man könnte glauben, je feiner die Nadel, desto besser. Ganz im

Gegenteil: die Nadel selbst sei recht stark, etwa Nr. 8—10, oder geradezu eine Stopfnadel. Denn sie darf nicht elastisch sein und sich beim Druck auf sie nicht biegen. Man faßt sie in geeignete Stiele aus Holz, Spanischem Rohr oder Knochen; auch die Borsten der Stachelschweine taugen hierzu sehr gut, und man hat dabei die Wahl in der Dicke und Länge. Selbst Bleistifte lassen sich benutzen, indem man den Graphit soweit wie nötig ausbohrt und nun die Nadel mit Siegellack einkittet. Sehr bequem sind die Nadelhalter mit Schraubenkopf: sie gestatten Nadeln von verschiedenem Kaliber aufzunehmen und machen das Einkitten überflüssig. Für manche Zwecke sind Nadeln aus einer Legierung, die nicht rostet und von Säuren nicht leicht angegriffen wird, dem sog. Nickelin, empfehlenswert, und in ganz besonderen Fällen braucht man sogar Igel- oder Kaktusstacheln, die man leicht in den richtigen Dicken erhält.

Je nach dem Dienste, den die Nadel leisten soll, muß sie eine mehr oder weniger feine Spitze haben. Diese schleift man sich am besten selber auf einem kleinen Schleifstein an, und zwar immer an je zwei Nadeln gleich fein, hat auch stets von jeder Sorte mehrere Paare vorrätig, da leicht bei einer Operation eine oder beide Spitzen abbrechen. Die Spitzen sollen zwar fein, aber nicht lang sein. Deswegen schneidet man sich aus Kork kleine Würfel von etwa 3 mm Seitenlänge und schiebt einen solchen auf die Nadel so weit, daß diese etwa 15 mm hervorragt. Beim Schleifen hat also die Nadel eine schräge Lage und behält sie bei. Man fährt nun erst einige Male auf dem Steine mit der Nadel hin und her, bis man sieht, daß dieser ordentlich etwas weggenommen hat, dreht dann die Nadel um 90°, schleift wieder und fährt so fort, damit man einen Vierkant erhält, dessen Spitze man mit einer Lupe, eventuell sogar mit Linse 1 des Mikroskopes prüft. (Hat man eine empfindliche Haut, so mag man sie als Reagens auf die Feinheit der Spitze verwenden.) Auf diese Art lassen sich die Nadeln sehr rasch schärfen. Natürlich muß man sie gut halten, besonders gegen Rost durch Einfetten schützen und auf die allerfeinsten Spitzen nach dem Einfetten ein Stück Holundermark schieben.

Ferner braucht man Pinzetten von verschiedener Feinheit. Bei ganz schwierigen Operationen bedient man sich zuweilen mit Vorteil einer Pinzette, deren Enden man so spitz geschliffen hat, daß sie beide zusammen als Nadel fungieren können. In der Regel erfordern die Pinzetten, so wie sie der Händler liefert, beim Schließen zu viel Kraft, wenn man sie lange ohne Pause brauchen muß, machen also die Hände unnötig müde;

man glüht daher am besten die beiden federnden Stücke am stumpfen Ende etwas aus und läßt sie erkalten, während man die Pinzette geschlossen hält. Sie geht dann weicher. Auch aus Nickelin sind Pinzetten käuflich; sie rosten nicht, was die gewöhnlichen leider viel zu rasch tun. Die feineren Pinzetten, mit denen man unter der Lupe präparieren will, befestigt man mit ganz dünnem Kupferdrahte an einem flachen Holzstiele, so daß man sie wie einen Bleistift zwischen Daumen und Zeigefinger führen kann.

Mitunter werden Messerchen nötig, die klein genug sind, um unter der Lupe gebraucht zu werden können. Zur Not mag man sie sich aus ganz dicken Nadeln selber herstellen: man glüht

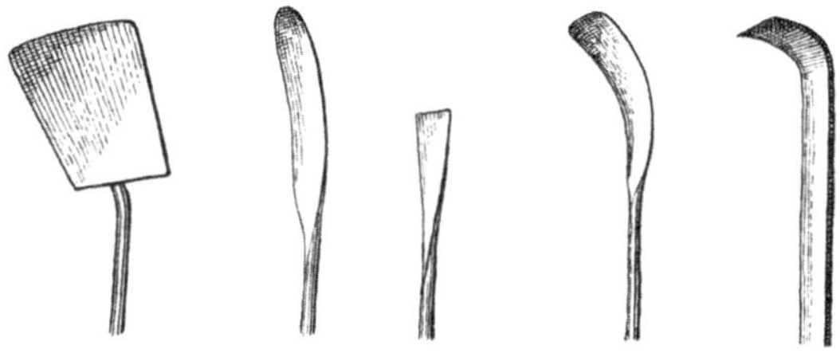

Fig. 5. In $^2/_3$ der natürl. Größe.

das stumpfe Ende aus, hämmert es auf einem kleinen glatten Ambos breit, feilt es zurecht, bis es die gewünschte Form erhält, glüht es nochmals und steckt es sofort in ein Stück Paraffin; so erlangt es die richtige Härte und braucht jetzt nur noch geschliffen zu werden. Indessen sind dies alles Operationen, die nicht jedem gelingen, also kauft man sich besser einfach Staarnadeln und muß dann nur dafür Sorge tragen, daß sie nicht gleich stumpf werden und verrosten.

Von Scheren gebraucht man einige verschieden feine, teils gerade, teils krumme. Auch sie sollte man so sorgfältig wie nur möglich behandeln und sie namentlich gut einfetten, muß sie dann aber natürlich vor jedem Gebrauche gründlich putzen und später von neuem einfetten.

Endlich noch die Spatel! Sie dienen wesentlich zum Übertragen kleiner Objekte von einer Flüssigkeit in eine andere, dürfen daher nicht viel größer sein als jene, um nicht unnötig viel Flüssigkeit mitzuführen. Man bedarf ihrer aber in sehr verschiedener Länge und Breite (Fig. 5). Will man sie sich selbst anfertigen — käuflich sind nur ganz wenige wirklich gute Formen —, so schlägt man mit einem kleinen glatten Hammer auf einem ebensolchen Amboß einen Messingdraht von der richtigen Dicke an dem einen Ende auf die gewünschte Länge hin breit, glüht ihn, sobald er dabei zu spröde wird, immer wieder aus und schneidet zuletzt mit einer alten Schere die Ränder einigermaßen glatt. Dann feilt und schleift man alle scharfen Kanten ab und streicht nun mit einem glatten Stahle über beide Flächen (in der Richtung vom Stiele zum breiten Ende hin) kräftig so lange, bis das noch weiche Gebilde außer der Politur die unentbehrliche Elastizität und zugleich die richtige Biegung erlangt. Denn nur selten verwendet man die Spatel ganz flach, meist sind sie nach oben gebogen, damit die Objekte (Schnitte, Membranen usw.), die man darauf gebracht hat, nicht sofort wieder abgleiten, wozu sie meist sehr neigen. Ein Mittelding zwischen Spatel und Messerchen bildet ein etwa in der Mitte seiner Länge quer abgestutzter, nicht gebogener Spatel, dessen Ende man sorgfältig dünn schleift, so daß es schneidet. Indem man diesen Spatel senkrecht hält und hin- und herwiegt, kann man damit eine Haut und dergl. auf dem Tragglase zerschneiden, obwohl dazu einige Übung gehört. Man prüft die Schärfe dieses Spatelmessers (Fig. 5 in der Mitte) am besten auf einem Fingernagel, in den es gut eindringen muß; öfteres Nachschleifen ist aber erforderlich.

Mit solchen Instrumenten ausgerüstet, kann man sich an die Herstellung auch schwieriger Präparate wagen. Vorbemerkt sei, daß allermeist in Flüssigkeiten gearbeitet wird. Aber man mag sich zuerst an einem trockenen Fliegenflügel üben, den man auf dem Tragglase mit einer Nadel festhält und entweder mit Staarnadel und Spatelmesser zu zerschneiden oder mit zwei Nadeln zu zerzupfen sucht. Da er schwarz ist, so benutzt man als Unterlage des Tragglases natürlich eine weiße Glasplatte oder weißes Papier, wie man denn überhaupt bei solch subtilen Arbeiten alle derartigen Vorteile wahrnehmen muß, die man sonst unbeachtet lassen würde. Dabei macht man gewiß bald die Erfahrung, daß es sehr schwer ist, die Teile des Flügels vor dem Wegfliegen durch den Atem zu bewahren; eventuell hat man durch ein Glas- oder Kautschukrohr zu atmen, das so lang ist, daß der Luftstrom nicht auf das Tragglas gelangt. Will man nun unter Wasser präparieren, so muß man, da die Haut der Insekten allermeist sich nur schwer mit diesem benetzt, den Flügel erst auf kurze Zeit in Alkohol bringen und von da in den Wassertropfen auf dem Tragglase. Dieses aber hat absolut rein zu sein, damit sich der Tropfen gut ausbreitet; nur dann lassen sich die Teile des Flügels in Reihe und Glied hinlegen; jedoch darf der Tropfen nur klein sein, denn sonst geraten sie doch durcheinander. Man bringt zuletzt vorsichtig ein Deckglas darauf und läßt unter dieses von einem Rande her einen Tropfen Glyzerin treten; um das rascher zu erreichen, legt man an den anderen Rand ein kleines Stück Filtrierpapier, das das Wasser wegsaugen soll. Jedoch darf dabei nicht Luft unter das Deckglas gerissen werden, also muß man behutsam verfahren.

Verweilen wir einen Augenblick bei diesem Präparate! Das Tragglas soll vollkommen rein sein, das Deckglas natürlich nicht minder. Woran aber erkennt man das? Am einfachsten durch Anhauchen: es dürfen sich dabei keine Ungleichmäßigkeiten in der momentanen Trübung des Glases zeigen. Ist das doch der Fall, so muß man mit Kreide so lange putzen, bis die absolute Reinheit erreicht ist. Als Kreide darf aber man, um das Glas nicht zu verletzen, nur das ganz feine, zur Zahnpflege verwendete Pulver, die sog. Schlemmkreide, nehmen. Von ihr gibt man etwas auf einen alten, recht weichen, reinen Leinwandstreifen, den man an dieser Stelle vorher mit Alkohol befeuchtet hat, haucht das Tragglas an und reibt es mit der Kreide trocken, prüft sofort durch Hauchen, ob es wirklich rein geworden ist, und wiederholt eventuell die Operation. Besonders wenn ein solches Glas schon mal gedient hat, läßt es sich oft nur schwer reinigen, da die Ränder des früheren Objektes noch lange merkwürdig hartnäckig auf der Fläche sichtbar werden, sobald man auf diese atmet. Indessen die Kreide hilft schließlich doch. Beim Deckglas nimmt man statt des Streifens besser den Kleinen Finger, an dem man durch Anhauchen leicht die nötige Menge Kreide zum Haften bringt, und putzt auch hier zuletzt mit einem feinen Tuche nach. Es versteht sich von selbst, daß dieses nicht im geringsten fettig sein darf, und daß man die reinen Gläser nie auf der Fläche, sondern immer nur an den Kanten anfaßt.

Ferner bringe man einen anderen Flügel, ohne ihn zu zerschneiden, einfach trocken auf ein Tragglas und lege ein Deckglas auf; genau dasselbe tue man mit noch einem Flügel, gebe aber dann zwischen Trag- und Deckglas einen Tropfen Benzylalkohol. Da hat man also zum Vergleiche ungefähr dasselbe Material in drei Medien bereit. Man betrachte nun erst mit Linse 1, dann mit Linse 4 aufmerksam den Flügel in Luft und suche bei Durchlicht den Verlauf eines der vielen Haare zu verfolgen, die auf beiden Seiten der Membran hervorragen. Bei genauerem Zusehen findet man auch ohne Zweifel am äußeren Rande hie und da ein abgebrochenes und bemerkt ferner kleine Staubteilchen, die der Membran anhaften. Bei Auflicht, also ohne Benutzung des Spiegels, nimmt man an einigen Stellen der Membran ein Irisieren wahr. Dieses wird aber ganz ausgelöscht, sobald man zu den

Präparaten in stärker brechenden Medien, besonders in Benzylalkohol, übergeht. Hierin werden auch die Adern im Flügel viel durchsichtiger und lassen wohl an manchen Orten erkennen, daß sie eine Verstärkung in Gestalt spiraliger Ringe tragen. Nach ihrer Entstehung in der Puppe ist die Flügelhaut doppelt und bildet einen flachen Beutel[1]), der nur da, wo der Flügel am Rumpfe der Fliege eingelenkt ist, eine Öffnung hat. Aber beide Wandungen des Beutels vereinigen sich später — noch vor dem Ausschlüpfen der Fliege — so innig miteinander, daß sie am fertigen Flügel wie eine einheitliche Haut erscheinen, die auf beiden Flächen Haare trägt. Diese ragen natürlich auf der oberen Fläche mit ihrer Spitze nach oben, auf der unteren nach unten, was man als gute Übung im Gebrauche der Feinen Schraube mit Linse 4 feststellen mag.

Ein Flügel oder Bein einer Fliege ist noch groß genug, um derartige Operationen an ihm mit unbewaffnetem Auge zu gestatten, und besonders ist der Kurzsichtige, wenn er die Brille abnimmt, dabei im Vorteil vor dem Weitsichtigen, da er ja sein Auge dem Objekte viel näher bringen muß, also mehr Licht von ihm auffängt als jener. Aber auch er ist schon bald an der Grenze seiner Fähigkeit im Sehen kleiner Dinge angelangt und bedarf dann eines Mittels, um das winzige Objekt, das er zu präparieren vorhat, ebenso deutlich wahrnehmen wie das große mit bloßem Auge. Er mag es also mit dem schwachen Objektiv des Mikroskopes versuchen, das zugleich mit Okular 2, wie schon auf S. 9 gesagt, ihm ein Sehfeld von etwa 4 mm im Durchmesser gewährt, das für solche Objekte mehr als weit genug ist. Indessen wird er sofort merken, daß das Arbeiten mit zwei Nadeln, während man ins Okular schaut, seine großen Nücken hat: er muß ja alle Bewegungen umgekehrt machen! Kann er das oder lernt es rasch, so ist er schön heraus; jedenfalls sollte er es versuchen. Es gibt aber einen einfachen, nicht arg teuern und sehr guten Apparat, das sog. bildumdrehende Prisma, kürzer Umdrehprisma, das bei Zeiss 25 M. kostet. Dieses (Fig. 6) hat man nur auf das Okular zu setzen und horizontal, also in einer dem Auge sehr zusagenden Art, hineinzublicken. Das Sehfeld wird dabei nicht verkleinert,

[1]) Bei den Fliegen ist das 2. Flügelpaar bekanntlich zu den sog. Schwingern geworden, und diese zeigen noch deutlich die Gestalt eines runden Säckchens, das an einem hohlen Stiele sitzt. Auch von ihnen lohnte es sich wohl, durch Abtrennen vom Fliegenkörper mit einer feinen Schere und sorgfältiges Hinlegen auf ein Tragglas Präparate zu gewinnen. Jedoch eignen sich dazu trocken aufbewahrte Tiere nicht, da die Schwinger an diesen allzu sehr geschrumpft sind.

und man sieht die Gegenstände in ihrer natürlichen Lage, kann daher nun ganz leicht mit den Nadeln hantieren. Die Einrichtung gewährt den weiteren Vorteil, daß man alle Arten der Beleuchtung ausnutzen kann: den weißen oder schwarzen Grund sowie den Spiegel und die Blenden. Ferner: will man während des Präparierens sich rasch bei stärkerer Vergrößerung vom Fortschritte der Arbeit überzeugen, so nimmt man das Prisma einen Augenblick ab, dreht den Revolver und kann nun sofort sehen, wie weit man gediehen ist, ob z. B. etwa das Objekt auf der falschen Fläche liegt, usw. Handelt es sich um schwierige, lange dauernde Manipulationen, so mögen die Hände, da sie ja frei in der Luft schweben, leicht ermüden; man baue sich also neben dem Mikroskope aus Büchern oder Holzklötzen jederseits eine Auflage für die Unterarme und Hände, so daß nur die beiden Finger, die die Nadel halten, frei beweglich bleiben. Mit einiger Übung gelingen so auch ganz feine Präparationen, z. B. die Isolierung eines großen Stärkekornes aus einem Haufen solcher. Nur darf man es nicht versäumen, das Tragglas wenigstens an einem Ende mit der Klemme festzulegen.

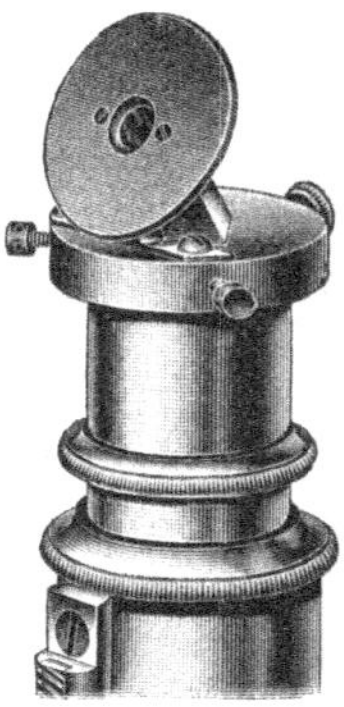

Fig. 6.

Nun können aber Fälle eintreten, wo einerseits das bloße Auge nicht ausreicht, andererseits das Sehfeld des Mikroskopes zu klein und die Vergrößerung zu stark ist, etwa, wenn man von einer Fliege, die in einem Schälchen voll Alkohol liegt, die Schwinger abschneiden möchte oder von einer trocknen Fliege die langen Borsten auf dem Rücken. Wie hilft man sich da? Offenbar durch ein Mittel, das dem Auge gestattet, sich dem Objekte mehr zu nähern, als es, ohne undeutlich zu sehen, sonst könnte. Denn nun erscheint ja das Objekt viel größer als vorher[1]). Dies leistet uns die Lupe, vulgär Brenn- oder Leseglas, auch Fadenzähler genannt. Allerdings muß man sich ihrer zu bedienen wissen. Die meisten Leute nämlich halten ein solches Glas ganz weit vom Auge dicht über das Objekt und nutzen so die guten Eigenschaften dieses unentbehrlichen kleinen Instrumentes bei weitem nicht aus. Im Gegenteil: die Lupe gehört zu allererst so dicht wie möglich ans Auge, und das Objekt wird ihr nun so weit

[1]) Auf die Erklärung der Leistungen unserer optischen Instrumente, soweit sie hier überhaupt in Betracht kommen, lassen wir uns absichtlich nicht ein.

genähert, bis man es deutlich und scharf sieht. So betrachtet man z. B. auf einem Spaziergange die Blüte einer Pflanze oder ein gefangenes Insekt. Ist dagegen das Objekt an seinen Platz gebannt, so muß man natürlich sich ihm mit der Lupe nähern, aber diese soll man auch dann dicht vor dem Auge halten. Man sucht sich dabei so zu stellen, daß man dem Auflicht den Weg

Fig. 7.

zum Objekte nicht versperrt; das ist mitunter nicht leicht, und in solchen Fällen mag man den Kopf weiter abhalten, nur sieht man dann wesentlich ungünstiger, da ja das Sehfeld viel kleiner wird, auch erscheint nur dessen Mitte scharf, der Rand hingegen arg verwaschen und verzerrt.

Während bei dem eigentlichen Mikroskope die Linsen ihre plane Fläche dem Objekte zuwenden müssen, ist das bei den Lupen genau umgekehrt. Darauf ist bei ihrer Benutzung zu achten. Bei falscher Haltung der Lupe ist das Sehfeld kleiner und nicht so eben. Es sollte sich auch von selbst verstehen, daß man durch die Lupe nicht schräg, sondern gerade blickt. Natürlich muß man sie mit der einen Hand halten, kann also am Objekte, selbst wenn es festliegt, keine ordentliche Präparation vornehmen. Außerdem hat man nur das Auflicht zur Verfügung, nicht wie beim

Mikroskope auch das Durchlicht, das der Spiegel liefert. Über diese Schwierigkeiten hilft nun das sog. Präpariermikroskop oder Simplex hinweg, wie es z. B. R. Winkel in Göttingen relativ einfach und billig [1]) liefert. Dieses (Fig. 7) gestattet recht bequem zu präparieren. Allerdings ist man dabei natürlich mit dem Auge dem Objekte sehr nahe, atmet also darauf, und das kann bedenklich werden, wenn das Medium eine Flüssigkeit ist, die sich mit Wasser trübt, wie die meisten starkbrechenden Mittel (Terpineol, Benzylalkohol usw.). Darauf wäre also beim Gebrauche des Simplex zu achten. Wem übrigens ein solches zu teuer erscheint, kann sich zur Not wie folgt selbst einen Ersatz dafür, gewissermaßen ein Simplicius oder gar Simplicissimum, bauen.

Er kauft eine Taschenlupe[2]), am besten eine mit zwei oder drei Vergrößerungen — jede der beiden Einzellinsen gibt eine von der anderen verschiedene, und die dritte kommt durch die Kombination der Linsen zustande — und durchbohrt die beiden Schalen derart, daß die Lupe auf einen starken Draht geschoben werden kann. Dieser ist gleich darauf im rechten Winkel gebogen, verläuft etwa 8 cm lang gerade, biegt wieder im rechten Winkel um und ist nun zu einer ziemlich langen Spirale aufgerollt, die mit einiger Reibung an einem anderen Drahte — so dick wie ein Bleistift — von etwa 25 cm Länge auf und ab gleiten kann. Dieser steckt in einem soliden runden Fuße, z. B. einer Scheibe aus Holz, etwa 15 cm im Durchmesser groß und mit Blei gehörig schwer gemacht, so daß sie nicht umkippt. Das Ganze (Fig. 8a) ist also ein Lupenstativ, bei dem die Linsen etwa 15 cm vom senkrechten Träger abstehen und sich senkrecht ebenfalls in weiten Grenzen bewegen lassen. Die grobe Einstellung in der Höhe der Linsen besorgt man vor der Benutzung der Lupe durch Verschieben der Spirale am Drahte auf oder ab; die feinere Veränderung während des Gebrauches erreicht man auf sehr einfache Weise durch Anbringung einer sog. Stellschraube, die man am Rande des Fußes diesen senkrecht durchbohren läßt. Zwar wird bei ihrer Anwendung[3]) die Lupe

[1]) Ohne Linsen für 24 M.; mit zwei Lupen, die drei verschiedene Vergrößerungen — 5-, 7- und 14fach — geben, für 31 M.

[2]) Die eben erwähnten Winkelschen Lupen zu erwerben, ist nicht ratsam, weil sie nicht bequem in die Tasche gesteckt werden können, auch sich nicht leicht für das Simplicius verwenden lassen. Aber man kaufe auch ja nicht die ganz ordinären Taschenlupen mit recht großen Linsen, deren Wirksamkeit in der Regel durch fast ebenso große Blenden eingeschränkt wird, sondern eine wirklich gute, z. B. die von Seibert in Wetzlar für 10 M. Diese gewährt drei sehr brauchbare Vergrößerungen und gibt bis an den Rand scharfe Bilder bei relativ großen Sehfeldern. Auch bei der stärksten Kombination ist der Abstand vom Objekte noch weit genug, daß man mit den Nadeln gut hingelangen kann.

[3]) Mehr als 5 mm auf oder ab beträgt diese Verschiebung in der Senkrechten wohl nie, und das ergibt bei den etwa 15 cm weit abstehenden Linsen nur einen kleinen Winkel mit der Wagerechten. Die Schraube

etwas aus der Horizontalen gebracht, aber das ist beim Arbeiten damit nicht auffällig, so daß dieser Fehler nicht weiter in Betracht kommt.

Zum Stativ gehört natürlich ein **Tisch mit Spiegel** (Fig. 8 b). Ihn macht man sich ohne Mühe aus einer großen Zigarrenkiste, die etwa 24 cm lang, 12 cm breit und 9 cm hoch ist. Man stellt sie so hin, daß die eine Fläche von 24×9 cm zur oberen wird, schneidet darin eine Öffnung von etwa 10 cm Länge und 5 cm Breite aus, aber nicht genau in der Mitte, sondern ein wenig nach der Längskante zu, die an den Deckel grenzt, und klebt darüber eine alte photographische Platte — natürlich nur das Glas — von 9×12 cm Größe mit Papierstreifen fest. Den

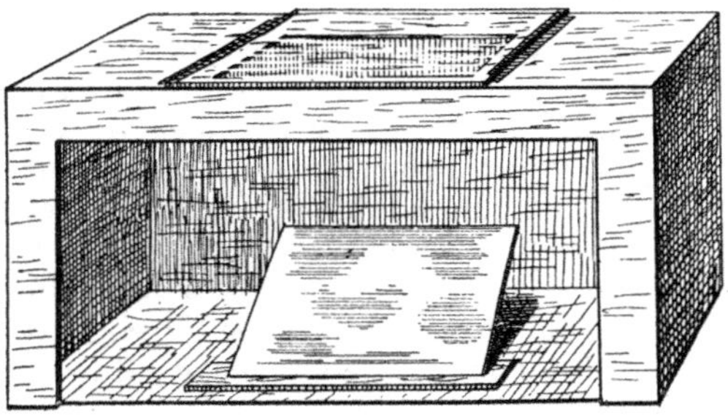

Fig. 8b.

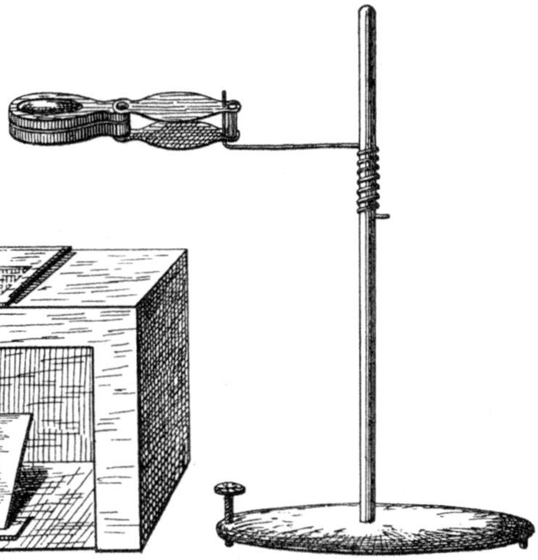

Fig. 8a.

Deckel entfernt man ganz bis auf zwei je 2 cm breite Streifen an den beiden Schmalseiten, die man zur Verstärkung des Kastens an diesen annagelt. So hat man vorn eine weite Öffnung und kann sehr bequem von dort aus in den Hohlraum einen kleinen Spiegel — vielleicht am besten einen gewöhnlichen Rasierspiegel, wenn es sein kann einen konkaven — bringen. Diesem gibt man durch zwei Holzleisten, die man innen auf den nunmehrigen Boden des Kastens nagelt, die richtige Neigung zum Lichte, muß diese aber vorher ausprobieren. Ferner beklebt man einen Pappstreifen, ebenfalls

---

macht natürlich eine viel geringere Exkursion; sie braucht nicht einmal besonders fein zu sein, wohl aber ist es gut, wenn sie nicht direkt im Holze sitzt, sondern sich in einer Messingmutter bewegt, die in das Holz senkrecht eingelassen ist. Nur bei sehr hartem Holze darf man sie direkt darin gehen lassen, ohne daß sie sich schon bald ausleiert. Das ganze Stativ kann man sich bei einiger Geschicklichkeit selbst anfertigen, und dies gilt auch von dem Kasten, (Fig. 8b), der das Simplex erst vollständig macht.

etwa 10×5 cm groß, zur einen Hälfte mit weißem, zur anderen mit schwarzem glanzlosem Papier und befestigt ihn auf irgendeinem Holzklotze derart, daß er just unter die Decke des Kastens reicht. Das wären die Unterlagen, die an die Stelle des Spiegels zu treten haben, wenn man mit Auflicht über schwarzem oder weißem Grunde präparieren will. Man kann auch, was unter Umständen noch einfacher sein mag, einen gebrauchten Rahmen für photographische Platten nebst einer solchen Platte als Tisch verwenden, wenn man ihm 4 solide Holzfüße gibt, die unten durch zwei in der Diagonale verlaufende Stäbe verbunden sind, um sich nicht seitlich zu verschieben. Da, wo diese sich kreuzen, bringt man ein Brettchen zur Aufnahme des Spiegels und der Unterlagen an. So lassen sich diese noch leichter hinstellen und wegnehmen.

Allerdings ein Notbehelf bleiben sowohl Lupenträger als auch Tisch eigenen Fabrikates doch, also mag die Anschaffung eines richtigen Simplex auf die Dauer rentabler sein.

Kehren wir zur Anfertigung der Präparate zurück! Es ist ratsam, das Zerzupfen mit Nadeln tüchtig zu üben. Ein geeignetes Objekt bildet irgend ein altes Taschentuch oder anderes Gewebe aus Leinwand, Baumwolle, Wolle, Seide oder gar aus gemischten Garnen; auch Watte geht an. Man versuche es, unter Wasser — wenn nötig, benetzt man das Objekt zuvor mit Alkohol, der besser eindringt und die Luft fortschafft — oder Terpineol daraus viele Fäden auf weite Strecken zu isolieren, ohne sie zu zerreißen, und reihe sie dann sauber nebeneinander oder gruppiere sie zu Figuren, sauge die überschüssige Flüssigkeit ab und lege das Deckglas auf. Oder man hole aus einem Uhrglas voll kleiner Kristalle von Alaun oder Kochsalz einzelne heraus, wobei man die Nadeln an der Spitze allenfalls mit einer die Kristalle nicht lösenden Flüssigkeit befeuchten darf, übertrage sie einen nach dem anderen auf ein daneben bereit gelegtes Tragglas und mache aus ihnen ein regelrechtes Präparat. Dabei hat man stets dafür zu sorgen, daß das Tragglas wenigstens mit einer Klemme festgehalten wird. Es darf nach einiger Übung bald keine Schwierigkeiten mehr machen, z. B. aus Kristallen einen Namenszug zu legen. Hat man vorher das Tragglas da, wo die Kristalle Platz finden sollen, äußerst dünn mit Gummischleim bestrichen, so kleben diese rasch am Glase fest und lassen sich hinterher mit Canadabalsam oder einem anderen Harze und einem Deckglase bedecken, ohne von der Stelle zu weichen.

Noch recht oft wird man von der Lupe oder auch dem Umdrehprisma Gebrauch machen, namentlich da die Präparate ja sauber ausgeführt werden sollen. Immerhin ist es besser, man versucht solange, wie es eben geht, mit dem bloßen Auge auszukommen; denn hierbei kann man ja beide Augen zugleich benutzen, während man mit Lupe oder Mikroskop immer nur eins anwendet. Allerdings gibt es auch sog. binokuläre Mikroskope, in die man mit beiden Augen schaut, und die wirklich oft den gewöhnlichen bedeutend überlegen sind. Indessen sind diese Apparate so sehr viel teurer, daß dem Anfänger von der Anschaffung abgeraten werden muß.

Ein Kapitel für sich bildet die Präparierung kleiner Tiere oder (allerdings weniger oft) Pflanzen, sei es, daß man direkt daraus mikroskopische Präparate machen will, sei es, daß es sich um das kunstgerechte Herausnehmen einzelner Organe handelt, die dann dem Mikroskope zugänglich gemacht werden sollen. In Betracht kommen da vor allem kleine Insekten, Schnecken, Würmer usw., auch wohl Knospen oder Anlagen von Laubblättern, von denen man die unwesentlichen Teile entfernen möchte, und dergl. mehr. Nur sehr selten lassen sich diese Zergliederungen direkt auf dem Tragglas, etwa mit einem Ausschliffe in der Mitte, vornehmen, und als die erste Regel hat dabei zu gelten, daß man nicht trocken präpariert, sondern das Objekt in Flüssigkeit vor sich haben muß, da sich sonst die feinen Teile nicht gut auseinanderlegen lassen. Unter Umständen kann es vorteilhaft werden, direkt in Terpineol oder Glyzerin zu zerzupfen, so daß man hinterher das Präparat leicht ganz fertig machen kann und keine Gefahr läuft, beim Überführen aus dem Wasser durch Alkohol in ein stark brechendes Medium manche lose Teilchen zu verlieren. In der Regel jedoch präpariert man unter einer wässerigen Flüssigkeit; fast immer ist das eine, die zugleich die Gewebe etwas resistenter macht, so daß sie beim Gebrauche der Nadeln usw. nicht so leicht zerreißen. Also unter einer schwachen Lösung von Pikrinsäure — sie färbt die Gewebe gelb und macht sie so bequemer sichtbar, läßt sich auch später leicht wieder auswaschen — oder ganz schwachem Alkohol (etwa von 30%). Sobald die Flüssigkeit sich trübt, hat man sie zu entfernen und durch frische zu ersetzen. Ist das Objekt nicht mikroskopisch klein, so daß man es nicht auf dem Tragglase unterbringen kann, so legt man es in eine Glasschale mit flachem Boden. Da es aber gewöhnlich darin mit ganz feinen Nadeln, etwa den sog. Insektennadeln, festgesteckt werden muß, so hat man vorher auf dem Grunde der Schale einen geeigneten Kork — Platten davon sind käuflich in beliebiger Größe zu haben — mit Wachs oder dergl. befestigt, den man am besten mit einem schwarzen Stoffe überzieht oder bestreicht, damit sich die meist weißen Gewebe der Objekte besser davon abheben. Diese sog. Sezierschalen können ferner mit schwarzem Wachse ausgekleidet sein oder geradezu daraus bestehen. Auch direkt aus Kork lassen sie sich herstellen, indem man sich die Platten — die Grundplatte wählt man besser ein viel dicker als die Seitenwände — zuschneidet und dann mit Siegellack oder Wachs zusammenkittet. (Ein besonders guter Kitt ist der sog. Mendelejeffsche, der allerdings nur in wenigen Handlungen chemischer Geräte zu haben ist, aber sich auch sonst zum Befestigen von Glas auf Glas oder anderen Stoffen eignet.) Stehen Platten aus echtem Korke nicht zur Verfügung, so verwende man den neuerdings sehr verbreiteten Kunstkork.

Alle solche Behälter von recht verschiedener Größe macht man sich leicht selbst und schmilzt die Nadelstiche im Wachs, sobald ihrer zu viele werden, über einer kleinen Flamme wieder zu, ebnet auch den Boden sorgsam von neuem. Fliegen, Mücken und noch winzigere Insekten seziert man oft am einfachsten auf einem Tragglase, das man durch Aufkitten von 4 Glasleistchen mit Gummiarabicum und Ausfüllen des so entstandenen Raumes mit schwarzem Wachs zu einem kleinen Troge umgestaltet hat. Das Tier kann man, gleich nachdem man es mit Äther oder Chloroform getötet hat, darin mit den Flügeln oder Füßen festschmelzen, wozu eine breite Nadel, in der Flamme tüchtig erwärmt, sich trefflich eignet. Da sich das Wachs an den Glasleisten in die Höhe zieht, so braucht man nicht zu befürchten, das sich das Gummi beim Sezieren in Berührung mit dem Wasser löst.

Beim Präparieren bedient man sich natürlich verschieden feiner Nadeln, auch wohl der als Nadeln geschliffenen Pinzetten (s. S. 31). Eine genauere Anweisung zum Sezieren zu geben, liegt übrigens außerhalb des Rahmens dieses Buches. Vielmehr sei auf die nicht sehr zahlreichen Kompendien der praktischen Zoologie und Botanik verwiesen, deren Benutzung freilich ganz ohne mündliche Anweisung des Lehrers meist recht schwer ist.

Die präparierten Teile bringt man aus der Sezierschale sorgsam in kleine Glasschalen oder Tuben und setzt sie hierin den weiteren Prozeduren aus, die je nach der Lage der Dinge verschieden sein werden. Sind jene klein genug, um ohne weiteres der Beobachtung mit dem Mikroskope zugänglich zu sein, so macht man aus ihnen gleich die definitiven Präparate, wie das näher im folgenden Kapitel geschildert werden soll. Allermeist aber muß man sie, um aus ihnen so viel wie irgend möglich an Wissenswertem herauszuholen, vorher eigens färben oder gar in feine Schnitte zerlegen und kann erst diese endgültig in mikroskopische Präparate umwandeln. Hierüber sehe man in den betreffenden Kapiteln nach.

Viertes Kapitel.

Fertigmachen der mikroskopischen Präparate.

Der Anfänger findet in diesem Kapitel einiges wieder, was er schon früher gelesen und wohl auch gleich benutzt hat. Indessen handelt es sich um nur wenige Dinge, die vorhergenommen werden mußten, hier aber im Zusammenhange gebracht werden sollen, so daß die Wiederholung nicht überflüssig ist.

Zur Herstellung eines mikroskopischen Präparates bedarf man, wie bereits auf S. 16 erwähnt wurde, außer dem kunstgerecht vorbereiteten Objekte zweier kleiner Stücke Glas: des sog. Objektträgers und des Deckglases. Die Notwendigkeit jenes, den wir der Kürze halber das Tragglas genannt haben, leuchtet ohne weiteres ein. Denn obwohl zur Not ein einigermaßen großes Objekt, z. B. ein Stück eines Blumen- oder Laubblattes, direkt auf den Tisch des Mikroskopes gelegt und allenfalls auch darauf verschoben werden kann, so läßt es sich doch nicht dauernd aufbewahren. Und das Tragglas muß durchsichtig [1]) sein, da ja die Beobachtung allermeist mit Durchlicht geschieht. Um sich aber auch von der Notwendigkeit des Deckglases zu überzeugen, mache man einfach den Versuch, einen Fliegenflügel oder einen dünnen Schnitt [2]) durch Holundermark erst auf ein Tragglas zu legen, dann mit diesem auf den Mikroskoptisch zu bringen und zu guter Letzt zu beobachten. Es ist Hundert gegen Eins zu wetten, daß beide leichte Gegenstände schon längst ein Spiel der Lüfte geworden sind, ehe man auch nur einen Blick durch das Instrument hat auf sie werfen können. Also muß man ein Deckglas auf-

---

[1]) Äußerst selten benutzt man absichtlich undurchsichtige Traggläser, gewöhnlich aus Holz, aber nur für Objekte, die ausschließlich bei Auflicht betrachtet werden sollen, z. B. Schalen kleiner Tiere oder Bruchstücke von Mineralien. Meist ist dann das Holz schwarz, um die Eigenfarbe des Objektes besser hervortreten zu lassen. Eine andere Ausnahme bilden die seltenen Fälle, wo man das Objekt zwischen zwei Deckgläsern aufhebt, um es je nach Bedarf mal von der einen, mal von der anderen Fläche zu studieren. Ebenfalls eine Ausnahme, allerdings mehr eine scheinbare, sind die meisten Präparate der Bakteriologen. Diese bringen nämlich aus guten Gründen ihre Objekte dauerhaft auf Deckgläsern an (kleben sie darauf fest) und legen nun das Deckglas mit dem Objekt nach unten auf ein Tragglas. Demnach befindet sich dieses doch wieder zwischen Deck- und Tragglas, wie bei jedem gewöhnlichen Präparate.

[2]) Auch hier greifen wir notgedrungen vor: das Schneiden wird erst im 7. Kapitel behandelt. Aber der Schnitt durch das Mark braucht nur dann gemacht zu werden, falls man keine Fliege zur Verfügung hat.

legen. Das ist auch aus einem anderen Grunde nötig: soll das Objekt nicht trocken, sondern in einem Tropfen einer Flüssigkeit, z. B. Wasser, beschaut werden, so hat diese fast immer eine stark gewölbte Oberfläche und liefert — der Anfänger versäume es ja nicht, einen solchen Versuch zu machen — ein arges Zerrbild des Gegenstandes.

Bleiben wir noch einen Augenblick bei den eben genannten Objekten! Es ist sehr lehrreich, von den beiden Flügeln einer Fliege den einen auf dem Tragglase, mit einem Deckglase bedeckt, in Luft zu belassen, den anderen dagegen ziemlich dicht daneben in einen Tropfen Terpineol zu legen und erst nachher mit dem Deckglase zu versehen. Den großen Unterschied in der Erscheinung beider Bilder haben wir bereits auf S. 34 erörtert und brauchen hier nur bei den Manipulationen zur Herstellung dieses Präparates zu verweilen. Die unerläßliche Voraussetzung für ein gutes Präparat ist die absolute Sauberkeit beider Gläser, die das Objekt umschließen sollen. Aber auch während man mit ihnen hantiert, muß man dafür Sorge tragen, daß kein Staub auf sie fällt. Zwar würde dieser nicht besonders schaden, wenn er das Objekt unbedeckt ließe: das Präparat wäre dann zwar unschön, weil unsauber, aber nicht unbrauchbar; lagert sich hingegen der Staub just auf dem Objekte ab, so wird dieses natürlich soweit, wie jener reicht, dem Auge schwer oder geradezu unzugänglich. Noch schlimmer als der feine Staub[1]) sind die gleichfalls in der Luft jedes Zimmers reichlich vorhandenen Fasern von Baumwolle und anderen Geweben. Denn einem ungeübten Auge erscheinen sie leicht als zum Präparate gehörig. Wir empfehlen daher dem Anfänger, zu allererst sich ein Präparat von solchen Fasern anzufertigen, indem er vom Rande eines schon viel gebrauchten und oft gewaschenen Taschen- oder Handtuches einige Fäserchen mit der Pinzette wegnimmt und sie entweder in einem Tropfen Wasser oder Terpineol (natürlich nicht ohne Deckglas) aufmerksam solange beschaut, bis er sich ihr charakteristisches Aussehen ordentlich eingeprägt hat.

Wenn man also nicht gerade am Präparate arbeitet, muß

---

[1]) Ein ganz reines Tragglas bestreiche man dünn mit Glyzerin und lege es auf einige Stunden an eine beliebige Stelle im Arbeitszimmer. Man erstaunt sicher nachher, wenn man es mit dem Mikroskop besieht, über die Menge der Fasern usw., die sich darauf abgelagert haben und vom Glyzerin festgehalten werden. Noch zahlreicher sind diese Körperchen natürlich, wenn man sich in der Nähe des Tragglases beschäftigt, weil man dabei die Luft aufwirbelt. Daher stammen die Fasern in einem Präparate allermeist von der Kleidung des Arbeitenden und den Wischtüchern.

das Tragglas, damit keine Fremdkörper aus der Luft darauf geraten, bedeckt sein, am einfachsten mit einem Uhrglase (Fig. 28 auf S. 192), einem kleinen umgestülpten Weinglase oder dergl. Bevor man dann das Deckglas auflegt, soll man dieses nochmals genau auf seine absolute Freiheit von Staub usw. prüfen und es eventuell mit einem ganz sauberen und trockenen Pinsel leicht überfahren. Unmittelbar nachher ist es aufzulegen. Zeigt es sich nun bei der sofortigen oberflächlichen Musterung des Präparates, daß sich doch Staub an einer Stelle eingeschlichen hat, die wichtig ist, so kann man, solange das Präparat noch frisch ist, versuchen, das Deckglas vorsichtig abzunehmen, die schädlichen Fremdkörper behutsam zu entfernen und ein neues Deckglas aufzulegen. Leider sind diese Operationen meist so schwierig und beschädigen noch dazu das Objekt oft so sehr, daß es in der Regel anzuraten ist, lieber ein neues Präparat zu machen und das alte zu vernichten.

Von den beiden Flügeln liege der eine, wie gesagt, in Luft, der andere in Terpineol. Ebenso sei von zwei Schnitten durch Holundermark der eine in Luft befindlich, den anderen habe man in einen Tropfen Glyzerin gebracht. Da jedes Tragglas 76 mm lang ist, die beiden Deckgläser dagegen jedes nur 18 mm, so kann man zwischen ihnen bequem 8 mm Raum lassen und hat immer noch an den Seiten rechts und links Platz genug zum Anbringen eines kleinen Papierstreifens, der zur Aufnahme irgend welcher Notizen bestimmt ist (s. S. 58). Das Tragglas würde demnach etwa so aussehen:

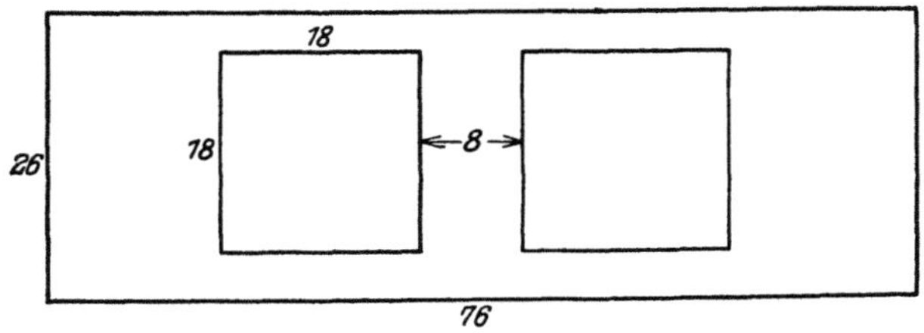

Fig. 9.

Die 8 mm werden aber auch gebraucht! Denn sowohl das Präparat in Luft als nicht minder das in der Flüssigkeit können wohl kurze Zeit hindurch so bleiben und für eine vorläufige Musterung dienen. Sollen sie aber definitiv aufbewahrt werden, so sind nicht nur die Deckgläser gegen jegliche Verschiebung zu schützen, sondern auch die Flüssigkeiten gegen Verdunstung oder sonstige Veränderung ihrer Beschaffenheit durch den Kontakt mit der Luft an den Rändern der Deckgläser. Denn das Glyzerin nimmt langsam Wasser auf und wird so weniger stark lichtbrechend. Das Terpineol dagegen verdunstet langsam und kriecht dabei gern von allen Seiten her auf das Deckglas, beschmutzt es und bildet so eine Gefahr für die starken Linsen, die nur allzu leicht hineingeraten und dann nicht ebenso bequem zu putzen sind. Mithin muß man Schutzränder anbringen. Das ist meist leichter gesagt als getan und soll hier sehr ausführlich erörtert werden, da die Haltbarkeit des Präparates zum großen Teile auf ihrer guten Beschaffenheit beruht. Ehe wir jedoch hierauf näher eingehen, seien einige Worte einer Operation gewidmet, die wir bisher nur gestreift haben, nämlich dem Auflegen des Deckglases. Auch das bereitet mitunter nicht geringe Schwierigkeiten, muß daher gründlich geübt werden, damit es namentlich in wichtigen Fällen, wenn es sich um kostbare Präparate handelt, sicher gelingt.

Daß man auf einem Tragglas zwei Präparate macht, gehört zu den Seltenheiten. In der Regel legt man nur eins darauf, hat also nur ein einziges Deckglas kunstgerecht darüber zu breiten. Nur wer die äußerste Sparsamkeit walten lassen muß, wird mit Vorteil jenes tun, sonst jedoch sollte man immer nur Ein Objekt auf dem Tragglase haben, es sei denn, man wolle die zwei nebeneinander bringen, um sie bequemer vergleichen zu können. Wir betrachten hier deshalb den einfacheren Fall, daß wir es nur mit einem Deckglase zu tun haben.

Als Unterlage für das Tragglas dient am besten ein Brettchen, etwa 7 cm breit und 15 cm lang; entweder hat man darin eine seichte Vertiefung von den Dimensionen des Tragglases ausgespart, so daß dieses darin einigermaßen fest liegen kann, oder man schiebt es mit der linken Schmalseite gegen zwei neben einander halbtief ins Brettchen eingedrückte Reißzwecken (Fig. 10) und legt dann von rechts her eine kleine Feder quer gegen eine andere Zwecke, klemmt also das Tragglas auch auf dieser Seite fest.

Da wo das Tragglas zu liegen kommt, ist das Brettchen mit weißem Papier beklebt, und darauf zieht man mit Tusche einen Rahmen, der den Raum für das größte Deckglas, daß man überhaupt verwenden kann, bezeichnet. Darin mag man noch die Umrisse eines kleineren Deckglases mit Bleistift angeben.

Um mit einem ganz leichten Objekte zu beginnen, wollen wir ein Stückchen Papier, das natürlich kleiner sein muß als das Deckglas, in Wasser als Präparat herrichten. Es sei bereits mit Wasser befeuchtet, so daß es keine Luftblasen mit sich führt.

Man überzeugt sich nun durch Anhauchen davon, daß sowohl das Tragglas als auch das Deckglas vollkommen rein sind. Sollten sich dabei Ungleichmäßigkeiten in der Trübung durch den Atem zeigen, so deutet das an, daß sich Wasser oder andere Flüssigkeiten darauf nicht glatt ausbreiten würden, und dann muß man mit Kreide so lange nachputzen, bis die absolute Reinheit erreicht ist. (Genaueres s. auf S. 34. Auch wenn das Objekt nur in Luft zu liegen kommt, müssen die beiden Gläser ebenso rein sein.) Erst dann bringt man mit einer Pipette oder einem Glasstabe einen Tropfen[1]) reinen Wassers in die Mitte des für das Deckglas bestimmten Raumes auf das Tragglas und legt das Objekt hinein.

Fig. 10.

Nun faßt man das Deckglas rechts dicht am Rande mit einer feinen Pinzette, haucht es von unten nochmals tüchtig an und stellt es mit dem freien linken Rande schräg (nicht senkrecht!) auf das Tragglas dicht neben den Tropfen. Während man es noch so festhält, schiebt man mit der linken Hand auf das Tragglas von links her an das Deckglas die Spitze einer Nadel, oder noch besser das quer abgestutzte Ende eines breiten Spatels, so daß das Deckglas nicht nach links rutschen kann. Nun darf man es ruhig allmählich sinken lassen, während man die Pinzette langsam lockert, so daß es zuletzt nur noch auf deren unterer Spitze ruht. Die Pinzette zieht man endlich nach rechts vom Deckglase weg; dieses wird ganz frei und legt sich, wenn alles richtig verlaufen ist, dem Tropfen so auf, daß es von ihm getragen wird, also

[1]) Der Tropfen soll weder zu groß noch zu klein sein, und das muß man richtig abzuschätzen lernen, was allerdings erst nach einiger Übung gelingt. Immerhin ist es weniger gefährlich, wenn er zu klein ist, d. h. später unter dem Deckglas nicht genau bis an die Ränder reicht, als wenn er darüber herausragt. Das wäre ja bei Wasser nicht schlimm, da man es einfach verdunsten lassen könnte, wohl aber bei anderen Flüssigkeiten, die einen Schutzrand nötig machen (s. S. 50). Also gebe man sich alle Mühe, die richtige Größe des Tropfens zu treffen.

keinen unnötigen Druck auf das Objekt ausübt, auch keine Luftblase unter sich beherbergt und mit seinen Rändern parallel zu denen des Tragglases verläuft. Freilich läßt es sich nicht ganz vermeiden, daß sowohl die eine Spitze der Pinzette als auch die der Nadel (oder die untere Kante des Spatels) mit dem Wasser ein wenig in Berührung geraten; man muß sie daher gleich wieder abputzen.

Sollte trotz aller Sorgfalt das Deckglas doch schief auf den Tropfen zu liegen kommen, so kann man dem durch Zurechtschieben mit einer Nadel abhelfen. Aber das hat sofort zu geschehen, solange es noch über dem Objekte schwebt, dieses also dabei nicht mit aus der Lage bringt.

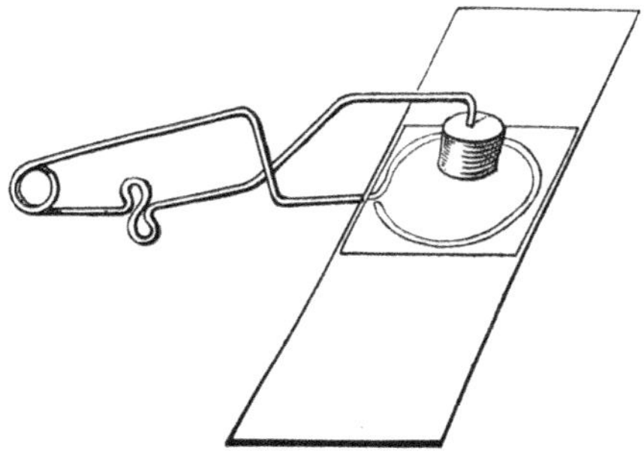

Fig. 11.

Muß ein Schutzrand um das Präparat angebracht werden, z. B. wenn die Flüssigkeit, worin das Objekt liegt, an der Verdunstung verhindert werden soll, so beschwert man einstweilen das Deckglas mit einem kleinen Gewichte, damit es dabei nicht von der Stelle gerückt wird. Hierzu eignen sich niedrige Bleistücke oder Messingwürfelchen, die zum Anfassen oben ein kurzes Häkchen tragen. Auch die kleinen Klemmen (Fig. 11) sind sehr praktisch, gestatten allerdings keine Veränderung des Druckes, während man es bei den Gewichtchen eher in der Hand hat, wie schwer man sie brauchen will. Andererseits wird es recht oft nötig, um das Objekt vor zu starkem Drucke zu bewahren, neben ihm unter dem Deckglase besondere Stützen anzubringen. (Hierüber s. auf S. 56.) Und alle diese Maßregeln verlieren ihre Bedeutung selbst dann nicht ganz, wenn das Präparat schon als definitiv fertig beiseite gelegt worden ist. Denn auch später noch spielen sich in ihm oft genug allerlei Vorgänge ab, die es verändern mögen; z. B. das Lösungsmittel des Harzes, in dem das Objekt liegt, verdunstet langsam, aber sicher, und zieht das Deckglas mitunter so dicht an das Tragglas heran, daß das Objekt in Gefahr gerät, zerquetscht zu werden, wenn man dem nicht durch solche Stützen vorgebeugt hatte. Auch hierauf kommen wir an der angegebenen Stelle zurück.

Hat man mehrere Präparate gleich hintereinander fertig zu machen, so ist es recht zweckmäßig, die Deckgläser senkrecht, also vor Staub möglichst geschützt, in eine leere Streichholzschachtel zu stellen, auf deren Boden man einen etwas kleineren Streifen von Kork oder Pappe so geklebt hat, daß rings um ihn ein schmaler Raum frei bleibt.

Man tut gut daran, sich die soeben ausführlich geschilderten Operationen, die nur anscheinend unwichtig sind, durch häufige Übung so geläufig zu machen, daß man sie schließlich rein automatisch vollzieht. Besonders sorge man dafür, daß sich beim Auflegen des Deckglases keine Luftblasen mit einschleichen, da sie allermeist gerade dorthin gelangen, wo man sie gar nicht brauchen kann. Allerdings bringt man sie mitunter absichtlich in einem Präparate an, indessen sind das so seltene Fälle, daß sie nicht gegen die eben ausgesprochene Warnung angeführt werden dürfen, sondern sie eher verschärfen. Der Anfänger jedenfalls übe sich auch nach dieser Richtung hin; die Zeit, die er dazu verwendet, ist nicht verloren.

Noch eine Regel möchten wir an dieser Stelle aussprechen: bevor man sich daran gibt, ein Präparat anzufertigen, lege man sich alle die Geräte, deren man voraussichtlich dabei bedarf, also Nadeln, Glasstab, Pipette usw., bequem zurecht, verfahre demnach genau so wie ein Chirurg vor der Operation. Auch dies wird man nicht zu bereuen haben.

Wir dürfen nun endlich an die Anbringung der Schutzränder gehen. Auch hier sind der Handgriffe mehrere und noch dazu verschiedene, je nachdem das Objekt in Luft, einer wässerigen, einer öligen Flüssigkeit, Glyzeringelatine oder endlich einem festen Medium (Gummi oder Harz) liegt.

1. Präparate in Luft. Ganz einfach gestaltet sich der Abschluß, wenn man eine sehr dicke Gummilösung vorsichtig an die Ränder des Deckglases treten und dann bei gewöhnlicher Temperatur eintrocknen läßt; sie muß aber von vorn herein so dick sein, daß sie nicht in den leeren Raum unter dem Deckglase dringen kann, wozu sie natürlich große Neigung hat. Denn alsdann würde sie ja das Präparat beschädigen. Um also ganz sicher zu gehen, bringt man lieber zunächst einen Verschluß von Wachs oder einem ähnlichen Stoffe an: ein sog. Wachszündholz oder ein Endchen einer ganz dünnen sog. Wachskerze — es handelt sich in beiden Fällen um ein Gemisch von Stearin, Paraffin usw. — wird angezündet, aber auch gleich wieder ausgeblasen, und nun setzt man an jede Ecke des Deckglases behutsam, so daß es sich nicht verschiebt, einen kleinen Tropfen des „Wachses",

der sofort erstarrt und so das Deckglas fixiert. Dann fährt man, indem man es je nach Bedarf wieder anzündet und ausbläst, mit dem Kerzlein an allen vier Rändern des Deckglases entlang und erhält so einen zwar nicht schönen aber brauchbaren Rahmen, der das Präparat provisorisch schützt. Nun kann man in aller Ruhe mit einem feinen Pinsel einen Lackrahmen um jenen ziehen, entweder mit sog. Maskenlack oder mit Asphaltlack oder endlich mit sog. Goldgrund (Goldsize), der wesentlich aus gekochtem Leinöl besteht, also nach dem Trockenwerden eine zähe, nicht brüchige Haut bildet. Solche Präparate halten sich, ohne daß von außen Fremdkörper oder gar Insekten hinein gelangen könnten, unbegrenzt lange. Besonders wenn man den Goldgrund angewandt hatte. Zur Not kommt man auch mit dem Wachsrahmen allein aus, aber er ist leichter verletzbar, als wenn man noch dazu den Lack gefügt hat.

Falls beim Gebrauche des Kerzchens der freie Teil des Dochtes zu lang wird, so kann man nicht mehr sauber genug damit umgehen. Man schneide ihn also von Zeit zu Zeit wieder mit einer scharfen Schere auf die richtige Länge ab. Bei einiger Übung ist es gar nicht schwer, den Rahmen akkurat und gleichmäßig zu machen. Ist das Objekt außergewöhnlich dick, so tut man gut daran, bevor man es auf das Tragglas bringt, einen Wachsrahmen von der entsprechenden Dicke zu ziehen, so daß gewissermaßen eine Zelle zur Aufnahme des Objektes entsteht. Hat man sodann dieses und das Deckglas richtig aufgelegt, so drückt man mit einer breiten heißen Nadel an allen vier Enden leicht auf das Deckglas und kittet es so provisorisch fest; gleichzeitig mag man mit einer Nadel, die man in der anderen Hand hält, einen leichten Druck auf das Deckglas ausüben, bis das Wachs erstarrt ist.

Es empfiehlt sich, den Lackrand nach einigen Tagen darauf zu prüfen, ob er dicht ist. So auch bei Präparaten, die in Flüssigkeiten liegen, falls diese zur Verdunstung neigen. Eventuell ist dann der Fehler auszubessern.

2. Präparate in einer wässerigen Flüssigkeit. Als solche kommt vornehmlich das Glyzerin, entweder rein oder mit Wasser verdünnt, in Betracht, weniger andere, das Licht schwächer brechende Mittel, wie eine Lösung von Kaliumacetat oder Calciumchlorid, und nur sehr selten reines Wasser oder Formol, mit diesem verdünnt. Stets ist das Präparat so zu behandeln, als wenn es in Luft läge, also erst mit Wachs und dann mit einem Lacke zu umrahmen. Nur muß man dabei aufpassen, daß ja nicht zu viel Flüssigkeit unter dem Deckglase vorhanden ist, damit sie nicht etwa austritt und sich auf dem

Tragglase da verbreitet, wo das Wachs haften soll. Hat man mit Wasser als Medium zu tun, so läßt sich ein Überschuß davon leicht entfernen, bei Glyzerin hingegen muß man dieses sorgfältig mit einem spitz zugeschnittenen Stückchen Filtrierpapier wegzuschaffen trachten und eventuell noch mit reinem Wasser nachwaschen. Das ist aber gar nicht leicht, also mache man ja den Tropfen eher zu klein als zu groß und gebe nach dem Auflegen des Deckglases mit einem spitzen Hölzchen vorsichtig so viel Glyzerin nach, daß es noch nicht ganz den Raum unter dem Deckglase ausfüllt. Nachher, beim Ziehen des Wachsrahmens, legt sich das Deckglas ohnehin ein wenig fester auf, so daß das Glyzerin genügen wird; wenn nicht, so hat man es ja in der Gewalt, durch einen leichten Druck mit der heißen Nadel auf die eine oder andere Ecke des Deckglases noch etwas nachzuhelfen.

Jedenfalls sollte man den Einschluß in Glyzerin, da er Schwierigkeiten machen kann, an ganz gewöhnlichen Objekten, z. B. dem schon erwähnten Papierstückchen, gut einüben, damit man sich später ein wichtiges Präparat nicht verdirbt. Übrigens lohnt es sich auch hier, wenn das Objekt einigermaßen dick ist, schon vorher eine Wachszelle auf dem Tragglase anzubringen.

3. Präparate in einer öligen Flüssigkeit. Reines Oliven- oder Rizinusöl dient nur ganz selten als Einschlußmittel, dagegen eher Terpineol, auch wohl Benzylalkohol, Cedernöl und Paraffinöl (Paraffinum liquidum). Gäbe es nun einen in solchen Mitteln nicht löslichen Stoff, der in der Wärme flüssig würde, sich also ähnlich verhielte wie Wachs usw. zu den wässerigen Medien, so wäre die Umrahmung sehr leicht. Als solcher kann nur Glyzeringelatine gebraucht werden, die einigermaßen diese Bedingungen erfüllt; jedoch ist sie in der gewöhnlichen Form zu weich und porös, so daß sie allmählich doch das Öl durchdringen läßt. Man setzt ihr daher, nachdem man sie durch Erwärmen auf einem Wasserbade flüssig gemacht hat, so viel Schlemmkreide zu, daß sie beim Erstarren hart wird. Sie darf dann selbst unter ein leeres Deckglas, das man zu dieser Probe eigens auf ein Tragglas legt, nicht eindringen, sondern muß sofort erstarren und es fest abschließen. Von diesem Gemische nimmt man etwas aus dem Vorratglase mit einem warmen Spatel heraus und läßt es am Deckglase des Präparates, das fertiggemacht werden soll, entlang fließen. Ist es ganz kalt und fest geworden, so streicht man, um es völlig undurchdringlich zu machen, mit einem kleinen Pinsel Collodium darauf; dieses mag man, um es in dünner Schicht besser sehen zu können, vorher mit Sudan, das sich darin leicht löst, gefärbt haben. Da das Collodium in den genannten Flüssigkeiten nicht löslich ist, so schließt es, wenn es durch Verdunsten des Äther-Alkohols fest geworden ist, sie nach außen völlig ab. Indessen muß es selber noch einen Überzug von Maskenlack oder Goldgrund erhalten. Erst jetzt kann man das Präparat für fertig erklären, hat es aber noch von Zeit zu Zeit nachzusehen und eventuell auszubessern.

Sind die Objekte ganz flach und dünn, so daß sich außer ihnen zwischen Trag- und Deckglas nur wenig Flüssigkeit befindet, so kann man auf eine viel einfachere Art mit Gummisirup umrahmen. Dieser läuft dann nicht unter das Deckglas, sondern trocknet rasch und hält später absolut dicht. Man ziehe aber, nachdem man eventuell das Deckglas an den Ecken durch winzige Wachstropfen festgelegt hat, zuerst nur einen dünnen Rahmen und verstärke ihn, wenn er trocken ist. Diese Methode ist jedoch auf den angegebenen Fall beschränkt. Es ist also im allgemeinen durchaus nicht einfach, ein Präparat in einer öligen Flüssigkeit so herzustellen, daß es sich auf längere Zeit hält. Auch wird man in der Praxis nicht eben oft das Bedürfnis verspüren, gerade zu einem solchen Medium zu greifen, denn Glyzerin oder Balsam leisten so ziemlich dasselbe. Aber der Anfänger möge sich trotzdem in dieser etwas umständlichen Technik üben, sei es auch nur an einem so einfachen Objekte wie ein Fliegenflügel.

4. Präparate in Glyzeringelatine. An Stelle des reinen Glyzerins kann in vielen Fällen sein Gemisch mit Gelatine treten. Dieses gewährt den Vorteil, daß die auf richtige Art hineingebrachten Objekte darin festliegen, hat allerdings den Nachteil der etwas schwierigeren Behandlung. Das Objekt wird am besten vorher mit Glyzerin — reinem oder mit Wasser verdünntem — durchtränkt, falls es angeht, auf Fließpapier etwas abgetrocknet und nun sorgfältig in die schwach erwärmte Gelatine so gelegt, daß sich keine Luftblasen darin einschleichen. Alsdann bringt man es samt der anhaftenden geringen Menge der noch einigermaßen flüssig gebliebenen Gelatine auf das gleichfalls schwach erwärmte Tragglas, breitet es darauf aus und legt zuletzt das Deckglas so auf, daß die hierbei nicht ganz leicht zu vermeidenden Luftblasen wenigstens nicht in das Objekt oder nicht dicht daneben, darunter und darüber geraten. Ist dies zur Zufriedenheit gelungen, so läßt man das Präparat erkalten und zieht zum Schutze gegen Pilze und gefräßige Insekten einen Rand von Goldgrund herum. Sollen gleich hintereinander viele derartige Präparate gemacht werden, so lohnt es sich, die ganzen Operationen auf einer Wärmplatte — einer tüchtig vorgewärmten Platte von Glas oder Metall — vorzunehmen, auf der auch der Vorrat an Gelatine flüssig gehalten werden kann. Wie hoch diese Platte zu temperieren ist, hängt ganz von der Schnelligkeit ab, die man beim Anfertigen solcher Präparate entwickelt; jedenfalls ist zu starke Erwärmung schädlich, da sie die Gelatinierfähigkeit des Gemisches beeinträchtigen kann.

5. Präparate in festen Medien. In erster Linie gelangen hier der Canadabalsam und andere Harze (Dammar, Terpentin und Euparal) zur Verwendung, ferner der Gummisirup. Die Manipulationen hiermit gehören zu den allereinfachsten: man bringt

das Objekt aus dem „Intermedium“ (s. auf S. 61), auf das Tragglas, saugt eventuell von jenem so viel wie möglich mit Fließpapier ab, gibt ein Tröpflein des Harzes oder Gummis darauf und legt nun das Deckglas vorsichtig derart auf, daß das Objekt nicht zur Seite rutscht. Die etwa mit unter jenes geratenen Luftblasen wandern, wenn das Medium ein Harz ist, allmählich an den Rand des Präparates, so daß in der Regel nach einigen Tagen keine Spur mehr davon vorhanden ist. Beim Gummisirup ist das leider nicht der Fall, also muß man mit diesem besonders vorsichtig verfahren. Auch wird nur bei ihm ein Lackrand erforderlich, nicht dagegen bei den Harzen. Zwar haben die Präparate, die man bei den Händlern kauft, meist einen solchen, aber das ist nur der Schönheit halber. Übrigens muß man in der Regel, da die Lösungsmittel des Harzes allmählich verdunsten, nach einiger Zeit etwas von diesem nachfüllen, und das ist bei einem Lackrande nicht gut möglich.

Wir hatten der Einfachheit halber bisher nur mit so bequemen Objekten, wie einem Stückchen Papier, einem Fliegenflügel oder einem Schnitte durch Holundermark zu tun gehabt. Etwas komplizierter wird die Sache, wenn an die Stelle des einen großen und nicht leicht zerbrechlichen oder sonst verletzbaren Gegenstandes ein weicher tritt, der sich gern in Falten legt, oder wenn gar unter dem einen Deckglase mehrere kleine Objekte friedlich vereinigt werden sollen, die sich gern unter einander mengen, sich dabei zum Teil verdecken oder an den Rand des Präparates zu wandern bestrebt sind. Alle diese Fälle sind hier gesondert zu betrachten, da sie ganz verschiedene Schwierigkeiten darbieten und eben so viele andere Mittel zu deren Beseitigung erfordern.

1. Handelt es sich nur um mehrere große Objekte, z. B. Schnitte durch Holundermark — es empfiehlt sich, just mit diesen eine Probe zu machen —, so ordnet man sie am besten nicht auf dem Tragglase, sondern auf dem Deckglase recht nahe bei einander und beim Zentrum an, natürlich mit der falschen Seite nach oben. (Das Deckglas befestigt man provisorisch vorher durch Anhauchen auf einem anderen Tragglase.) Sind die Objekte trocken, wie in unserem Falle, so hat man das Deckglas zuvor mit einer äußerst dünnen Schicht von Gummi überzogen und diese trocknen lassen, aber so, daß sich kein Staub darauf ablagert. Nun haucht man vorsichtig das Gummi an und legt sofort die Schnitte auf, damit sie festkleben. Das erfordert natürlich einige Behutsamkeit, gerät aber nach etwas Übung leicht. Dann setzt

man einen Tropfen des definitiven Mediums dazu — sollen sie in Luft bleiben, so ist das selbstverständlich nicht nötig —, nimmt das Deckglas vom Tragglase ab, dreht es, indem man es zwischen Daumen und Zeigefinger der einen Hand hält, rasch um, so daß der Tropfen an seiner Stelle bleiben muß, ergreift es ebenso mit den beiden Fingern der anderen Hand und läßt es langsam auf das definitive Tragglas nieder. Kann man dagegen die Objekte aus irgendwelchen Gründen nicht festkleben, so mag man sie ebenfalls auf dem Deckglase, wie angegeben, anordnen, aber mit nur so viel Flüssigkeit, daß sie sich nicht verschieben können, wenn man das Deckglas schnell umdreht. Inzwischen hat man auf dem Tragglase die richtige Menge des Mediums mit einem Glasstabe oder Pinsel derart verstrichen, daß es einen Ring nahe beim Rande bildet, die Mitte hingegen frei läßt. Bringt man nun das Deckglas so darauf, daß es von allen Seiten zugleich aufliegt, so breitet sich das Medium rasch nach dem Zentrum zu aus, umgibt dort die Objekte und drängt sie nicht nach dem Rande zu, wie es geschehen würde, wenn man es mitten auf das Tragglas gebracht hätte. Auch dieser kleine Kunstgriff ist genau einzuüben.

2. Weiche, sich leicht in Falten legende Membranen (Häute u. dgl.) hebt man aus dem Behälter, in dem sie schwimmen, vorsichtig mit einem Spatel von der richtigen Breite heraus und bringt sie mit der Flüssigkeit von diesem herunter auf das Tragglas, wo man sie sogleich von den Falten, die beim Transporte entstanden sein mögen, durch Hin- und Herschieben sowie mit einem Pinsel oder zwei Nadeln befreit. Ist das gut gelungen, so entfernt man mit Filtrierpapier[1]) die überschüssige Flüssigkeit und ersetzt sie durch das definitive Medium.

3. Die Behandlung aufgeklebter Schnitte bietet keine besonderen Schwierigkeiten dar und braucht hier nicht weiter auseinandergesetzt zu werden, da wir noch ausführlich darauf zurückkommen (s. S. 118). Dagegen ist es durchaus nicht leicht,

4. viele kleine Körperchen, z. B. die Eier oder Larven mancher Tiere oder Pollenkörner, Blutzellen und dgl. mehr,

---

[1]) Das Papier, das zum Wegsaugen einer Flüssigkeit oder auch zum Durchleiten einer anderen unter dem Deckglase dient, sollte stets sorgfältig mit einer scharfen Schere zugeschnitten sein, damit es keine Fasern auf dem Tragglase hinterläßt. Je nach dem Zwecke, dem es zu dienen hat, gibt man ihm mehr die Gestalt eines Drei- oder eines Vierecks. Auch kann man die vom Objekte abgewandte Seite scharf nach oben biegen, um es daran mit einer Pinzette zu fassen. Man sei mit diesen kleinen Papierstücken, die man am besten vorrätig geschnitten bereit hält, nicht sparsam, sondern werfe sie unbedenklich fort, sobald sie irgendwie benetzt sind.

auf dem Tragglase derart anzuordnen, daß sie beim Auflegen des Deckglases nicht alle nach dem Rande zu strömen oder sich zu Klumpen anhäufen. Es gibt hier zwei allerdings nicht sehr bequeme Wege, um dem zu begegnen: das Aufkleben auf Gelatine und das Einbetten in Celloidin.

a) Man bringt die zahlreichen kleinen Objekte aus dem Wasser, in dem sie sind, mit einer Pipette vorsichtig mitten auf ein kleines Stück von Gelatinefolie[1]), wie der Lithograph sie benutzt; je dünner diese Folie ist, desto besser; sie ist schon vorher auf dem Tragglase mit etwas Euparal befestigt worden. Nach ½ bis 1 Minute, während deren die Körperchen sich etwas in die Gelatine eingesenkt haben, saugt man mit Filtrierpapier den Tropfen ab, ersetzt ihn aber sofort durch absoluten Alkohol, saugt auch diesen wieder ab und wiederholt dies mehrere Male, bis man annehmen darf, daß kein Wasser mehr den Objekten anhaftet. Zum Schlusse legt man das Deckglas, das man vorher mit der richtigen Menge von Euparal versehen hat, vorsichtig auf. Hat man ordentlich gearbeitet, so behalten alle Objekte ihre Lage bei.

b) Die Objekte werden auf die gewöhnliche Art in eine dünne Lösung von Celloidin in Nelkenöl (s. S. 101) gebracht. Dann breitet man von diesem Gemenge ein wenig auf dem Tragglase aus — je gleichmäßiger und dünner die Schicht, desto besser — und gibt mit einer Pipette einen Tropfen Chloroform darüber, dem man sofort, noch ehe er verdunstet ist, einen anderen folgen läßt. Da so die Schicht unlöslich zu werden beginnt, so kann man nun ohne Bedenken das Chloroform in reichlicher Menge darauf bringen und zuletzt das Tragglas in ein Glas voll eines Gemisches von Chloroform und absolutem Alkohol versenken, um das Nelkenöl ganz aus dem Präparate auszuwaschen. Ist das geschehen, so wird wie gebräuchlich das Deckglas mit Balsam oder einem anderen Harze darauf gelegt.

c) Diese Methode läßt sich auch so ausführen, daß man die Körperchen, falls ihrer so viele vorhanden sind, daß man ruhig ein gut Teil davon verlieren darf, in ein ganz dünnflüssiges Celloidin bringt, natürlich nicht ohne sie vorher ordentlich entwässert zu haben. Mit diesem läßt man sie sich durchtränken, schüttelt dann die Aufschwemmung gut durch und schafft einen Tropfen davon auf das Tragglas. Hier muß der Äther-Alkohol ein wenig verdunsten, aber ja nicht bis zum völligen Austrocknen, und nun bringt man diese Celloidinlamelle nebst den darin eingeschlossenen Objekten erst in Chloroform, dann in ein Gemisch davon und Xylol, endlich in das Harz; löst sie sich dabei vom Tragglase ab, so behandelt man sie isoliert weiter und legt sie zuletzt auf ein frisches Tragglas, das schon mit dem Harz versehen ist.

Die drei soeben besprochenen Methoden zeichnen sich gewiß nicht durch Einfachheit aus und können es leider auch nicht.

---

[1]) Auch die kleinen, sehr dünnen Streifen, die man als Deckgläser verkauft, sind hierzu brauchbar, allerdings weniger gut, da sie sich dem Tragglase nicht ohne Falten anschmiegen.

Man wird sie daher nur dann anwenden, falls es auf die äußerste Genauigkeit ankommt. Wenn es dagegen ziemlich einerlei ist, ob von den kleinen Objekten eine Menge ganz dicht am Rande des Deckglases liegt oder wohl gar herausgeschwemmt wird, so kann man sehr viel einfacher verfahren. Man bringt die Körperchen nebst dem Medium, worin sie liegen, auf das Tragglas so dicht wie möglich beisammen und in die Mitte des für sie bestimmten Raumes. Nun saugt man mit Filtrierpapier vorsichtig das Medium, so gut es geht, ab, ohne jedoch dabei die Objekte allzusehr aus der Lage, d. h. dem Zentrum, zu bringen. Das Deckglas hat man schon zuvor mit dem definitiven Medium beschickt, aber absichtlich mit einer ungenügenden Menge davon, und wiederum so, daß es im Zentrum frei bleibt. Legt man es nun genau von oben, also gegen die Regel nicht schräg, auf das Tragglas, so schieben sich durch die Strömung des Mediums die kleineren unter den Objekten weit nach dem Rande zu. Bevor sie diesen aber erreichen, schickt man ihnen von dort, wohin sie wandern, ein wenig des Mediums entgegen und befördert sie so wieder mehr ins Zentrum zurück. Auch dies muß man gut geübt haben, ehe man es richtig zu tun versteht. Schwierig wird die ganze Manipulation, wenn die Körperchen an Größe stark verschieden sind, und man die kleinen nicht mit den großen allseitig so umgeben kann, daß sie über diesen Wall, wenn man so sagen darf, nicht herauszugelangen vermögen.

Es versteht sich von selbst, daß die Anbringung des Schutzrandes in allen diesen Fällen noch schwerer ist, als wie früher geschildert wurde. Aber prinzipiell verläuft sie ebenso.

Da im Laufe der Zeit das Lösungsmittel des Harzes verdunstet, so wird (wie schon auf S. 48 erwähnt) auf das Deckglas von unten her ein Zug ausgeübt, der es dem Tragglase zu nähern strebt. So mögen sehr zarte Objekte etwas deformiert werden. Aus diesem Grunde tut man gut daran, als Mittel gegen das Zerdrücken den Objekten einen etwas dickeren Gegenstand beizugeben, der den Druck unschädlich macht. Auch wenn das Medium kein Harz ist, kann eine solche Beigabe erwünscht sein, falls nicht etwa das Objekt selber dickere Partien enthält, die den zarteren als Schutz dienen.

Als solche Beigaben oder Stützen kommen in Betracht, je nach der Dicke des zu schützenden Objektes, schmale Streifen von Papier, Gelatine oder dgl., ferner Haare oder Borsten, auch fein ausgezogene Glasröhren, Splitter von Deckgläschen usw. usw. Man wird sich da je nach dem Einzelfalle schon das richtige Material aussuchen und muß nur stets dafür sorgen, daß diese Beigaben weder das Objekt bedecken noch auch im Medium löslich sind, da sie dann ja mehr schaden als nützen würden. Sie können ferner nötig werden, wenn das Objekt so gestaltet ist, daß das Deckglas auf ihm sehr schräg liegen würde, denn alsdann würde man mit Linse 4 unter Umständen nicht an alle Stellen des Präparates gelangen, ohne schon vorher auf jenes zu stoßen. Also auch hierauf ist vor dem Auflegen des Deckglases wohl zu achten.

Sehr bequem lassen sich die Stützen oder gleich ganze Zellen zur Aufnahme des Objektes aus Streifen von Celluloid machen. Diese schneidet man sich aus alten Films leicht in der richtigen Größe zurecht und klebt sie auf dem Tragglase, während man sie mit einer Nadel festhält, damit sie sich nicht werfen, mit Aceton an. Mitunter kann man sogar das Objekt, wenn es sich dazu eignet, einfach zwischen zwei solche Streifen legen, das Deckglas darauf bringen, es mit einem kleinen Gewichte (s. S. 48) andrücken und nun vorsichtig etwas Aceton von beiden Seiten her so darunter fließen lassen, daß es die Streifen zugleich unten und oben festklebt. So ist das Objekt unverrückbar fixiert, und es macht nun keine Schwierigkeiten mehr, das definitive Medium darum zu geben, bis der Raum zwischen Deck- und Tragglas ausgefüllt ist.

Handelt es sich um keine Dauerpräparate, sondern nur um die Ausschaltung schädlichen Druckes während einer Beobachtung des lebenden Objektes, so kann man die sog. Wachsfüße anwenden: man knetet ein wenig gelbes Wachs zwischen den Fingern so lange, bis es weich wird, und bringt davon an allen vier Ecken des Deckglases auf dessen Unterseite kleine Stützen an, auf die es zu ruhen kommt, sobald man es auf das Tragglas legt. Will man während der Beobachtung den Druck variieren, so nimmt man statt des reinen Wachses, das hierzu ein bißchen zu hart ist, das sog. Klebwachs, das man sich durch Zusammenschmelzen von weißem oder gelbem Wachs mit venetianischem Terpentin bereitet hat, aber auch z. B. von Grübler beziehen kann. Man macht die Füßchen absichtlich zuerst etwas zu hoch, legt das Deckglas auf und plattet sie nun, indem man auf dessen Ecken drückt, so weit wie nötig ab.

Signieren der Präparate. Ein Präparat, und sei es noch so gut, verliert schon bald einen bedeutenden Teil seines Wertes, wenn man sich nicht mehr daran erinnert, was es darstellt. Daher ist es namentlich dem Anfänger nicht genug ans Herz zu legen, doch ja jedes Präparat zu signieren, selbst wenn es nur wenige Tage aufbewahrt werden soll. Natürlich kommt hierbei sehr viel auf das Gedächtnis des Arbeiters an; indessen ist man im allgemeinen nur zu sehr dazu geneigt, dessen Stärke zu überschätzen und im Vertrauen darauf die Signierung zu unterlassen. Man mache sich also das Gegenteil zur Regel und bezeichne seine Präparate stets so genau, daß man sich leicht über jedes orientieren kann. Dazu gibt es mehrere Wege.

Zum provisorischen Bezeichnen bedient man sich am einfachsten eines sog. Fettstiftes; besonders die gelben sind gut, aber auch sie schreiben nur auf wirklich reinem, trocknem Glase. Allerdings viel läßt sich damit auf den beiden freien Seiten des Präparates nicht notieren, denn die Schrift wird zu grob, aber die Hauptangaben, also Objekt, Datum, Medium usw., gehen doch darauf, namentlich wenn man sich ein System von Abkürzungen ausdenkt oder gar stenographiert. Nur darf man mit solch einem Tragglase nicht in Flüssigkeiten hineingehen, da sonst die Schrift zerstört wird. Stellt es sich dann heraus, daß das Präparat sich aufzubewahren lohnt, so kann man entweder ein Papierschildchen darauf kleben, das so ziemlich alles zu notieren gestattet, was von Wichtigkeit werden mag, oder man schreibt auf den vorher ganz sauber gemachten Rand — eventuell auf beide — mit sog. Glastinte und einer feinen Tuschfeder die Notizen nieder. Wenn die Tinte wirklich gut ist, so verträgt sie das Eintauchen des Tragglases in alle in Betracht kommenden Flüssigkeiten: nicht nur in Wasser, sondern auch in Alkohol, Benzol und Harze, ist daher besonders zu empfehlen, falls Schnitte auf dem Tragglase gefärbt werden sollen.

Sehr viel einfacher gestaltet sich das Signieren der Präparate, wenn man sich daran gewöhnt, über alles, was mit ihnen irgendwie zusammenhängt, Buch zu führen, also über alle Einzelheiten der Anfertigung von Beginn an. Man braucht dann nur dem fertigen Präparate eine Nummer aufzukleben, die auf die gleiche im Arbeitsbuche hinweist. Also z. B. bei einer Schnittreihe gibt man zuerst die Fixierung des Objektes, dann die Art der Einbettung und des Schneidens, die Dicke der Schnitte sowie die Art des Aufklebens und Färbens an und schließt mit der Angabe des Mediums, worin das fertige Präparat liegt. Auch das Datum jedes dieser Schritte bei der Herstellung der Präparate ist meist wichtig genug, um notiert zu werden. Analog verfährt man selbst dann, wenn es sich nur um ein einziges Präparat und keine Serie handelt. Interessant ist es auch manchmal, von Zeit zu Zeit beim Durchsehen der Sammlung den Zustand jedes Präparates zu notieren, besonders wenn man ein neues Medium benutzt und seine Eigenschaften zu studieren vorhat.

Schutzleisten. Um das eigentliche Präparat vor Beschädigung nach Möglichkeit zu bewahren, kann man zu beiden Seiten davon auf den freien Flächen des Tragglases je einen Streifen von Pappe aufkleben, der ein gut Teil dicker ist als jenes. Diese Streifen nehmen dann auch die Notizen auf und müssen deswegen oben mit weißem Papier überzogen sein. Absolut nötig sind sie jedoch nicht, sofern man nur die Präparate in Mappen aufbewahrt, wie sie zu niedrigem Preise bei Grübler und anderen Firmen zu haben sind. Denn selbst zum Verschicken hat man jetzt Kästchen, worin jedes Präparat vom anderen durch eine Holzleiste getrennt gehalten wird, so daß es nicht leiden kann.

Im Anschlusse hieran sei noch etwas ausführlicher auf die

Medien zur Aufbewahrung der Präparate

eingegangen. Die Bedeutung des Wortes Medium haben wir bereits auf S. 13 auseinandergesetzt, auch kurz darauf hingewiesen, welchen Einfluß ihr verschiedenes Vermögen der Lichtbrechung auf die Sichtbarkeit der in ihnen liegenden Objekte ausübt. Über dieses sehr wichtige Thema sei hier nur soviel gesagt, daß natürlich die Grenzen (Konturen) eines Gegenstandes um so deutlicher und schärfer hervortreten, je mehr seine Lichtbrechung von der des Mediums abweicht. Beim gewöhnlichen Sehen, wo man ja nur das Auflicht benutzt, gelangt man nur selten zu solchen Wahrnehmungen, wohl aber sofort, wenn man der Beleuchtung mit Durchlicht bedarf, wie das bei den allermeisten mikroskopischen Präparaten der Fall ist. Ein sehr einfaches und lehrreiches Objekt ist ein Stück gewöhnlichen Glases, das man gegen den Himmel hält. Ist es vollkommen rein, so zeigt es von sich selber nichts, sondern läßt nur das Licht hindurch. Sobald aber Ungleichmäßigkeiten[1]) in ihm stecken, die man als Schlieren bezeichnet, so werden sie durch die verschiedene Lichtbrechung auffällig, und diese braucht nicht einmal besonders groß zu sein, um jene sehr deutlich werden zu lassen. Betrachten wir nun etwas Glaspulver, das wir uns durch Zerreiben zerbrochener Deckgläser in einem Mörser leicht herstellen können, in Luft — natürlich bei Durchlicht — so läßt es sogar in dünner Schicht das Licht nur zum kleinsten Teile durch, weil die Stückchen ganz regellos liegen; aber schon in Wasser werden diese alle durchsichtig und treten gut begrenzt

[1]) Wenn in farblosem Glase farbige Glasteile vorhanden sind, so sieht man diese selbstverständlich auch, aber das kommt hier nicht in Betracht.

hervor. Das ändert sich plötzlich, wenn wir statt des schwach brechenden Wassers das in dieser Beziehung stärkere Terpineol oder Glyzerin nehmen: schon wird es schwerer, die Konturen der Glasteilchen scharf zu sehen. Noch mehr ist das beim Xylol der Fall, und gibt man gar flüssigen Canadabalsam auf das Pulver, so kann es vorkommen, daß es ganz unsichtbar wird. Dagegen wird dieselbe Glassorte dann in Benzylalkohol wieder deutlicher, weil dieser das Licht noch stärker bricht als der in Xylol gelöste dünne Balsam, der infolge davon seine volle Lichtbrechung noch nicht erlangt hat[1]). Dieses Beispiel zeigt, wie man das Medium vermeiden muß, das optisch genau dem Objekte gleichkommt, während ein etwas schwächer oder etwas stärker brechendes dieses noch zu erkennen gestattet. Nun haben die gewöhnlichen tierischen und pflanzlichen Objekte allermeist ein starkes Lichtbrechungsvermögen, müßten also eigentlich in schwachbrechenden Medien recht viel zeigen. Dem ist in der Tat so, aber alsdann werden sie nicht durchsichtig genug, um einen Einblick in die Tiefe zu erlauben. Will man diesen haben, so bleibt nichts übrig, als sie in die stärker brechenden Medien einzulegen, die sich in die Lücken zwischen ihren Teilen schieben und so eine für das Durchlicht gleichmäßigere, leichter passierbare Schicht herstellen. Das hat wieder den Nachteil, daß man nun die Grenzen der einzelnen Bestandteile weniger scharf erblickt, und so muß man das Medium je nach dem Objekt und dem, was man daran und darin sehen möchte, so aussuchen, daß man den beiden soeben bezeichneten Klippen ausweicht. Das ist in manchen Fällen nicht leicht, zum Glück aber nicht in solchen, mit denen der Anfänger zu schaffen hat.

Nach dieser mehr theoretischen Betrachtung erörtern wir die uns interessierenden Medien genauer. Sie sind, wenn wir hier von den wenigen Fällen absehen, wo man ein Objekt in Luft einschließt, entweder fest oder flüssig. Natürlich müssen auch die festen beim Einlegen der Objekte darin flüssig sein, und so werden sie entweder dann geschmolzen oder sind gelöst vorrätig und dicken sich später von selbst ein. Es hätte nun keinen Zweck, alle die Medien aufzuführen, die man im Laufe der Zeit erdacht und meist sehr warm gepriesen hat; wir machen nur die namhaft, die sich wirklich bewährt haben und zugleich allgemeiner Anwendung fähig sind, also nicht ganz speziellen Zwecken zu dienen haben. Beginnen wir mit den Harzen! Da

---

[1]) Ähnliche Versuche lassen sich mit Seidenpapier, Watte oder Stärkekörnern (s. S. 17) anstellen.

wäre an erster Stelle der Canadabalsam zu nennen, als das Harz, das als das reinste schon seit etwa 80 Jahren in Gebrauch ist. Er kommt im Handel als ziemlich dicke Flüssigkeit vor, die fast farblos sein muß, natürlich auch frei von Fremdkörpern jeglicher Art. Da das Lösungsmittel des Harzes eine Art von Terpentinöl ist, die recht langsam verdunstet, so werden die Präparate erst nach geraumer Zeit hart genug, um ohne Schaden etwas rauh angefaßt werden zu können. Man benutzt daher besser den ganz vorsichtig eingedickten Balsam, den man wieder in Xylol gelöst vorrätig hält, und der sehr viel rascher hart wird. Auch kann man eine Lösung des festen Harzes in Benzol oder Chloroform verwenden, die noch schneller erstarrt. Jedenfalls ist bei der Anfertigung der Präparate auf die Beschaffenheit des Balsams in sofern zu achten, als man für dünne Objekte, z. B. Schnitte, eine ganz flüssige, für dickere dagegen eine steifere Lösung nimmt, damit man beim Verdunsten des Lösungsmittels nicht so viel vom Rande des Deckglases her nachfüllen muß.

Ziemlich ebenso gut ist eine Lösung des festen Harzes Colophonium in Terpentinöl oder Xylol; man kann sie sich leicht selbst machen, muß aber recht helle Stücke des Harzes dazu aussuchen und die Lösung lange absetzen lassen, bevor man sie abgießt. Da das Colophonium der Rückstand bei der Destillation des Terpentins ist, den man aus mehreren Arten von *Pinus* gewinnt, so hat man in der angegebenen Lösung nur einen auf diesem Umwege gereinigten Balsam vor sich, der dem Canadabalsam entspricht und wesentlich billiger als dieser ist. Allerdings hat man über die Haltbarkeit der Präparate in ihm bei weitem nicht so viele und lange Erfahrungen wie bei jenem. Dies gilt auch vom Dammarharze, das in der nämlichen Weise zu lösen und anzuwenden ist, aber keinen anderen Vorteil darbietet als den, daß es auch in dicken Schichten nicht gelb erscheint.

Allen genannten Harzen ist die Eigenschaft gemein, gegen Wasser auch nur in Spuren sehr empfindlich zu sein, d. h. sich damit zu trüben. Man muß also, wenn man eins von ihnen als Medium benutzen will, die Objekte erst sehr sorgfältig entwässern und den Alkohol dann ebenso vollständig durch ein „Intermedium" ersetzen, das sich ganz klar mit den Harzen mischt, z. B. durch Terpineol oder Xylol; Benzylalkohol tut das leider nicht. Das ist unter Umständen eine lästige Operation mehr, und so wird man gern statt jener Harze solche wählen, die nicht so anspruchsvoll sind. Deren gibt es zum Glück einige: den Venetianischen Terpentin und das Euparal. Dieser Terpentin, nicht zu verwechseln mit dem Terpentinöl, kann aber nicht ohne weiteres gebraucht, sondern muß erst geklärt werden. Man mischt ihn daher in einem hohen Glase mit etwa dem gleichen Volumen starken (96proz.) Alkohols, stellt ihn Monate lang beiseite, gießt dann die oberste, ganz klare Schicht ab und läßt sie sich durch Verdunsten des Alkohols eindicken. (Wem dies zu lästig ist und zu lange dauert, mag ihn wie die anderen Harze fertig von Grübler beziehen.) Die Objekte können direkt von starkem (96- oder gar nur 90proz.) Alkohol aus hineingebracht werden, hellen sich aber darin natürlich erst allmählich auf. Der Terpentin bricht das Licht weniger stark als der Balsam, läßt daher manche Einzelheiten besser hervortreten als dieser, andere dafür nicht so gut.

Noch unempfindlicher als der Terpentin ist das Euparal, ein Gemisch des Harzes Sandarak mit mehreren anderen Substanzen. Da seine genaue Zusammensetzung nicht bekannt ist, so muß man es sich von Grübler verschreiben. Es ist zwar etwas teurer als der Canadabalsam, aber für die geringen Mengen, die man ja bei sparsamem Umgehen mit diesen Medien braucht, kommt das nicht sehr in Betracht. Dafür ist das Euparal direkt mit Alkohol von nur 90% oder sogar noch weniger mischbar, so daß sich die Objekte sehr bequem aus solchem Alkohol ohne weiteres in das Euparal bringen lassen. Nur dauert es erheblich länger bei diesem als bei den Harzen, die in Benzol, Chloroform usw. gelöst sind, bis es so fest wird, daß sich das Präparat ungestraft beliebig behandeln läßt.

Will oder darf man die Objekte nicht erst den langen und nicht ungefährlichen Weg durch den Alkohol in ein Harz einschlagen lassen, so bietet sich ein Medium dar, in das man sie direkt aus Wasser bringen kann. Dies ist der Gummisirup, d. h. ein Gemisch von Gummi arabicum und Zucker, in Wasser gelöst und der Haltbarkeit wegen mit Formol versetzt. (Nur Objekte, die zum Schrumpfen neigen, darf man nicht direkt hineinbringen, sondern muß sie sich zuvor mit einer mit Wasser verdünnten Lösung davon durchtränken lassen.) Der Sirup wird schon bald ganz hart, genau wie Balsam, bedarf aber eines Lackrahmens, da er von Insekten gern aufgesucht wird. (Umgekehrt haben wir ihn bereits auf S. 52 als Schutzrahmen für Präparate kennengelernt.) Mitunter kristallisiert der Zucker aus, wenn das Gemisch im Eintrocknen begriffen ist, und dann leider nicht selten mitten im Präparate. Man wende also den Sirup nur dann an, wenn man aus guten Gründen das Objekt nicht in einem Harze unterbringen mag.

Den Übergang von den festen zu den flüssigen Medien bildet die Glyzeringelatine. Sie besteht aus Gelatine, Glyzerin,

Wasser und einem Zusatze, der das Schimmeln verhüten soll. In guter Beschaffenheit ist sie bei Grübler zu haben, und ihre Selbstanfertigung — es gibt mehrere Vorschriften dazu — lohnt sich infolge dessen kaum. Sie darf nur ganz leicht braun sein und, wenn man sie vorsichtig auf dem Tragglase schmilzt und ausbreitet, keine Unreinigkeiten, z. B. Fasern, zeigen. Auch muß sie rasch so hart werden, daß man das Präparat schon gleich nach seiner Anfertigung, wenn man es hat erkalten lassen, mit einem Schutzrahmen versehen kann. Sie ist etwas unbequem in der Anwendung, da ja nicht nur sie selbst, sondern auch das Tragglas und bei dicken Präparaten sogar das Deckglas warm zu halten sind. Dem steht als großer Vorteil gegenüber, daß die Objekte, wenn man sie mal in die richtige Lage gebracht hat, in dieser verharren, sobald die Gelatine erstarrt ist. Man muß sich indessen an den Umgang mit diesem Medium gewöhnen; wie man damit verfährt, ist auf S. 52 nachzulesen.

Von den flüssigen Medien, die auch im Präparate flüssig bleiben, sei zunächst das Terpineol kurz besprochen. Abgesehen davon, daß es als „Intermedium" beim Transport eines Objektes vom Alkohol in ein Harz dienen kann, ist es auch als definitives Medium sehr empfehlenswert. Denn es bricht das Licht nur so stark wie das Glyzerin, läßt also manche Einzelheiten noch erkennen, die im Balsam bei seiner stärkeren Lichtbrechung verloren gehen. Da es ziemlich viel Wasser verträgt, ohne sich zu trüben, so brauchen die Objekte nicht besonders ängstlich entwässert zu werden: es genügt, wenn sie mit Alkohol von 90% gut durchtränkt sind. Nur eine schlechte Eigenschaft haftet dem Terpineol an: es kriecht gern auf das Deckglas, wenn man das fertige Präparat lange ohne Schutzrand läßt. Will man also überhaupt das Präparat aufheben, so muß man einen solchen — Näheres s. auf S. 51 u. 52 — unverzüglich anbringen.

Auch das Cedernöl (gewonnen aus dem Holze von *Juniperus virginiana*, durchaus nicht aus dem der echten Ceder) sei hier erwähnt. Man kann die Objekte schon aus Alkohol von 95% hineinbringen; es bricht das Licht stärker als Terpineol, aber schwächer als Balsam, gewährt mithin ebenfalls nach dieser Richtung hin Vorteile und dunstet, wenn man das Präparat ohne Schutzrand liegen läßt, langsam so stark ein, daß sich das Deckglas einigermaßen fest auflegt.

Als rein wässerige Medien kommen in Frage außer dem Wasser, das man aber besser stets mit einem geringen Zusatz von Kochsalz (etwa 3/4 %) anwendet, nur zwei Lösungen von Salzen mit schwachem Brechungsvermögen sowie das Glyzerin. Jene sind: die nahezu gesättigte Lösung von Kaliumacetat, die nicht eintrocknet, also für provisorische, nicht mit einem Schutzrande zu versehende Präparate brauchbar ist, und die ebensolche von Calciumchlorid mit den gleichen Eigenschaften. Beide Flüssigkeiten sind zur Not entbehrlich, das Glyzerin aber nicht. Allerdings hat auch dieses nur einen beschränkten Wirkungskreis, da es mit der Glyzeringelatine konkurrieren muß. Wer aber die immerhin etwas lästigen Manipulationen mit letzterer scheut und doch ein schwachbrechendes Medium anwenden muß oder will, der mag sich des Glyzerins bedienen. Manchmal ist es im Interesse der Sichtbarmachung oder Sichtbarerhaltung zarter Strukturen besser. kein reines Glyzerin zu verwenden, sondern ein geeignetes Gemisch davon mit Wasser. Dies empfiehlt sich z. B., wenn es sich um die feinen Borsten kleiner Krebstiere oder Insektenlarven handelt, die im reinen Glyzerin (und noch mehr im Balsam) dem Auge fast verschwinden.

Manche zarten Objekte vertragen den direkten Übergang aus Wasser (oder Formollösungen) in reines Glyzerin, da dieses nach Wasser sehr begierig ist und es dem Objekte nur zu gern entzieht, nicht ohne Schrumpfung. Man muß sie dann ganz langsam überführen und verfährt dabei am besten so: man stellt sich eine Lösung von 1 Teil Glyzerin in 5 Teilen 60proz. Alkohols her und bringt in ein reichliches Quantum davon die Objekte, die bisher entweder schon in stärkerem Alkohol waren oder, falls noch in Wasser, erst in solchen gebracht werden müssen. Nun sorgt man dafür, daß der Alkohol aus dem Gemisch recht langsam verdunstet, indem man die Uhrschale oder das Tragglas mit Objekt und Gemisch unter eine Glasglocke oder Schale stellt, die nur an einer Seite der Luft Zutritt gewähren darf. Je nach der Menge der Flüssigkeit ist diese in einem bis mehreren Tagen frei von Alkohol geworden, und die Objekte befinden sich, ohne irgendwie geschrumpft zu sein, in einem leidlich starken Glyzerin, das man eventuell durch reines ersetzt, bevor man das Präparat ganz fertig macht.

Nun seien hier noch einige Worte zwei wichtigen kleinen Instrumenten gewidmet, nämlich der Pipette und dem Glasstabe. Erstere (Fig. 12 c, d, auch Fig. 16 d) ist zum Transporte geringer Mengen einer Flüssigkeit von einem Orte an einen anderen unentbehrlich. Man stellt sie sich ohne Mühe selbst durch Ausziehen eines leicht schmelzbaren Glasrohres von der geeigneten Weite in der Flamme einer Gas- oder Spirituslampe her, muß aber darauf sehen, daß beide Öffnungen, die weite und die enge, in der Flamme ihre scharfen Ränder verlieren. Am besten macht man sich von jeder Weite gleich mehrere vorrätig, da die Spitzen, besonders wenn sie sehr lang und fein sind, leicht abbrechen, auch um für jede Flüssigkeit, wie Wasser, Alkohol usw., besondere zu haben, die man auf irgendeine Art signiert, so daß sie nicht verwechselt werden können. Benutzt man sie für Färblösungen, so sollte man sie nach jedem Gebrauche gleich sorgfältig auswaschen. Dies ist auch in allen den Fällen anzuraten, wo es sich um den Transport nicht einer Flüssigkeit, sondern der darin enthaltenen Körperchen handelt, also wenn z. B. aus einem Behälter kleine lebendige oder tote Wesen herausgehoben und auf ein Tragglas oder ein Uhrschälchen zur Beobachtung mit dem Mikroskope gebracht werden sollen. Denn von diesen dürfen keine in der Pipette zurückbleiben, da sie sonst an der Innenwand antrocknen und sich nicht leicht wieder entfernen lassen.

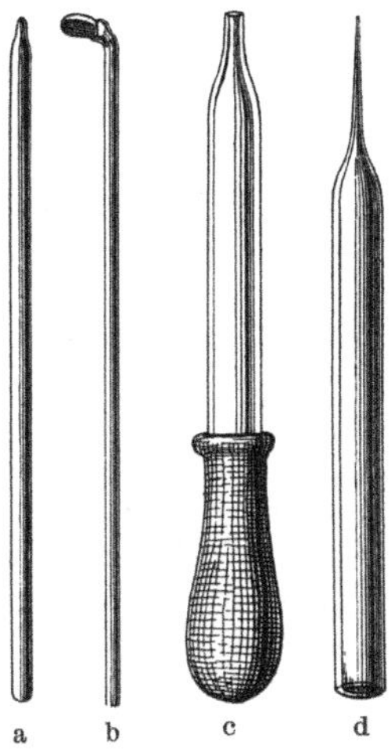

Fig. 12.

Ist die Pipette an beiden Enden offen (Fig. 12d), so kann man in ihr, wenn man sie in einen Tropfen einer nicht gar zu dicken Flüssigkeit hält, davon ein Quantum aufsteigen lassen, das man durch horizontale Haltung der Pipette recht ansehnlich machen kann. Bringt man nun die Spitze, nachdem man sie aus der Flüssigkeit entfernt hat, auf ein Stück Filtrierpapier, so fließt das Aufgesogene wieder aus, und so kann man allmählich selbst einen großen Tropfen wegschaffen, ohne bei vorsichtigem Verfahren den etwaigen Bodensatz mit zu entfernen, falls man gerade diesen untersuchen möchte. Das geht noch leichter, sobald man auf das weite Ende der Pipette ein Kautschukröhrchen schiebt, das am einen Ende geschlossen ist (Fig. 12c); dann braucht man nur durch Zusammendrücken des Rohres aus der Pipette die Luft zu vertreiben und kann nun unter Nachlassen des Fingerdruckes die Flüssigkeit so langsam darin aufsteigen lassen, wie man will. Auch das Entleeren der Pipette geht viel leichter, und bei einigermaßen geschickter Operation hat man es ganz in der Hand — richtiger in den beiden Fingern —, wie groß der Tropfen werden soll, den man von einer Stelle an eine andere schaffen will. Jedoch darf für solche feine Arbeiten der Kautschuk nicht so weit gewählt werden, daß er mehr Flüssigkeit faßt, als im Glasrohre Platz hat, damit nicht von ihr in das Kautschukrohr aufsteigt, wo man sie ja nicht sehen kann. Man verwende daher entweder die engen oben geschlossenen Röhrchen (S. 94, Fig. 16d), die man käuflich haben kann, oder ein Stück gewöhnlichen Schlauches, das man in der richtigen Länge abschneidet und am einen Ende durch einen kleinen Kork, besser einen kurzen Glasstab verschließt. Es versteht sich von selbst, daß man die lange Spitze einer Pipette in der Flamme sich vorsichtig biegen lassen kann, falls sie in einem Winkel zum eigentlichen Rohre stehen soll, was zuweilen nützlich ist.

Nochmals sei darauf hingewiesen, daß man die Pipetten nicht rein genug halten kann. Am besten spült man sie zum Schlusse immer mit Wasser oder starkem Alkohol nach und läßt sie trocken werden. Man bewahrt sie so auf, daß die Spitzen nicht abbrechen, und wischt sie vor jedem Gebrauche mit einem reinen Lappen ab. Sind sie trotz aller Sorgfalt innen doch so verunreinigt, daß das einfache Ausspülen nicht genügt, so möge man vom weiten Ende her mit einem feinen Drahte, der ein winziges Wattebäuschlein trägt, hineinfahren oder wohl gar einen Tropfen starker Schwefelsäure aufsaugen und ihn eventuell vorsichtig erhitzen. Aber dann sei die nachherige Spülung mit Wasser desto sorgfältiger. Behutsames Ausglühen der trockenen Pipette ist mitunter gleichfalls nützlich, darf aber nicht so weit getrieben werden, daß sie sich verbiegt.

Das Gesagte ist auf die Reinigung der Glasstäbe gleichfalls anzuwenden. Diese sind zwar weniger universell als die Pipetten, aber doch sehr nützlich. Auch sie stellt man vorteilhaft selber her, je nach dem Zwecke, dem sie dienen sollen. Die Form a in Fig. 12 hat die Enden in der Flamme abgerundet bekommen; man benutzt sie zum Herausnehmen eines oder mehrerer Tropfen aus einer Flasche, auch zum Mischen von Flüssigkeiten in Uhrgläsern oder auf Tragglässern sowie zum Leiten eines Tropfens, den man vorher auf das Tragglas in einiger Entfernung vom Deckglase gebracht hatte, unter dieses, um die Wirkung der nun eindringenden Flüssigkeit auf das Objekt unter dem Deckglase zu verfolgen. Hierzu eignen sich besonders gut die Stäbe mit einem sehr dünnen Ende. Aber es lassen sich auch eins oder beide Enden, wenn man sie recht stark erhitzt hat, zwischen den ebenfalls heißen Backen einer flachen Zange breit drücken, so daß ein Spatel (Fig. 12b) entsteht; nur muß in diesem Falle der Stab recht langsam gekühlt werden, damit die gepreßte Stelle nicht abspringt.

Bevor wir dieses Kapitel beenden, möchten wir zwei kleine Vorrichtungen beschreiben, die zwar nicht unentbehrlich, aber so leicht herstellbar sind, daß sie doch in vielen Fällen von Nutzen sein werden. Die eine bezweckt, ein Mittel an die Hand zu geben, um in einem fertigen Präparate jede Stelle, die bei der ersten Durchmusterung von besonderem Interesse zu sein schien, bequem wiederzufinden. Am einfachsten geht das, indem man sie genau in die Mitte des Sehfeldes bringt und nun dicht daneben bei der schwachen Vergrößerung, die uns Linse 1 gewährt, und mit aufgesetztem Umdrehprisma auf das Deckglas mit Tinte oder Tusche ein Pünktchen macht. Wenn man dieses nicht später bei der Reinigung des Deckglases aus Unachtsamkeit wegwischt, und wenn es nicht zufällig einen anderen ebenso interessanten Punkt des Objektes bedeckt, so genügt das einfache und billige Mittel durchaus. Besser freilich ist folgendes. Wie Fig. 13 zeigt, bringt man rechts und links vom Loche im Tische auf diesem in Zwischenräumen von je 5 mm kleine Punkte an, die man höchst einfach mit einer kräftigen Nadel hineinritzt. In der Figur sind sie mit fortlaufenden Zahlen bezeichnet, aber die sind nicht nötig, da man sie ja leicht im Kopfe behalten kann. Man hat nun auf dem Tragglase seitlich vom Präparate mit Tinte nur die Punkte zu bezeichnen, die man an einer von den Schildchen freien Stelle durchscheinen sieht; zwei, einer rechts, der andere links, genügen vollauf, aber falls nur für einen Platz wäre, so kommt man zur Not auch damit aus. Benutzt man statt der gewöhnlichen Tinte die Glastinte, so sind die Zeichen so gut wie unvertilgbar. Natürlich müssen sie außer dem Punkte die betreffende Zahl enthalten.

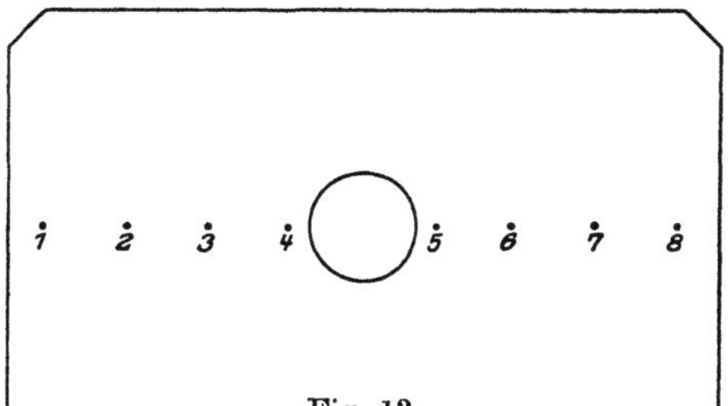

Fig. 13.

Auch dieser Finder versagt den Dienst, sobald in einem Präparate sehr viele Stellen vorkommen, die man sich alle notieren möchte. Dann bleibt nichts anderes übrig, als den größten Teil des Tisches mit einem Netze feiner Linien, etwa in Abständen von je 2 mm, zu überziehen, die an den Rändern numeriert sind. Man bucht dann in einem besonderen Hefte oder auf einem Papierchen, das in der Mappe unter dem Präparate seinen Platz findet, die Ordnungszahlen der kleinen Maschen des Netzes, die von den beiden linken oder rechten Ecken des Tragglases eingenommen werden. Da man mit Linse 1 ein Sehfeld von 4 mm im Durchmesser hat, so gehen 4 der gedachten Quadrate hinein; also kann man den Punkt stets bei dieser Vergrößerung leicht in die Mitte bringen oder doch so wenig weit davon, daß man auch mit Linse 4 ihn rasch wiederfindet. Aber solche Fälle kommen dem Anfänger so selten vor, daß er sich nicht erst an die etwas mühsame Quadrierung des Tisches zu geben braucht.

Die zweite Vorrichtung, deren wir zu gedenken haben, stellt ein besonderes kleines Instrument dar, das man sich ebenfalls unschwer selber anfertigen kann. Das Bedürfnis dazu besteht in erster Linie für den, der gern mit halb umgelegtem Oberteile des Mikroskopes arbeitet und dabei das Präparat vor dem Herabgleiten vom Tische nur ungern durch die Finger oder die Klemmen bewahrt. Da erweist sich der kleine sog. Objektschieber als sehr nützlich. Wie Fig. 14 zeigt, ist er nur ein Stück Messing oder besser Leichtmetall (Aluminiumlegierung) oder zur Not Pappe, das zwei Einschnitte hat, die den Fuß der beiden Klemmen umspannen und an diesen entlang gleiten können. Der Hauptteil des Schiebers muß dünn sein, damit er sich leicht bewegt; nur da, wo das Tragglas sich an ihn anlegen soll, ist eine Verstärkung angebracht, da dieses sonst keinen Halt finden würde. Jedoch

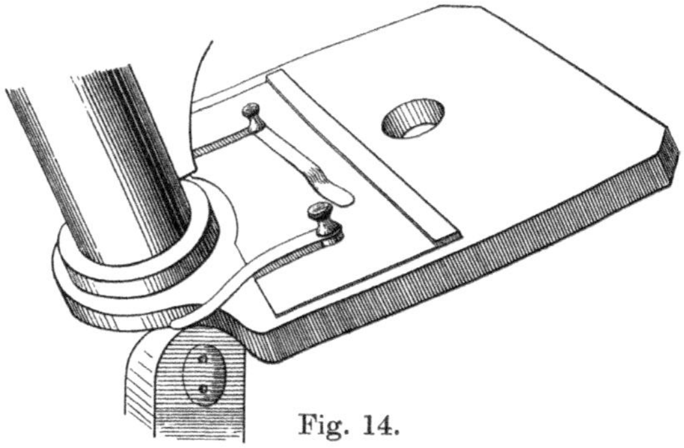

Fig. 14.

darf sie nicht so dick sein, daß Linse 4 daran anstoßen könnte. Die eine Klemme hat nur die Führung des Schiebers auf ihrer Seite zu besorgen, die andere hingegen wird quer auf den dünnen Teil des Schiebers gebracht und hält ihn so fest, daß er nicht von selbst ins Rutschen gerät, wenn man ihn losläßt. Beim Gebrauche schiebt man, um das Präparat abzusuchen, mit der einen Hand den Schieber von unten nach oben oder umgekehrt, während man mit der anderen das Tragglas immer von links nach rechts oder zurück führt. Man zerlegt so die Bewegung des Präparates in zwei rechtwinklig aufeinander gerichtete, wird daher bei einiger Aufmerksamkeit keinen Punkt übersehen. Und dies ist der andere Nutzen, den besonders bei der Durchmusterung von Schnittserien der Schieber gewährt. In vollkommenerer, aber auch sehr viel teurerer und weniger bequemer Weise erreicht man dasselbe Ziel durch die sog. Kreuztische, wo sämtliche Bewegungen durch Schrauben ausgeführt werden.

Fünftes Kapitel.

Fixieren und Härten der Objekte.

Ganz im Gegensatze zur allgemeinen Ansicht der Laien eignen sich nicht die meisten, sondern leider nur sehr wenige Objekte ohne weiteres zur Untersuchung mit dem Mikroskope:

teils sind sie zu groß, teils zu hinfällig, um allen den Manipulationen standzuhalten, die erforderlich sind, bis man sie in der richtigen Form auf dem Tische des Mikroskopes liegen hat und nun daran gehen kann, sie in Ruhe zu betrachten. Selbst die von Hause aus leblosen Gegenstände, also das große Heer der Mineralien, bedürfen allermeist der Vorbereitung durch das Schleifen, da sie sonst zu undurchsichtig sind, um einen genaueren Einblick in ihren Bau zu gewähren. Und dabei sind eben die Mineralien mit ganz verschwindenden Ausnahmen hart und widerstandsfähig, so daß man eher gegen ihre zu große Härte zu kämpfen hat als gegen irgendeine andere Eigenschaft. Weit schlimmer sieht es mit den Pflanzen und noch mehr mit den Tieren aus. Zwar behält in einem Herbarium ein Grashalm seine Form ziemlich getreu bei. Sieht man aber näher zu, so findet man ihn doch etwas geschrumpft, und dies würde man in noch höherem Maße bestätigt sehen, wenn man einen feinen Schnitt durch ihn untersuchte. Mit den saftreicheren Pflanzenteilen verhält es sich in dieser Beziehung weit böser, und was soll man erst sagen, wenn man an die vielen weichen Organe der Tiere denkt, z. B. die Leber oder gar das Gehirn eines beliebigen Wirbeltieres? Hier kann man im besten Falle einige Einsicht in den feineren Bau gewinnen, indem man ein kleines Stück des frischen Gewebes mit Nadeln zerzupft oder geradezu zwischen Trag- und Deckglas zerquetscht, um daraus eine so dünne Schicht zu erhalten, daß sie sich zur Beobachtung mit den starken Linsen eignet. Und dabei müßte man doch, um das Objekt unter natürlichen Bedingungen vor sich zu haben, als Zusatzflüssigkeit den Gewebesaft nehmen, der es im Leben durchtränkt hat, was eine weitere Schwierigkeit bilden würde. Oder man versuche es, einen kleinen Bluttropfen, den man aus dem Finger durch einen Nadelstich gewonnen hat, so rasch wie nur möglich auf ein Tragglas zu bringen und mit einem Deckglase zu versehen. Es ist Hundert gegen Eins zu wetten, daß das Blut inzwischen geronnen ist und so nicht mehr das normale Aussehen darbietet. Diese Beispiele ließen sich ins Ungemessene vermehren, aber die angedeuteten genügen wohl schon, um zu zeigen, daß — abgesehen von den relativ wenigen Fällen, wo sich das Objekt im Leben beobachten läßt — jeglicher Untersuchung eine Konservierung oder, sagen wir besser, eine Zubereitung vorauszugehen hat, die den Objekten ihren normalen Bau beläßt und sie doch zugleich in den Stand setzt, alle die vielen Schicksale zu ertragen, denen sie unterworfen werden, bis sie glücklich als fertige Präparate auf dem Mikroskoptische liegen. Die einleitenden Schritte nun zu diesen Manipulationen nennt man die Fixierung und Härtung; unter jener versteht man die kunstgerechte Tötung des Organismus — Tier oder Pflanze, das macht im Prinzip keinen Unterschied — und seiner Teile, also vor allem seiner Zellen, unter Härtung aber die Übertragung der fixierten, meist noch ziemlich weichen Objekte in Flüssigkeiten, die ihnen eine solche Härte verleihen, daß man sie ohne Schaden für sie sogar in Harze einschließen und eventuell vorher in ganz dünne Schnitte zerlegen darf.

1. Das Fixieren.

Außer dem Zwecke, dessen wir bereits gedachten, verfolgt es meist den, das im Leben oder gleich nach dem Tode, aber noch frisch, für die unmittelbare Untersuchung oft viel zu durchsichtige Objekt weniger hell zu machen. Das klingt seltsam, ist aber richtig. Denn gerade in den Fällen, wo die Gewebe in ihrer natürlichen Beschaffenheit das Licht durch ihre feinsten Teile ziemlich gleichmäßig durchlassen, kann man ja auch mit den besten Linsen nicht viele Einzelheiten unterscheiden. Und diese Fälle bilden die Regel. An einem Infusor z. B. ist, solange es noch recht lebendig ist, vom Kerne kaum was zu sehen; er wird erst beim Absterben etwas deutlicher, zeigt aber seinen feineren Bau allermeist nur nach sachgemäßer Behandlung mit allerlei Reagenzien, die künstlich und absichtlich Unterschiede in der Lichtbrechung seiner Teile herbeiführen. Diese Wirkung tritt beim Fixieren oft von selbst ein, ist aber keineswegs eine Nebensache und wird oft eigens hervorgerufen, wie wir das später mehr im einzelnen noch zu sehen bekommen. Leider stehen dem Anfänger die besten Objekte zum Beweise des eben Gesagten nicht zu Gebote, da die fast absolut durchsichtigen Wesen sich nahezu alle im Meere vorfinden; er muß es also aufs Wort glauben, wenn er hört, daß bei manchen von diesen sog. Glastieren die Transparenz zum größten Teile auf ihrem Wasserreichtum beruht, der auch dem kunstgerechten Fixieren arge Schwierigkeiten bereitet. Ähnlich verhält es sich mit einem Organe, das wir soeben aus einem anderen Grunde erwähnten: dem Gehirne. Von allen den Feinheiten in seinem Bau, den so verschiedenen Arten von Zellen, ihren oft riesig langen Ausläufern, den Nervenfasern usw. wird man so gut wie nichts gewahr, wenn man ein winziges Stück frischen Hirns von einem Fische, wo es der Anfänger wohl am leichtesten so erhalten kann, oder einem Huhne, einer Taube, einem Kaninchen usw., zwischen Trag- und Deckglas betrachtet und dabei alle die Arten der Beleuchtung anwendet, über die man verfügt. Allenfalls läßt die Leber eines Säugetieres oder Vogels etwas mehr von ihrer Struktur erkennen. Man schabt mit einem Messerchen leicht über eine frische Schnittfläche hin, bringt den Brei sofort auf ein Tragglas und sieht nun außer den Blutzellen, die vielleicht durch ihre gelbe[1]) Farbe auffallen, die eigentlichen Leberzellen von ganz verschiedener Form und Größe. Aber den Zusammenhang aller dieser Zellen im unversehrten Stücke kann man nur so ermitteln, daß man es in feine Schnitte zerlegt, wie wir das später (S. 92) sehen werden.

Es versteht sich von selbst, daß man zum Fixieren, der Definition des Wortes gemäß, nur lebendes oder wenigstens absolut frisches Gewebe verwenden darf. Der Anfänger ist daher in der Wahl der Objekte, die sich für ihn eignen und ihm leicht zugänglich sind, sehr beschränkt, um so mehr, als die Pflanzen äußerst wenige liefern, deren Studium sich ihm lohnt: wenn er über ein Zimmeraquarium verfügt, so findet er darin Material genug auch zu Übungen im Fixieren, sonst ist er wohl fast ganz auf die in Schlachthaus oder Küche gebräuchlichen Tiere angewiesen.

Gehen wir nun auf die Fixierung näher ein! Man fixiert, indem man entweder den Geweben nur Wasser entzieht oder ihnen zugleich Stoffe einlagert, die mit ihnen chemische Verbindungen eingehen. Dabei kann auch eine Härtung statthaben, so daß man diese nicht nachher eigens vorzunehmen hat. Bringt man, um ein ganz einfaches Beispiel zu wählen, eine soeben mit Chloroform oder Äther getötete Fliege in starken Alkohol (96- oder wenigstens 90proz.), so werden die im Leben weichen inneren Organe, wie Darm, Herz, Nerven usw., hart genug für die Zwecke einer nicht ganz spezielle Feinheiten berührenden Untersuchung. Allerdings nicht alle gleich gut, denn der Alkohol dringt durch die chitinige Haut des Tieres nicht so rasch

---

[1]) Natürlich kann das einzelne sog. rote Blutkörperchen nicht tiefrot sein; das ist das Blut nur in dicken Schichten, und darin verschwinden die viel weniger zahlreichen sog. weißen, richtiger farblosen, Blutzellen völlig, genau so, wie bei einem von ferne betrachteten Rapsfelde das Unkraut im gleichmäßig gelben Bilde gar nicht hervortritt. Der Anfänger möge an diese Schwächung jeglicher Farbe in so dünnen Schichten, wie man sie auf dem Mikroskoptische in der Regel vor Augen hat, immer denken. Er begreift dann, daß manche chemische Untersuchung sich zwar recht gut im Reagenzglase ausführen läßt, wo die Farbe der Flüssigkeit oder des Niederschlages deutlich erscheint, nicht aber im mikroskopischen Bilde, wo solche Farben meist viel zu blaß werden.

ein, daß nicht schon innen Veränderungen vor sich gingen, die natürlich unerwünscht sind. Man muß also dem Fixiermittel (Fixator) einen leichteren Zugang zum Inneren schaffen, d. h. wenigstens Kopf, Mittel- und Hinterleib von einander trennen und womöglich auch mit einer ganz feinen Schere letzteren der Länge nach öffnen. Das ist nicht leicht; tut man es aber nicht, so ist bei den großen Schmeißfliegen sein Inhalt höchstens mittelmäßig fixiert zu nennen. In diesem Falle mag man sich so helfen, daß man den Alkohol heiß anwendet, so daß nicht nur er selber rascher eindringt, sondern auch durch die Hitze die Eiweißsubstanzen im Tiere gerinnen, also dem Alkohol die Last abnehmen, dies ebenfalls zu besorgen, und ihm mehr die Härtung überlassen. Denn der Alkohol fixiert im allgemeinen nicht nur, sondern härtet auch, indem er den weichen Organen um so mehr Wasser entzieht, je stärker er ist. Hieraus fließt die einfache Regel, daß man ihn recht stark wählen muß und zugleich in so großen Mengen, daß er durch das vom Objekte (Tier, Pflanze) stammende Wasser nicht zu schwach wird. Ferner darf man nicht etwa ein wasserreiches Objekt, z. B. ein Stückchen Leber, in einen Glastubus bringen, den Alkohol darüber gießen und nun glauben, es werde gut fixiert werden. Nein! Denn der Alkohol bleibt ruhig oben, das Objekt unten; dieses umgibt sich, wie man bald sehen kann, mit einer Zone von ausgetretenem Wasser und kann darin zwar nicht geradezu verfaulen, aber doch ganz weich werden und etwas zerfallen, was man im Gelehrtendeutsch mazerieren heißt. Also lautet die zweite ebenso wichtige Regel: man sorge beständig für die gute Mischung des Fixiermittels mit dem Objekte! Deswegen legt man den Tubus fest verkorkt hin, statt ihn aufrecht zu stellen, bewegt ihn oft, solange man noch sieht, daß aus dem Objekte Flüssigkeit austritt, und ersetzt die erste Portion Alkohol durch eine andere, sobald auch nur die leiseste Trübung darin erscheint. Oder man bringt in das Gefäß mit dem Alkohol auf den Boden eine nicht zu niedrige Schicht reiner Watte und legt erst hierauf das Objekt. So fließt von diesem das Wasser oder der Gewebesaft nebst Blut direkt nach unten, stagniert also nicht in ihm. Natürlich muß man beim Wechseln des Alkohols auch die Watte durch frische, trockene ersetzen oder wenigstens die alte auspressen.

Aus dem nämlichen Grunde darf man auch, besonders wenn man ein sehr dichtes Objekt mit nur wenigen Hohlräumen oder Lücken vor sich hat, in der Regel nur ganz kleine Stücke davon nehmen, denn sonst dringt der Fixator nicht tief genug ein oder tut es so spät, daß dann die inneren Portionen nicht mehr ganz frisch sind. Dazu kommt, daß sich die Fixiermittel manchmal den Weg ins Innere gewissermaßen selbst versperren, indem sie in den äußeren Schichten Niederschläge hervorbringen und so die Eingänge zur Tiefe verstopfen. So kann man z. B. von der Leber höchstens 5 mm dicke Stücke wirklich gut fixiert erhalten; dagegen dürfen sie in Länge und Breite beliebig groß sein, freilich nur falls der Tubus und die Menge des Fixators dafür ausreichen.

Auch für die Pflanzen genügt in den meisten Fällen die Fixierung mit starkem Alkohol, am besten mit absolutem (100 proz.), wenigstens bei den Objekten, die sich für den Anfänger eignen, also jungen Früchten, ferner Blättern, Stengeln usw. Gewöhnlich sind ja die Zellwände starr genug, und so wird meist die Form des Ganzen sehr getreu erhalten, wenn auch der Zelleib in der Wand etwas schrumpfen mag.

Wie der Alkohol wirkt, wenn er mit einem äußerst wässerigen Objekte zusammentrifft, kann man am Speichel sehen. Man produziere im Munde einen großen Tropfen davon und sorge durch kräftige Bewegungen der Zunge dafür, daß er viel Epithelzellen in sich aufnimmt, lasse ihn sodann in einen Tubus fließen, der wenigstens 10 mal so viel Alkohol enthält, und schüttele sofort tüchtig um. Die Luftblasen verschwinden alle, und der Schleim bildet Fäden, die sich die Zellen einverleiben. Man läßt nun diese Gerinnsel sich zu Boden setzen, gießt den Alkohol ab und frischen zu. Nimmt man dann ein solches häßlich erscheinendes Fädchen heraus und färbt es in einem Uhrschälchen mit Karmalaun, so bekommt man eine viel stärkere Färbung und überhaupt deutlichere Bilder von den Zellen als nach der auf S. 25 beschriebenen Methode, könnte natürlich auch die Gerinnsel einbetten und schneiden, da sie hart genug dazu geworden sind. Was sich aber nicht lohnen würde.

Zum Fixieren eignet sich der starke Alkohol oft auch aus anderen Gründen. Von den in den Geweben vorhandenen Salzen schafft er die wenigsten fort, von den Ölen oder Fetten allerdings wohl einige, besonders leicht lösliche, und im übrigen verändert er die Beschaffenheit der Gewebe erheblich weniger als die meisten anderen Fixiermittel, die fast alle stark sauer sind und so z. B. die Kalksalze in den Knochen lösen. Daher lassen sich an den nur mit Alkohol vorbehandelten Objekten manche rein chemische Reaktionen anstellen, was nach der Wirkung der anderen Fixatoren in der Regel nicht mehr möglich ist. Ferner kann man von ihm aus die Objekte gleich in ein Intermedium bringen, und er verleiht ihnen meist eine genügende Härte für die gewöhnlich nun folgende Einbettung in Paraffin. Andererseits dürfen in ihm die Objekte beliebig lange ohne Schaden bleiben. Und nicht nur das, sondern er dient auch zum definitiven Aufheben der Objekte, die man mit anderen Fixatoren behandelt hat. Denn diese gestatten fast alle den Gegenständen nur eine ganz bestimmte Zeit des Verweilens in ihnen und können, wenn diese erheblich überschritten wird, sogar Unheil anrichten. Daher müssen sie aus den Geweben entfernt werden, und diese Operation, das sog. Auswaschen, ist sehr wichtig und nach ganz bestimmten Regeln zu betreiben. Ihr Endresultat ist, wie gesagt, daß sich die Objekte in starkem Alkohol befinden, allermeist in recht starkem, weil nur in diesem keine weiteren Veränderungen an ihnen möglich sind.

Der Alkohol wirkt, wie wir gesehen haben, nur durch Wasserentziehung, und das gilt sogar dann, wenn er selber schon reichlich Wasser enthält. Jedoch fixiert er dann nur wenig, so daß nicht selten die Objekte, wenn man sie lange darin beläßt, auseinanderfallen. (Wir kommen hierauf im 8. Kapitel noch zurück.) Wie stark man ihn aber auch verwenden mag, immer läßt er sich aus den mit ihm behandelten Geweben ganz wieder auswaschen, stört also die weiteren Schritte nicht im geringsten.

Es gibt nun eine geradezu ungeheuerliche Menge von Chemikalien, die man je nach dem Zwecke, den man verfolgt, oder nach der Art der Objekte als Fixatoren anwendet. Viele von ihnen haben aber einen gar geringen Wirkungskreis und tun nur hier das, was man von ihnen verlangt. Bei manchen kann man auch noch nicht klar erkennen, worin ihre Leistungen begründet sind. Zum Glück kommt der Anfänger mit einigen wenigen völlig aus, und gerade die teuersten braucht er nicht, sondern darf sich ruhig — abgesehen vom Alkohol — nahezu auf Pikrinsäure, Formol, Sublimat und allenfalls noch Chromsäure beschränken.

Die Pikrinsäure wendet man fast ausschließlich in wässeriger Lösung, in der Regel 1proz., an, muß aber im Verhältnis zum Objekt eine recht große Menge davon nehmen, was bei ihrem geringen Preise nicht ins Gewicht fällt. Die Gegenstände läßt man in ihr je nach der Größe stunden- bis tagelang, jedoch schadet auch ein viel längerer Aufenthalt darin nicht. Man braucht sich also mit dem Auswaschen nicht zu beeilen. Allerdings löst sie den kohlensauren Kalk, falls welcher im Objekte war, auf oder greift ihn wenigstens an, verändert aber sonst die Gewebe nicht. Eine richtige Härtung bringt sie nicht zustande, sondern tötet jene nur und fixiert zugleich die Zellform getreu. Daher darf man sie nicht mit Wasser auswaschen wollen, da es in diesem leicht zum Zerfalle der ja nicht hart gewordenen Gewebe kommen würde. Also bringt man das Objekt aus der sauren Lösung direkt in Alkohol von wenigstens 40 % und aus diesem, der bereits stark gelb wird, schon bald und gradatim in immer stärkeren. Die Pikrinsäure bleibt aber in Spuren noch sehr hartnäckig im Objekte, so daß dieses immer etwas gelb aussieht; indessen das schadet nicht viel, denn mit Karmalaun kann man auch so durchfärben, und wenn man erst die Schnitte färben will, so ist die hellgelbe Farbe des Objektes beim Einbetten sogar nützlich, da sie es im Paraffin besser sichtbar macht; in den Schnitten aber, bevor diese in die Färblösung gelangen können, schwindet sie völlig. Jedoch muß hier erwähnt werden, daß jede Mineralsäure, dem Waschalkohol zugefügt, die Entfernung der Pikrinsäure erleichtert. Aus diesem Grunde, aber auch sonst, hat sich eine Kombination als recht gut erwiesen, die man kurz Pikrinschwefelsäure nennt, obwohl es keine chemische Verbindung zwischen den beiden Stoffen ist. Diese Doppelsäure färbt von vornherein die Objekte viel weniger gelb, als es die Pikrinsäure allein tut, tötet sie dagegen rascher und bringt die Eiweißsubstanzen in ihnen stärker zur Gerinnung. Aber auch sie darf nur mit Alkohol ausgewaschen werden, und man muß diesen sehr oft wechseln, damit die relativ starke Schwefelsäure wirklich ganz entfernt wird.

An die soeben besprochenen Fixatoren schließt sich das Formol insofern an, als es sich ebenfalls aus den Geweben leicht und sogar wie der Alkohol spurlos wegschaffen läßt. Wie es wirkt, ist nicht genau bekannt, aber daß es sehr energisch wirkt, zeigt sich z. B. an einem Stücke Leber oder Darm, denn diese werden darin schon rasch so hart, daß man sie mit dem Rasiermesser auch ohne Einbettung ziemlich leicht schneiden kann.

Das Formol, auch Formalin genannt, ist eine etwa 40proz. Lösung des Formaldehydes in Wasser, enthält aber als Handelsware auch etwas Methylalkohol und andere Verunreinigungen, die indessen unserem Vorhaben nicht schaden. Man verwendet es nicht konzentriert, sondern stark verdünnt, und hat sich daran gewöhnt, die Stärke in Prozenten des reinen Formaldehydes anzugeben, also: 4proz. Formaldehyd = 10proz. Formol. Es wirkt selbst in dieser Verdünnung sehr energisch, wie man auch an dem starken Geruche merken kann, der übrigens den Schleimhäuten leicht gefährlich wird, besonders denen des Auges und der Kehle. Man sei daher im Umgange mit dem Formol recht vorsichtig und atme nicht unmittelbar über einem Uhrglase oder gar noch größeren Gefäßen voll Formol! (Als Gegengift ist das Ammoniak anzuraten, das freilich auch nicht harmlos ist, aber jenes unschädlich macht.) In der Regel gebraucht man das Formol auf das Zehnfache mit Wasser verdünnt, hat mithin einen Fixator vor sich, der ungemein billig ist, also nicht besonders sparsam verwandt zu werden braucht. Da es sehr flüchtig ist, so muß man auf den guten Verschluß der Gläser mindestens ebenso sorgsam bedacht sein wie beim Alkohol, denn sonst hat man am Ende leicht nur noch Wasser darin, und das ist ja kein gutes Aufbewahrungsmittel für feine Objekte.

Die mit Formol fixierten Gewebe darf man nur flüchtig mit Wasser abspülen und muß sie dann gleich in mittelstarken Alkohol bringen, wenn man es nicht vorzieht, sie im Formol zu belassen, was in manchen Fällen lange ohne Schaden geschehen darf. Teile von Pflanzen werden übrigens nur selten mit Formol fixiert, um so mehr aber die von Tieren, und es gilt als wichtige Regel, daß man für Seetiere das Formol mit Seewasser, sonst jedoch mit destilliertem Wasser verdünnt.

Ganz kleine Objekte, wie Infusorien oder Blutzellen, lassen sich auch mit den Dämpfen von Formol fixieren: man bringt sie auf ein Tragglas, aber in einem nur so kleinen Tropfen, daß dieser nicht abläuft, wenn man jenes geschickt rasch umdreht. Dann legt man das Glas auf die Öffnung einer Flasche, die ziemlich voll Formol sein muß, damit die Dämpfe schnell an die Objekte geraten können. Natürlich darf aus demselben Grunde nur das starke Formol benutzt werden.

Im Zusammenhange hiermit seien zwei andere Mittel kurz erwähnt, die ebenfalls in Dampfform als Fixatoren nützlich werden mögen: Essigsäure und Jod. Sie werden genau so gebraucht wie das Formol und lassen sich ebenfalls spurlos auswaschen. Indessen fixieren sie nur wenig gut, sind daher nicht allgemein verwendbar. Es versteht sich von selbst, daß auch diese beiden Reagenzien in wässeriger Lösung benutzt werden mögen, nur ist dann das Resultat nicht etwa besser. Das reine Jod löst sich aber gar zu wenig in Wasser; man muß da durch einen Zusatz von Jodkalium nachhelfen (s. S. 185).

Ganz im Gegensatze zur Essigsäure steht die Trichloressigsäure insofern, als sie nicht flüchtig ist, also nicht wie jene als Dampf wirken kann, und als sie sehr energisch fixiert. Auch sie läßt sich völlig auswaschen. Für kleine Objekte, z. B. Infusorien, ist sie recht geeignet, sonst jedoch kann man sie entbehren. (Genaueres s. auf S. 163.)

Wesentlich anders wirkt das Sublimat ein, zu dem wir uns nun wenden. Dieses heißt eigentlich Quecksilberchlorid, aber man zieht in der Regel den kürzeren Namen vor. Es ist gleich dem Formol sehr giftig, greift außerdem die Metalle heftig an, und man darf daher in seine Lösung nicht mit Stahl- oder Messingnadeln und anderen derartigen Geräten hineingehen: sowohl dieser wegen, die ja dann geputzt oder gar neu geschliffen werden müßten, als auch der Lösung halber, die dadurch verunreinigt würde. Daß man das Mikroskop erst recht vor der Sublimatlösung bewahren muß, brauchte eigentlich gar nicht erst erwähnt zu werden; das gilt ja auch von allen anderen heftigen Reagenzien und dem Alkohol. Nicht minder kann das Sublimat der Haut gefährlich werden, also wasche man sich jedesmal, wenn man etwas darauf gebracht hat. Sehr gebräuchlich ist die 6proz. Lösung in destilliertem Wasser, die nahezu gesättigt ist und nur in kalten Zimmern Kristalle abscheiden mag. Mit ihr verfährt man wie folgt.

Das zu fixierende Objekt, z. B. wieder ein Stücklein Leber, wird in eine reichliche Menge der Lösung gebracht und darin wenigstens so lange belassen, bis es ganz undurchsichtig geworden ist. Sind die Stücke gar klein, so dringt die Lösung schon in weniger als einer halben Stunde überall hinein und bringt die Eiweißsubstanzen höchst energisch zum Gerinnen, was sich eben durch die lebhaft bräunlich-weiße Farbe verrät, die das Objekt annimmt. Aber man darf es ruhig auch einen vollen Tag darin lassen, nur ist damit nicht etwa mehr erreicht, als wenn man sich auf die kürzere Zeit beschränkt hätte. Muß man während des Fixierens die Objekte berühren, so darf das nur mit Instrumenten aus Glas geschehen; allenfalls mit Hornspateln, aber dann sollte man diese ausschließlich hierfür benutzen und sie eigens signieren, damit sie nicht verwechselt werden können. Nachher gießt man die Lösung ab oder nimmt die Objekte heraus und spült sie mit Wasser nur eben ab, bringt sie dann gleich in Alkohol von 40% oder 60% und gießt auch hiervon die erste Portion schon bald fort, damit der überschüssige Teil des Sublimates rasch entfernt wird. Das von den Geweben chemisch gebundene Sublimat wird gewiß zum Teil dabei zu einem nicht genau bekannten Salze reduziert, etwas mag auch als Sublimat in den feinen Lücken des Objektes bleiben; jedenfalls findet mau zu seiner unerfreulichen Überraschung später, wenn das Präparat schon lange im Harze liegt, darin eigentümliche Nadeln, sogar mit dicken Köpfen, ordentlich wie Stecknadeln, oder die Köpfe allein, oft just an den wichtigsten Stellen! Alle diese Gebilde erscheinen bei Durchlicht schwarz, dagegen bei Auflicht weiß. Sie mögen zum Teil aus einer Verbindung des Quecksilbers mit den Harzsäuren, zum Teil aus Quecksilberchlorür bestehen, das sich durch Reduktion aus dem Sublimate in Berührung mit der organischen Substanz der Gewebe und des Harzes gebildet hat.

Macht man die Lösung des Sublimates nicht mit destilliertem, sondern mit gewöhnlichem Wasser, so sieht man die Nadeln auch allmählich als Niederschlag auf dem Boden der Flasche auftreten. Läßt man absichtlich einen kleinen Tropfen der Sublimatlösung auf dem Tragglas eintrocknen und gibt ein Harz darauf, so erhält man sie gewissermaßen in Reinkultur. Hat man sehr große Objekte, z. B. ganze Embryen von Fröschen oder Larven von Fischen, uneröffnet in Sublimat fixiert und später mit Alkohol noch so sorgfältig ausgewaschen, so findet man in der Leibeshöhle oft einen schwärzlichen Niederschlag, der auch aus Quecksilberchlorür (Kalomel) oder einer ähnlichen Verbindung zu bestehen scheint, jedenfalls sich bei Behandlung mit einer Lösung von Jodkalium in grünliches Quecksilberjodür umsetzt, aber nicht etwa löst. Will man ihn wegschaffen, so braucht man das Jodür nur durch Jod in Jodid umzuwandeln, das im Jodkalium leicht löslich ist und sich nun durch Alkohol auswaschen läßt.

Der Anfänger tut sehr gut daran, sich diese ihm vielleicht allzu verwickelt erscheinenden Vorgänge im kleinen selber vorzuführen, um daraus die Nutzanwendung zu ziehen. Er mischt, ähnlich wie früher (s. S. 73) mit Alkohol, einen Tropfen Speichel in einem Tubus mit der gleichen Menge der 6proz. Sublimatlösung und ersetzt nach etwa $\frac{1}{2}$ Stunde die Flüssigkeit durch reichlichen 60proz. Alkohol. Führt er nun in der bekannten Weise ein Fetzchen davon (ungefärbt oder mit Karmalaun tingiert) in ein Harz (z. B. Euparal) über, so sieht er schon in weniger als 24 Stunden im ganzen Präparate die bereits beschriebenen Nadeln usw. auftreten und sich bald so stark vermehren, daß manche Partien des Speichels davon bedeckt werden. Sie entstehen übrigens nicht alle im Harze, sondern sind zum Teil bereits im Speichel vorhanden, wenn dieser sich noch im Alkohol befindet, denn bei Durchsichtigmachung in Benzol werden sie gleich sichtbar. All das kommt nun nicht vor, wenn man dem Waschalkohol etwas Jodjodkaliumlösung zusetzt, so daß er die Farbe eines Südweines annimmt, und dies wiederholt, sobald das Jod zur Oxydation des Kalomels verbraucht ist. Sollte man zu viel Jodjodkalium genommen haben, so ist das weiter kein Fehler, denn es wäscht sich in den folgenden Alkoholen leicht ganz aus.

Die weitere Behandlung der mit Sublimat fixierten Gewebe ist die gewöhnliche. Im allgemeinen färben sie sich besser, d. h. schärfer und tiefer, als die mit Alkohol oder Formol fixierten, wohl aus dem Grunde, weil das Sublimat die Eiweißsubstanzen besser koaguliert als die beiden anderen Fixatoren, so daß die Zellen weniger leer erscheinen, mithin mehr Farbstoff aufnehmen und festhalten, als wenn sie im Waschwasser und Waschalkohol viel Substanz an diese abgegeben hätten.

Auch die Osmiumsäure wird sehr viel zum Fixieren benutzt, allerdings kaum allein, sondern fast immer in Gemischen mit anderen Fixatoren, besonders Chromsäure und Essigsäure. Sie dient aber lediglich zu speziellen Zwecken und braucht daher hier nur erwähnt zu werden. Die mit ihr behandelten Gewebe werden, indem sie die Säure reduzieren (vielleicht zu Osmiumoxyd), schwarz gefärbt; dies wird mitunter für die mikroskopische Untersuchung nützlich, da es eine besondere Färbung überflüssig machen kann, ist ihr jedoch meist so hinderlich, daß man die Objekte erst eigens wieder bleichen muß, um sie dann nach den Regeln der Kunst färben zu können. Jedenfalls werden solche Objekte infolge der Einlagerung des sehr schweren Osmiums ohne weiteres hart, ja brüchig, auch wäscht sich natürlich diese metallische Beigabe nicht wieder aus.

Ähnliches gilt, wenn auch in minderem Grade, von der Chromsäure als Fixator. Sie wird nämlich von den Geweben zu einem anderen chemischen Körper, wahrscheinlich Chromoxyd, reduziert und verleiht ihnen so einen braungelben Ton, der beim Auswaschen in Alkohol mehr in ein häßliches Grün übergeht. Diese Eigenschaft kommt auch dem sauren chromsauren Kalium (Kaliumbichromat) zu, und es lohnt sich für uns, diesem Salze etwas näher zutreten. Man mache eine 3 proz. Lösung davon in Wasser und setze dieser auf je 20 Teile 1 Teil Essigsäure zu, da sie sonst zu langsam eindringt und die Gewebe leicht etwas mazeriert. Darin nun fixiere man zwei kleine Stücke Leber (z. B. vom Huhn oder Schwein) mehrere Tage lang, wasche sie in Wasser gut aus und bringe das eine in Alkohol von 40%, das andere ebenfalls, aber im Dunkeln, d. h. man stelle den Tubus in eine dichte Schublade. Dann wird man finden, daß in jenem Tubus sich unter dem Einflusse des Lichtes ein Niederschlag bildet, während im anderen der Alkohol klar bleibt, aber gelber ist, also mehr von der Chromverbindung aus dem Gewebe ausgezogen hat. Aber in beiden Fällen hat das Objekt die gelbgrüne Farbe bewahrt, also noch immer genug von dem anorganischen Körper zurückbehalten. Ohne Zweifel würde man dies durch Verbrennen einer größeren Menge von Substanz und Untersuchung der Asche auf Chrom leicht feststellen können, aber man hat das nicht für nötig gehalten, da ja die Farbe des Gewebes deutlich dafür zeugt[1]). Auch läßt sich das Objekt entchromen, indem man es (im ganzen oder erst die Schnitte) mit verdünnter Schwefel- oder Salpetersäure behandelt: es wird genau so weiß, wie wenn es direkt mit Alkohol fixiert wäre.

Die Gegenwart von viel Chromoxyd — oder wie die Verbindung heißen mag — in einem Gewebe macht dieses ziemlich schwer färbbar, besonders wenn man es versäumt hatte, die Waschung mit Alkohol im Dunklen vorzunehmen. Jedoch Hämalaun spricht in der Regel ziemlich gut an. Wohl aber läßt sich gerade die Gegenwart der Chromverbindung dazu benutzen, mit Hämatoxylin allein zu färben, da dieses mit Chrom ein

[1]) Diese und die ähnlichen Vorgänge bei der Fixation frischer organischer Objekte mit Sublimat oder Osmiumsäure haben bisher die Aufmerksamkeit der Chemiker nicht sonderlich erregt, so daß darüber keine genauen Untersuchungen vorliegen. So verhält es sich auch mit den Farbstoffen, soweit sie nicht künstlich direkt aus dem Teere gewonnen werden.

Farbsalz gibt, das in der Technik früher eine große Rolle bei der Tintenbereitung spielte. Allerdings wird die Färbung ziemlich diffus und eignet sich nur für ganz spezielle Zwecke, kommt also für uns nicht in Betracht.

Ehe wir weitergehen, seien die wichtigsten Regeln für das kunstgerechte Fixieren kurz wiederholt: 1. man nehme nur kleine Objekte oder Stücke von ihnen, falls sie sonst zu groß sein würden; 2. lege sie in eine sehr reichliche Menge des Fixiergemisches und sorge durch Umrühren oder Schütteln dafür, daß sie mit ihm an allen Stellen in Berührung kommen und bleiben; 3. erneuere das Gemisch, sobald es sich trübt oder sonst nicht mehr normal aussieht; 4. wasche dann das Objekt gut aus und richte sich dabei nach den in jedem Falle näher angegebenen Vorschriften! Erst wenn man so verfährt, darf man gute Resultate erwarten. Es versteht sich von selbst, daß man auf diese nicht rechnen kann, wenn man sich an Objekte gewagt hat, die nicht mehr in gutem Zustande, also etwa gar verfault, waren. Das wäre weggeworfene Zeit und Mühe, ganz abgesehen von den Kosten der vielen Chemikalien.

Wie überhaupt bisher in diesem Kapitel, so auch bei der obigen Zusammenstellung der Regeln haben wir es nur mit solchen Objekten zu tun gehabt, die groß genug waren, um in Tuben oder anderen derartigen Gefäßen behandelt zu werden. Mit Recht mag nun der Leser fragen: wie verfährt man aber mit ganz kleinen Objekten, z. B. Infusorien? Offenbar sind da zunächst zwei Fälle möglich. Entweder man hat ein so reichliches Material zur Hand, daß man es doch in Tuben bringen kann; alsdann ist offenbar die Prozedur im Prinzipe dieselbe, und die dabei notwendigen Änderungen der Methode sollen später (auf S. 143) im Zusammenhang angegeben werden. Oder das Material ist selten, ja, es besteht vielleicht aus einem einzigen Tierlein, das man unter dem Deckglase zufällig gefunden hat und nach ergiebiger Beobachtung im Leben gern in ein gutes Dauerpräparat umwandeln möchte. Das ist freilich unter allen Umständen eine schwere Aufgabe, besonders für den Anfänger. Es ist nämlich leicht gesagt, man solle das Fixiergemisch in kleiner Menge an den einen Rand des Deckglases bringen und es von da durch das Wasser, in dem das seltene Objekt liegt, hindurchsaugen, damit es seine Wirkung ausübe. Leider wird in den allermeisten Fällen das Objekt der Strömung folgen und unter dem Deckglase am anderen Rande hervortreten. Gerät es dabei in die Fasern des Filtrierpapieres, so ist es so gut wie verloren; schwimmt es dagegen noch frei herum, so mag man versuchen, es mit einem größeren Quantum des Fixators in ein kleines Uhrglas zu spülen, um es dort mit viel Geduld und Aufmerksamkeit weiter zu behandeln. Das setzt allerdings voraus, daß es mit der Lupe noch deutlich erkennbar bleibt, denn sonst mag man die Sache nur aufgeben. Aber selbst ein einziges derartiges Objektlein wird, da es im Fixiergemisch undurchsichtig (meist weiß) geworden ist, auf schwarzem Grunde sichtbar. Also darf man es den gebräuchlichen Leidensweg durch Waschwasser und die Alkohole in ein Harz einschlagen lassen. Nur soll man sich von vornherein darauf gefaßt machen, daß die ganze Mühe umsonst war, indem an irgendeiner Station des langen Pfades doch ein Fehler begangen wurde, der das Objekt rettungslos beschädigte.

Es kann noch ein anderer Fall eintreten: das Tierlein widersteht dem Zuge des unter das Deckglas gelangten Fixators und bleibt liegen, vielleicht vor einem größeren Objekte, an das es geraten war. Nun muß man offenbar die weiteren Manipulationen unter dem Deckglase vornehmen, d. h. die Flüssigkeiten, also Wasser, Alkohol usw., alle auf der einen Seite darunter leiten, die richtige Zeitlang wirken lassen und wieder auf der anderen Seite entfernen. Auch dies ist leichter gesagt als getan, und man hat besonders daran zu denken, daß ja das Objekt nun nicht allseitig, sondern nur da bespült wird, wo das Deckglas es freiläßt, d. h. an den wenigsten Stellen seines Körpers. Ferner daß der Strom seinen eigenen Weg geht und sich mitunter um das Objekt gar nicht kümmert, vielmehr seitlich davon verläuft. Alles dies bereitet einen Mißerfolg vor, und man muß schon sehr geübt sein, ehe man den günstigen Ablauf der Vorgänge erwarten darf. Immerhin möge man, wenn sich die Gelegenheit bietet, solche Übungen nicht versäumen.

Während man sich beim Übertragen der minimalen Objekte von einer Flüssigkeit in die nächste der Pipette — s. S. 65 — bedient, erregt man unter dem Deckglase die Strömungen in der uns schon bekannten Art mit Filtrierpapier. Man halte aber dabei das Deckglas ja vom Übertritte der Flüssigkeiten frei, da man es sonst nicht mehr recht rein bekommt und seine Abnahme vom Tragglase zur Säuberung völlig ausgeschlossen ist.

2. Das Härten im engeren Sinne.

Wir dürfen uns hier sehr kurz fassen, denn meist besorgt der Alkohol, der zum Auswaschen des Fixators dient, die Härtung nebenbei, falls diese nicht schon beim Fixieren erfolgt war. Zwar werden in den Werken über die Mikrotechnik allerlei eigene Härtgemische angegeben, indessen ist darunter keins, das der Anfänger nicht entbehren könnte. Er möge jedoch beim Fixieren nie vergessen, daß dieses erst dann wirklich beendet ist, wenn das Objekt auch die nötige Härte erreicht hat, und dazu gehört fast immer die Übertragung und ein nicht zu kurzes Verweilen in starkem Alkohol. Selbst wenn man hinterher das Objekt der Färbung halber in Wasser oder überhaupt ein wässeriges Medium zu bringen hat, soll es sich erst im Alkohol gründlich aufgehalten haben. Zwar quellen bei der Übertragung aus diesem in das mit Wasser bereitete Färbgemisch die Gewebe wieder, werden aber in der Regel dadurch nur günstig beeinflußt. Auch schrumpfen sie, falls die Härtung sich richtig vollzogen hatte, nun bei der Rückwanderung in immer stärkeren Alkohol nicht oder verändern sich sonst irgendwie zu ihrem Nachteile, sondern können den weiteren Weg ins Paraffin oder direkt in ein Harz genau in der gleichen Beschaffenheit zurücklegen, wie wenn sie es ohne den Umweg getan hätten. Die gefährlichste Klippe liegt unter allen Umständen beim Übergang vom Alkohol ins Harz oder, falls es sich um das Schneiden handelt, ins Paraffin, und sie läßt sich nur dann mit Aussicht auf Erfolg vermeiden, wenn man es mit wirklich gut gehärteten Objekten zu tun hat.

Wie ein solches den Weg ins Paraffin ohne Schaden zurücklegen kann, findet der Leser auf S. 92 ausführlich angegeben, und wie in die Harze, wurde bereits auf S. 61 erörtert. Im ersten Falle kommt dabei immer, im zweiten oft ein sog. Intermedium (Zwischenmittel) ins Spiel, d. h. eine Flüssigkeit, die sich einerseits mit dem Alkohol — je nach den Umständen mit absolutem oder nur starkem — gut verträgt, andererseits mit dem Medium, das man für das Objekt ausgewählt hatte. Vermeiden lassen sich die Intermedien nur dann, wenn sich das Medium mit dem Alkohol klar mischt; auch hierfür sind auf S. 61 Beispiele gebracht worden.

Sechstes Kapitel.

Schneiden der Objekte und Weiterbehandeln der Schnitte.

Schon an mehreren Stellen dieses Buches finden sich Hinweise darauf, daß wir mit der Betrachtung von Objekten so, wie sie uns die Natur liefert, nicht weit kommen, sondern eine ganze Schar von Kunstgriffen anwenden müssen, um in der Aufklärung der meist so komplizierten Verhältnisse erheblich weiter zu gelangen. Zu diesen Kunstgriffen gehört in erster Linie das Schneiden, ohne das wir in sehr vielen Fällen bald am Ende unserer Kenntnisse wären. Wir brauchen dies hier nicht erst lange auseinanderzusetzen, sehen es viel mehr in den folgenden Zeilen überall bewiesen, an den einfachsten Beispielen sowohl als auch an recht schwierigen.

Beim Schneiden kann man die Absicht hegen, sich nur rasch einmal über den Bau eines Tieres oder einer Pflanze im gröbsten zu orientieren, und dann genügen meist zwei oder drei Schnitte, die man gewöhnlich aus freier Hand mit einem Rasiermesser anfertigen kann. Oder man will die Struktur des Objektes eingehender studieren, und dann hilft es nicht: man muß die recht umständliche und zeitraubende Methode des Schneidens mit Maschinen ausüben, und dies erfordert eine geschickte Hand. Das gilt freilich vom Schneiden mit dem Rasiermesser auch, ja, man darf sogar sagen: um es hierin zur Vollkommenheit zu bringen, bedarf man erheblich längerer Übung und größeren angeborenen Geschickes als da, wo man der Maschine die eigentliche Arbeit überläßt. Wir beginnen hier natürlich mit einer Schilderung des Schneidens aus freier Hand, das auch bei weitem die älteste der beiden Methoden darstellt.

Das Schneiden aus freier Hand.

Hierzu gehört, will man auch nur mit einiger Sicherheit so dünne Schnitte machen können, daß sie mit dem Mikroskope erheblich mehr zeigen, als man schon durch die gewöhnliche Betrachtung von außen, durch Zerzupfen oder andere zweckdienliche Mittel gesehen hat, ein gutes Rasiermesser. Oder lieber gleich deren zwei; von diesen benutzt man das eine ausschließlich für die feinen Schnitte, das andere nur für die Vorbereitungen zum Schneiden. Das Schleifen läßt man am besten von einer darin erfahrenen Firma besorgen, aber abziehen sollte man selber lernen, da es von einem Momente zum anderen nötig werden mag, z. B. wenn man beim Schneiden eines Objektes plötzlich darin auf irgend etwas stößt, das eine Scharte im Messer hervorbringt. Falls diese nicht etwa gleich so tief und groß ist, daß alles Abziehen nicht hilft und man doch auf das Schleifen angewiesen bleibt! Wir wollen aber einstweilen annehmen, die Messer seien in Ordnung, und man gedenke das Schneiden damit zu lernen.

Als das beste und einfachste Objekt für den Anfang sei Holunder- oder Sonnenblumenmark genannt. Man suche sich ein Stück von etwa 5 cm Länge und der Dicke eines Bleistiftes aus, das überall gleichmäßig weiß erscheint. Um Querschnitte davon zu machen, faßt man es zwischen Daumen und Zeigefinger der Linken — der Linkshänder verwendet natürlich die Rechte —, aber nicht etwa unten, sondern so weit oben, daß es nur wenige Millimeter frei hervorragt und nicht federn kann. Das geöffnete Messer ergreift man nun mit der anderen Hand, legt den Daumen an die deswegen meist geriefte schmale

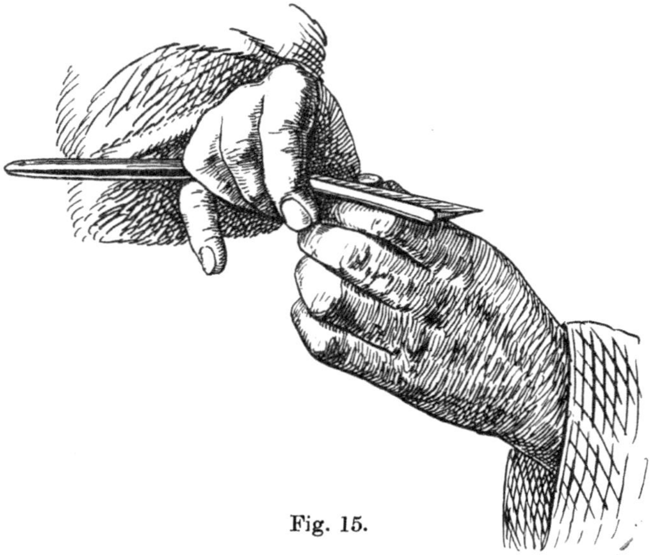

Fig. 15.

Fläche des Griffes fest an, den Zeigefinger an die andere Fläche, die beiden nächsten Finger in den ungefähr rechten Winkel, den die zurückgeschlagene Schale mit dem Griffe macht, endlich den kleinen Finger an die andere Fläche der Schale (Fig. 15). So hat man das Messer fest und unverrückbar gefaßt; um noch sicherer zu gehen, mag man die Linke nebst dem Arme auf dem Tische verankern. Hierauf muß man sich vorher gut eingeübt haben.

Will man das Schneiden unterbrechen oder hat man es beendet, so lege man das Messer ja nicht offen hin, sondern gewöhne sich daran, stets die Schale wieder zurückzuklappen und die Klinge darin zu schützen. Man sichert so zugleich diese und die eigene Haut.

Das Messer muß so gehalten werden, daß die Klinge wagerecht liegt oder der Rücken ein wenig höher ist als die Schneide;

letzteres dann, wenn man das Messer benetzt, was meist der Fall ist. Man stützt nun die Unterfläche der Klinge auf den Zeigefinger der anderen Hand, die also auch aus diesem Grunde dem Schauplatze der Ereignisse ganz nahe sein muß, und beginnt das Schneiden am Anfange der Klinge, indem man diese ohne den geringsten Druck über das Objekt hinführt und es zugleich damit zu fassen sucht. Hierbei darf man aber ja nicht die wagerechte Lage erheblich verändern, sonst fährt man, ehe man sich dessen versieht, tief ins Mark hinein; vielmehr soll man es eben nur berühren und es der Klinge überlassen, selbst den Weg zu finden. Die Richtung, die man sie einschlagen läßt, muß so wenig schräg sein wie möglich, am besten so wenig, daß man die ganze Länge für den einen Schnitt ausnutzt. Denn je direkter man ins Mark eindringen wollte, desto mehr würde man es zusammenquetschen, während man es ja schneiden will, d. h. das Messer hindurchziehen, nicht aber drücken. Man versuche mal, das Messer quer durch das Mark zu führen: sicher erstaunt man über den Widerstand des so weichen Objektes, den man beim regulären Schneiden mit Zug nicht vermutet hätte. Derartige und andere hier recht brauchbare Erfahrungen sammelt man leicht im täglichen Leben beim Schneiden harten, gut ausgebackenen Brotes, und man begeht keinen Fehler, wenn man sich an diesem allbekannten Objekt etwas übt, da sich viel von ihm auf unser feineres Schneiden übertragen läßt. Speziell kann man am Brote bequem den schädlichen Einfluß des Absetzens und Wiederbeginnens beim Schneiden sehen, da alsdann die Furchen und Streifen auf der Schnittfläche sehr deutlich hervortreten.

Man darf namentlich im Anfange nicht erwarten, gleich einen Schnitt zu erhalten, der die ganze Fläche des gewiß nicht großen Markes gleichmäßig dünn getroffen hat. Das ist gar nicht so leicht, wie es aussieht. Natürlich wird, wenn man nur ein Stück der Fläche abgetrennt hat, der nächste Schnitt ebensowenig gut werden, denn das Mark hatte ja keine ebene Oberfläche mehr gehabt. Also muß man den zweiten Schnitt wegwerfen und den dritten besser zu machen suchen. Man merkt aber schon bald, daß die wirklich feinen Schnitte fast immer nur einen Teil des Markes betreffen, kann auch, da dieses gleichmäßig gebaut ist, damit auskommen und mag den Schnitt, der die ganze Fläche zeigen soll, nicht so gar dünn machen, um ihn sicher überall gleich dick zu haben. Auch macht man oft absichtlich sog. Keilschnitte, die grob anfangen und so dünn auslaufen, daß sie hier nur eine einzige Zellschicht treffen und so auf dieser kurzen Strecke die Feinheiten zeigen, die man selbst auf dem dünnsten gleichmäßigen Schnitte nicht sehen könnte. Auch solche Schnitte sollte man eigens einüben; man braucht dazu nur die Klinge ein klein wenig mit der Schneide aufwärts zu halten. Unabsichtlich erhält man sie leider nur zu oft.

Was geschieht nun mit den Schnitten, die man bisher gemacht hatte? Je dünner sie sind, desto leichter fliegen sie weg, und man darf von Glück sagen, wenn man sie noch alle beisammen hat. Einige bringt man auf ein Tragglas in einen Tropfen Terpineol, andere studiert man direkt noch in Luft, natürlich diese erst recht unter einem Deckglase. Außer diesen Querschnitten — d. h. quer zur Längsrichtung des Markstückes — kann man einige anfertigen, die längs verlaufen, aber man stößt da gleich auf eine Schwierigkeit: das Mark läßt sich nun nicht mehr so bequem zwischen den Fingern halten! Man muß da erst mit einem gewöhnlichen Messer vom Marke ein Stück abschneiden, so kurz, daß man es in der ursprünglichen Längsrichtung mit dem Rasiermesser in einem Zuge durchfahren kann; dieses versucht man dann so zu halten, daß man sich nicht selber verletzt. Mit einigem Geschicke geht das, sonst kann man eine Präpariernadel unterhalb der Mittelebene durch das Stück schieben und den Nadelstiel zwischen Daumen und Zeigefinger der Linken nehmen, um so das Stück besser zu fassen. Das eigentliche Schneiden bleibt sich gleich, nur muß man schon viel vor der Mitte des Stückes aufhören, weil man es dann nicht mehr fest genug halten kann; überdies genügen für unsern Zweck einige Schnitte vollkommen. Diese, die sog. Längsschnitte, legt man neben die Querschnitte und vergleicht sie miteinander, um sich über die Unterschiede in Größe und Form der Zellen klar zu werden.

Ein anderes, schon etwas schwierigeres Objekt ist ein Kork. Man suche sich aber ja einen kleinen. wirklich guten aus, sonst erlebt man nur zu leicht und bald die Freude, im Messer Scharten zu haben. Daher schneidet man zuvor mit einem Taschenmesser eine glatte Schnittfläche zurecht und gleichzeitig alle schlechten Stellen heraus, so daß man eventuell auf einen ganzen Querschnitt verzichten muß, wenn man nicht gerade einen Kork von auserlesener Güte erwischt hat. Sonst bietet dieses Objekt nichts Neues.

Zur Not könnte man noch einen Schnitt, am besten einen längsgerichteten, durch ein Zündholz riskieren, aber das rasche Ende wäre wohl ein stumpfes Messer. Da geht man lieber gleich zum Schneiden unter Flüssigkeiten über. Weiche Objekte nämlich, die sich beim Durchfahren der Klinge, selbst der schärfsten, zusammenschieben würden, muß man naß schneiden, damit sie auf der Klinge gleiten können, sonst leistet der bereits geschnittene Teil dem Vorrücken der Klinge im Objekte Widerstand, und die Zellen oder anderen feineren Bestandteile werden gequetscht, auch anderswie beschädigt. Man befeuchtet also die Klinge vor dem Schneiden tüchtig mit Wasser oder Alkohol, muß dann freilich die Veränderungen in den Kauf nehmen, die von diesen Flüssigkeiten in den Geweben des Objektes verursacht werden. Natürlich ist das einfach, wenn man dieses vorrätig in Alkohol liegen hat und nur herausholt, um es zu schneiden, oder in Formol aufbewahrt und vor dem Schneiden, um die Augen nicht unnötig den Dünsten auszusetzen, erst in Wasser gründlich ausgewaschen hat; dann ist der Alkohol unschädlich und dem Wasser vorzuziehen, da er die Klinge viel leichter und egaler benetzt, als dieses es tut. Angenehm ist aber das nasse Schneiden nicht, weil die Flüssigkeit gern vom Messer auf das Objekt übergeht und von da herabträufelt, so daß man sie alle Augenblicke neu mit Pinsel oder Pipette auf das Messer geben muß. Ein gutes Objekt zur Übung bildet ein Stückchen Schweizerkäse, das man sich vorher dicht unter der Rinde in der richtigen Größe zurechtgeschnitten hat und nun wie ein Stück Holundermark behandelt. Auch der Käse erlaubt zur Not, einen ziemlich dünnen Schnitt trocken anzufertigen, aber unvergleichlich dünner wird er doch bei Benutzung von Alkohol. Die fertigen Schnitte nimmt man mit dem nassen Pinsel von der Klinge fort und gibt sie in ein geeignetes Gefäß — eine Uhrschale z. B. — oder spült sie mit einem neuen Quantum Flüssigkeit aus der Pipette vom Messer herunter in das Gefäß oder, falls es nur wenige sind, direkt auf ein Tragglas. Jedenfalls darf man mit den Hilfswerkzeugen die Schneide ja nicht berühren und muß das Messer noch sorgfältiger als beim Trockenschneiden gleich nach dem Gebrauche abputzen. Auch darf man es dann nicht sofort ganz zwischen die beiden Blätter der Schale einschlagen, sondern muß es noch etwas an der Luft liegen lassen, damit es gewiß trocken wird.

Als weiteres Objekt diene eine frische Zitrone; von ihr versuche man mit dem Rasiermesser einen Höcker zu schneiden, der besonders weit vorragt, so daß die Schnitte nicht zu groß werden. Wir haben schon (s. S. 21) darauf hingewiesen, wie deutlich sich das Öl darin mit Sudan (in Chloralhydrat gelöst) färben läßt, können das Objekt auch wegen seiner anderen Bestandteile empfehlen. Ein Stück einer höchst sorgfältig gewaschenen Kartoffel ist ebenfalls brauchbar; man hält sich auch hier an die Rinde und die Schicht unmittelbar darunter. Ferner lassen sich Flachschnitte, die vorzugsweise die Rinde treffen, ohne viele Mühe gewinnen und hinterher mit Jodlösung auf die Stärke sowie auf die Korkzellen der Schale untersuchen. Man bedient sich in all diesen Fällen beim Schneiden am besten des Alkohols und bringt die Schnitte, um sie gründlich zu fixieren, weiter in ganz starken Alkohol und von da entweder gleich ins definitive Medium oder erst in eine Färblösung, wie das später ausführlich beschrieben werden soll.

Bisher haben wir nur mit solchen Objekten zu tun gehabt, die sich einigermaßen gut zwischen den Fingern halten ließen. Hat man aber kleinere vor sich, die dies nicht gestatten, so muß man anders verfahren. Am einfachsten klemmt man sie zwischen Holundermark: man macht in dieses einen Spalt von der nötigen Länge, schiebt das Objekt hinein und schneidet nun, indem man den Spalt zudrückt, das Mark samt dem Objekte darin. Natürlich darf man dieses nicht geradezu zerdrücken, muß also eventuell eine kleine Höhle im Marke machen, worin das Objekt genau Platz hat. Jedoch darf es auch nicht zu locker sitzen, sonst verschiebt es sich beim Schneiden und liefert keine gut orientierten Schnitte. Auch sonst kann man manchen Kunstgriff anwenden oder sogar erst erfinden. Will man z. B. durch einen breiten Grashalm Querschnitte machen, so faltet man ein Stück davon, das die richtige Länge hat, aber aus dem Spalte im Marke seitlich vorragen würde, mehrere Male zusammen und gewinnt so ein schmales, dickes Objekt, das sich leichter schneidet; die Schnitte rollen sich dann im Alkohol wieder auseinander. Sollte der Spalt für das Objekt zu eng sein, so daß es leiden würde, so löst man durch einen Längs- und einen Querschnitt mit einem feinen Messer ein Stück Mark ganz ab und legt es, nachdem man das Objekt auf die Schnittfläche gebracht hat, wieder genau auf, muß es aber nun sehr viel fester halten; man mag es dabei mit einer kleinen Stecknadel auf dem großen Markstücke anspießen, so daß man es nicht so zu drücken braucht.

Will man Haare quer oder längs schneiden, so klebt man mehrere zusammen, genau nebeneinander gelegt, in einem derartigen Ausschnitte des Markes fest, kittet das kleine Stück Mark wieder darauf und kann nun ruhig schneiden. Als Klebstoff könnte man Gummi arabicum verwenden, aber dann würde dieses beim Trockenwerden so hart, daß man keine Schnitte, wohl jedoch Scharten ins Messer bekäme. Wie hilft man sich nun da? Es gibt drei Wege, die alle, je nach Umständen mal der eine, mal ein anderer besser, zum Ziele führen. Auf dem ersten benutzt man als Kitt eine 1proz. Lösung von Celloidin oder gewöhnliches, eventuell mit Äther dünner gemachtes Collodium; hiermit übergießt man die Haare, die man auf einem Tragglase sorgfältig nebeneinandergelegt hat, und läßt sie trocknen; bringt man dann das Tragglas in Wasser, so löst sich die ganze Schicht leicht ab und kann ohne weiteres in den Spalt im Marke eingeklemmt werden. Die Haare schneiden sich gut — das Messer benetzt man mit 60proz. Alkohol — und liefern neben vielen Schrägschnitten auch manche genau quere; diese bringt man noch im Celloidin auf ein Tragglas, am einfachsten in Glycerin.

Der zweite Weg hat mit dem dritten das gemein, daß man sich doch des arabischen Gummis bedient, es aber in einen Zustand versetzt, der es gut schneidbar macht. Auf beiden Wegen gelangen wir nebenbei unmerklich zur Kunst des Einbettens, die beim Schneiden mit Maschinen eine überaus wichtige Rolle spielt und dort näher besprochen werden soll. Hier sei nur das Einbetten in Gummi geschildert.

Sind Haare oder andere Objekte zu schneiden, die sich voraussichtlich beim Einlegen in eine ganz dicke Lösung des Gummis nicht zu ihrem Nachteile verändern, also nicht schrumpfen oder geradezu zusammenfallen, so ist die Prozedur sehr einfach. Sollte das doch der Fall sein, so muß man sie erst in eine sehr dünne Lösung legen und diese sich an der Luft langsam eindicken lassen, natürlich gegen Staub geschützt. Nun nimmt man einen Kork, den man bequem zwischen den Fingern halten kann, und bringt auf die kleinere seiner beiden ebenen Flächen einen Tropfen des dicken Gummis. In diesem legt man die zu schneidenden, eventuell bereits durchtränkten Objekte — sagen wir die Haare — so zurecht, daß sie die gewünschten Schnitte liefern können, und beläßt den Kork an der Luft so lange, bis das Gummi außen gerade hart zu werden beginnt. Dann versenkt man ihn in einen Tubus voll 80proz. Alkohols; man mag ihn darauf schwimmen lassen, mit dem Gummi nach unten. Dieses wird darin so hart, daß es sich gut schneiden läßt, aber man hat sich genau an die angegebene Stärke des Alkohols zu halten. Unterbricht man das Schneiden, so muß der Kork sofort in den Tubus mit Alkohol zurück, damit das Gummi ja nicht ganz austrocknet. Daß es beim Schneiden aus der Luft Wasser anziehe und so zu weich werde, ist weniger zu befürchten, aber man versäume es nicht, Klinge und Kork stets mit dem vorgeschriebenen Alkohol zu benetzen.

Ein sehr passendes Objekt für diese Art des Einbettens und Schneidens bildet der gewöhnliche Badeschwamm, besonders wenn er durch langen Gebrauch recht weich geworden ist. Ein Stückchen davon durchtränkt man mit dem Gummischleim und bringt es auf den Kork, dem man dazu vielleicht erst eine größere Fläche anschneiden muß; vorher umwickelt man ihn, damit das Gummi nicht abläuft, mit einem Streifchen Papier und befestigt dieses am Korke mit einer Nadel; so erhält man eine Art von Zelle, worin neben dem Schwamme vielleicht andere Objekte Platz finden, die gleichzeitig geschnitten werden sollen. Das Gummi erstarrt in der Zelle leider nicht so rasch, wie wenn es an den Seiten frei wäre, aber dafür ist nun der ganze Schwamm von ihm umhüllt. Auch das Hartwerden im Alkohol kostet jetzt viel mehr Zeit. Die Schnitte noch im Gummi mag man direkt in Terpineol bringen, das sie gerade hell genug macht; oder man legt sie in viel Wasser, um das Gummi gründlich auszuwaschen, und schafft sie dann in Karmalaun. Dieses färbt das Spongingerüst. Nach gutem Waschen mit Wasser kann man das Präparat durch Alkohol in Euparal überführen.

Bei der dritten Methode endlich erhält das Gummi von vornherein einen Zusatz, der es schneidbar macht, nämlich Glyzerin. Auf etwa 4 Raumteile einer ganz dicken, kaum noch flüssigen Lösung des Gummis gehört 1 Teil Glyzerin, aber man muß das ausprobieren und eventuell etwas mehr Gummi zusetzen. Dieses Gemisch soll an der Luft just die richtige Härte erlangen. Das dauert bei einer dicken Schicht und feuchtem Wetter oft mehrere Tage. Die Masse und die Objekte (z. B. Fäden von farbiger Wolle und Baumwolle) darin bringt man auf einen Kork: entweder oben darauf, wie bisher, oder auf eine Fläche, die man senkrecht dazu angeschnitten hatte, je nachdem wie sich das Objekt für die gewünschte Schnittrichtung am besten lagern läßt. Man befeuchtet das Messer beim Schneiden mit 90proz. Alkohol und legt die Schnitte direkt in Terpineol.

Wie uns schon bald klar werden soll, sind alle soeben besprochenen Arten der Einbettung im Vergleiche mit der nun zu erörternden doch reichlich primitiv. Wir verweilen daher nicht länger dabei, sondern schildern um so ausführlicher die besonders für tierische Objekte empfehlenswerte Methode der

Einbettung in Paraffin.

Denn bei dieser lassen sich hinterher zum Schneiden Maschinen verwenden, die natürlich viel genauer arbeiten können, als man es aus freier Hand vermag. Da aber sowohl das Einbetten als auch die Vorbereitungen zum eigentlichen Schneiden viel Zeit kosten, so sei dem Anfänger die Hauptregel dringend ans Herz gelegt: er mache zuerst von seinem Objekte mit dem Rasiermesser einen oder mehrere Probeschnitte, färbe sie, wenn nötig, und studiere sie mit dem Mikroskope, um so zu ermitteln, ob es sich lohnt, die Schneidemaschine überhaupt in Tätigkeit zu setzen. Allerdings lassen sich leider manchmal solche Probeschnitte nicht machen, und dann kann es vorkommen, daß man erst am Ende der ganzen Operation merkt, man habe sich unnötig bemüht.

Dem Schneiden mit der Maschine oder, wie es allgemein heißt, dem Mikrotome muß das Einbetten des Objektes in eine Substanz vorhergehen, die es von allen Seiten umgibt und es in der Maschine so fest hält, daß das Messer es nicht umkippen kann, sondern glatt in der gewünschten Richtung durchfährt. Besonders geeignet ist hierzu das Paraffin, während Wachs und ähnliche Stoffe weniger angewandt werden. Man kann zwar auch in Celloidin oder Collodium einbetten, aber das ist so umständlich, daß der Anfänger besser daran tut, sich auf diese Technik vorerst nicht einzulassen und lieber sich in der mit Paraffin gründlich auszubilden. Vom Paraffin nun gibt es mehrere Sorten, die sich aber nur durch ihren Schmelzpunkt unterscheiden. Und hier gilt der gut begründete Satz: je größer das Objekt, das man schneiden, und je dünner die Schnitte, die man haben will, desto härter muß das Paraffin sein. Man kommt jedoch in der Praxis mit zwei Sorten aus: einer sehr harten, die bei etwa 60° C, und einer weichen, die bei etwa 45° C schmilzt. Aus beiden kann man sich durch Mischen alle beliebigen Grade der Härte leicht herstellen, muß sich aber dies selber ausprobieren.

Das Paraffin hat die sehr angenehme Eigenschaft, nicht gleich dem Wachse klebrig zu sein, haftet also nicht am Messer oder höchstens so wenig, daß sich auch der dünnste Schnitt unbeschädigt davon abnehmen läßt. Auch dringt es, da es in der Wärme ziemlich dünnflüssig wird, relativ leicht und rasch in die Gewebe ein. Eindringen aber soll es und darf nicht etwa nur an der Oberfläche bleiben. Als man vor nunmehr einem halben Jahrhundert begann, es zum Schneiden zu benutzen, war noch kein Gedanke an die Mikrotome, und man nahm da, um kleine und runde Körper (Hanfsamen usw.) zu halten, die sich in Holundermark nicht fest genug einklemmen ließen, einfach ein großes Stück Paraffin, machte oben eine kleine Höhlung hinein und schmolz darin den Samen mit einer heißen Nadel fest. Es lohnt sich, dies auch jetzt noch zu probieren, beispielsweise an Linsen: man sieht da gleich, daß sich der Samen mit dem Rasiermesser zwar einigermaßen gut schneidet, aber nur bis höchstens zur Hälfte seiner Dicke, denn sowie diese überschritten wird, springt das Korn unweigerlich aus seiner Höhle heraus, da es ja nur lose vom Paraffin umgeben, nicht aber richtig darin eingebettet ist. Denn alle Lücken im Gewebe müssen, wenn die Einbettung nach den Regeln der Kunst gelungen ist und so ihren Zweck erfüllt, voll Paraffin stecken, und sogar in die Zellen soll es eingedrungen sein. Dies gerät freilich bei manchen Objekten nur unvollkommen, da mitunter die Zellwände nicht recht durchlässig für Paraffin sind, oder wohl ein ganzes Organ von einer schwer durchdringlichen Haut bekleidet ist; indessen sind das nur Ausnahmen, und jedenfalls muß man es versuchen, die Einbettung so exakt wie möglich zu betreiben. Nur ist sie durchaus nicht einfach und erfordert ein gut Teil Übung, auch etwas Nachdenken.

Das Paraffin löst sich weder in Wasser noch auch nennenswert in Alkohol. Will man also, daß es in die Hohlräume des Gewebes eindringt und sie ausfüllt, so muß man zunächst alles Wasser aus dem Objekte durch Alkohol verdrängen und diesen wiederum durch eine Flüssigkeit, die sich einerseits mit ihm, andererseits mit dem Paraffin gut verträgt. Solcher Stoffe oder Intermedien — s. auch S. 61 — gibt es nicht wenige. Wir wählen aus der ganzen Schar das Benzol — ja nicht zu verwechseln mit dem Benzin oder Petroläther — aus als den Stoff, der sehr rasch und ohne Rückstand verdunstet und in der Wärme sehr viel Paraffin löst. Nur ist es leicht entzündlich, man muß also vorsichtig mit ihm umgehen; ferner verträgt es keine Spur Wasser, mithin muß man die Objekte ganz sorgfältig entwässert haben, bevor man sie ins Benzol bringt. Im einzelnen gestaltet sich nun der Gang der Operationen, wie folgt.

Als Objekt diene uns ein Stückchen Leber (eines beliebigen Wirbeltieres) von etwa 5 mm Seitenlänge. Am besten färben wir es vorher mit Karmalaun und lassen es darauf den bekannten Weg (s. S. 131) durch Alaunlösung, Wasser und schwachen Alkohol bis zum absoluten Alkohol zurücklegen. Nun gibt man zu dem Objekte, das in seinem Tubus steckt, ein wenig Benzol und schüttelt gut um, damit dieses sich mit dem Alkohol mischt. Bemerkt man dabei eine Trübung, die nicht gleich wieder schwindet, so ist das ein Zeichen davon, daß der Alkohol nicht ganz wasserfrei war, und man hat dann nochmals mit dem absoluten zu operieren, so lange, bis man wirklich jede Spur von Wasser los ist. Mischt sich dagegen das Benzol klar, so gießt man eine tüchtige Portion des Gemenges fort und ersetzt sie gleich durch frisches Benzol. In dem Maße, wie dieses zu-, der Alkohol abnimmt, wird das Objekt heller. Nach mehrmaliger Zugabe von Benzol wird ein Punkt erreicht, wo ein weiterer Zusatz überflüssig wäre. Man kann jetzt, da das Objekt durchsichtig geworden ist, es im ganzen oder nur seine wichtigen Teile rasch skizzieren[1]) oder sich wenigstens Notizen von dem machen, was es noch unzerschnitten bei der Betrachtung mit einer schwachen Linse zeigt.

Einerlei ob man erst die Skizze entwirft oder nicht, jedenfalls tut man jetzt einen Schritt weiter, indem man zum Objekte, das in seinem Tubus mitten im Benzol steckt, etwas Paraffin in Gestalt von Brocken gibt, die man vom Vorrate mit einem Messer abschabt. Diese lösen sich schon bald; man gibt noch mehr hinzu und läßt das Ganze über Nacht bei gewöhnlicher Temperatur stehen, damit sich eine gesättigte Lösung von Paraffin in Benzol bilden und zugleich in das Gewebe eindringen kann. Erst am nächsten Morgen schreitet man zur Erwärmung dieses Gemisches: man bringt den Tubus, nachdem man den Kork abgenommen hat, auf die Wärmplatte. Ehe wir ihn aber hier weiter verfolgen, müssen wir uns mit der Vorrichtung beschäftigen, die zum Schmelzen des Paraffins und seinem Warmhalten viele Stunden lang bei bestimmter Temperatur dient. In der Regel ist das ein Wasserbad, das man auch als Thermostat bezeichnet, weil daran ein Mechanismus angebracht ist, der uns für die richtige Wärme in der ganzen Zeit bürgt.

Es gibt solcher Bäder eine ganze Menge, von den einfachsten bis zu den großen und sehr komplizierten. Aber sogar die billigsten kosten eine nicht unerhebliche Summe, so daß man dem Anfänger, der ja nicht oft einzubetten hat, nur raten kann, sich zunächst keins anzuschaffen, sondern sich mit einer Wärmplatte zu behelfen, die zur Not ausreicht. Diese (Fig. 16) besteht aus einer viereckigen, etwa 35 cm langen und 15 cm breiten Platte aus Messing oder Zinkblech, die so dick sein muß, daß sie sich auch in der

---

[1]) Besonders wenn man beabsichtigt, viele Schnitte hintereinander durch ein nicht gleichmäßig gebautes Objekt (z. B. einen Wurm) zu machen, ist es vorteilhaft, sich eine rohe Zeichnung des ganzen Tieres anzufertigen, denn nachher kann man das nicht mehr, da es im Paraffin seine Transparenz wieder einbüßt. Allerdings darf man dabei nicht vergessen, daß das Benzol sehr flüchtig ist, also leicht das Objekt nicht mehr ganz bedeckt; auch darf man beim Zeichnen nicht darauf hauchen, sondern muß das Glasschälchen, worin man jenes aus dem Tubus gebracht hatte, gut mit einem geeigneten Deckglase verschlossen halten.

Wärme bei ungleichmäßiger Belastung nicht verzieht, sondern hübsch eben bleibt. Sie ruht auf drei Füßen, deren Höhe — in der Regel genügen 15 cm — sich nach der Wärmequelle richtet, die man zur Verfügung hat. Ist diese ein gewöhnlicher Bunsenscher Brenner, so legt man unter die Füße je einen Ziegel, aber es gibt auch Brenner, die ganz niedrig und für diesen Fall besser sind. Eine kleine Spirituslampe (a) gibt ebenfalls genug Wärme, nur darf bei ihr der Docht nicht aus der Tülle herausragen, sonst heizt sie unnötig stark. Zur Platte gehört ferner ein ganz einfaches Wasserbad (b), das ein jeder Klempner aus dickem Zinkblech leicht anfertigen kann.

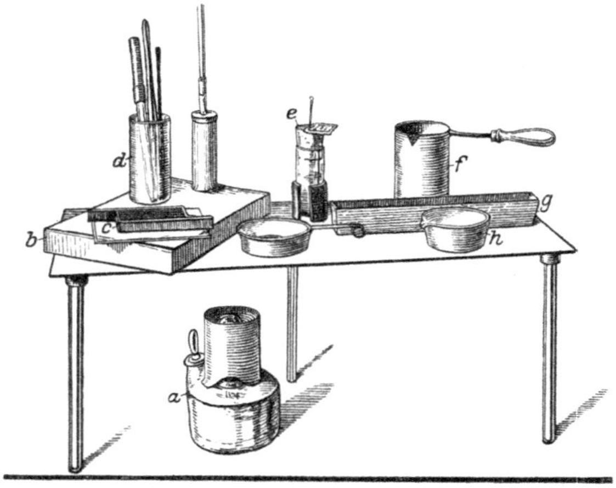

Fig. 16.

Es sei 15 cm lang, 10 cm breit und nur 2 cm hoch. An der einen Schmalseite ragt ein Blechrohr, etwa 3 cm hoch und 2 cm weit, hervor; es dient zum Einfüllen des Wassers und als Steigrohr bei der Erwärmung; den Kork darf man aber beim Gebrauche nur lose darauf setzen oder muß, wie in der Figur, ein oben offenes Glasrohr hindurch führen. Das Wasserbad läßt sich, da es so klein ist, auf der Wärmplatte überall hinschieben, nimmt auch deren Temperatur bei seiner geringen Wassermenge sehr rasch an.

Den Vorrat an Paraffin bringt man in einem oder mehreren kleinen Gefäßen aus Blech oder Aluminium unter, die man sich wohl kaum eigens machen zu lassen braucht, da man sie in den Läden für Kinderspielzeug findet; sie sollten aber eine Schnauze und einen Griff haben, womöglich auch einen Deckel. Man stellt das größte (f) auf die heiße Platte und läßt das Paraffin in ihm mal erst gründlich schmelzen und lange flüssig bleiben, damit es sich ordentlich klärt. Dann gießt man es klar in Papierkästchen (s. S. 100) ab und gebraucht zum Einbetten nur dieses gereinigte Paraffin, damit sich später beim Schneiden nicht irgendwelcher Schmutz unangenehm bemerklich macht (s. auch S. 109). Besonders gut ist es, wenn man sich ein kleines rechteckiges Blechgefäß (g) extra machen läßt, etwa 2 cm hoch und ebenso breit, aber wenigstens 10 cm lang. Stellt man es auf die Platte so, daß das eine schmale Ende der Heizquelle nahe kommt, so schmilzt das Paraffin natürlich zuerst nur dort, und so hat man eine Art von Thermometer, das anzeigt, in welche Querzone der Platte man das Gefäß mit dem Objekte bringen muß, wenn das Paraffin darin gerade geschmolzen bleiben soll. Oder man legt einige Traggläser mit je einer winzigen Menge Paraffin auf verschiedene Stellen der Platte und richtet sich danach. Übrigens lernt man das sehr bald schon mit der Fingerspitze ziemlich genau abschätzen, kann also ein echtes Thermometer wohl entbehren. Vorausgesetzt wird allerdings dabei, daß die Temperatur einigermaßen dieselbe bleibt, und das tut sie auch, wenn im Zimmer kein Zug herrscht, und der Gasdruck nicht schwankt, was ja den größten Teil des Tages über der Fall ist. Eventuell bringt man um die Flamme einen Mantel aus Blech oder dgl. an.

Ist einmal die Platte angeheizt, so wird nur wenig Wärme nötig, um sie gleichmäßig warm zu halten. Man kommt dann oft mit einem Nachtlichte oder zweien aus, die man an die Stelle der Gaslampe treten läßt. Natürlich muß man bei unserem immerhin primitiven Apparate doch von Zeit zu Zeit nachsehen, ob noch alles in Ordnung ist, und kann ihn nicht auch in der Nacht sich selbst überlassen, während ein richtiger Thermostat, einmal ordentlich in Gang gebracht, monatelang fast ohne Aufsicht bleiben darf.

Um die Tuben (e), in denen man das Benzol mit Paraffin sättigt, auf der Platte bequem senkrecht stellen zu können, steckt man sie mit der Basis in ein kurzes Stück Bleirohr von der richtigen Weite, das man auch der Länge nach aufschneiden mag, um es eventuell etwas auseinander zu biegen und so zu erweitern. Die Tuben haben am besten einen runden Boden, weil sich in ihnen dann kleine Objekte nicht leicht festsetzen, sie selber auch besser gereinigt werden können. Man sollte sie nicht auch für andere Flüssigkeiten gebrauchen, da die letzten Spuren des Paraffins nur schlecht herausgehen.

Das kleine Wasserbad läßt man in der Regel so heiß werden, daß darauf das Paraffin gerade geschmolzen bleibt; man hat so den Vorteil einer relativ geräumigen Fläche mit gleichmäßiger Wärme, kann also mehrere Gefäße mit Objekten darin zugleich behandeln. Im übrigen lernt man die Eigentümlichkeiten des ganzen Apparates besser durch die Praxis als aus einer noch so langen Beschreibung kennen.

Wir kehren nun zum Tubus mit dem Objekte und dem Gemische von Benzol und Paraffin zurück. Er wird ohne Kork auf das kältere Ende der Wärmplatte gebracht und erst, wenn das Paraffin in ihm ganz geschmolzen ist, der Flamme allmählich näher gerückt; zugleich fügt man dann und wann etwas Paraffin hinzu, und wenn dieses sich nicht recht mehr lösen will, so schafft man den ganzen Inhalt des Tubus in eine niedrige Schale mit flachem Boden, am besten aus Porzellan (h), damit das Objekt gut sichtbar wird. Jetzt trägt man erst recht dafür Sorge, daß dieses stets von der Flüssigkeit bedeckt bleibt, da nun das Benzol rasch verdunstet. Merkt man dann mit der Nase im Schälchen kein Benzol[1]) mehr, so gießt man das Paraffin vom Objekte ab und sofort geschmolzenes reines aus dem Vorrate hinzu; oder man überträgt[2]) das Objekt in ein anderes Schälchen mit solchem Paraffin und läßt es hierin noch eine Weile stehen, damit jede Spur des Benzols sicher fort ist. Denn nur ganz reines Paraffin[3]) schneidet sich gut, während es bei Gegenwart von Benzol oder anderen Lösungsmitteln brüchig bleibt und bröcklige Schnitte liefert. Zuletzt bringt man das Objekt samt dem Paraffin in den Behälter, in dem es erkalten soll. Man könnte es zwar im Schälchen erstarren lassen und hinterher mit einem Messerchen vorsichtig herauslösen, würde aber damit meist einige Schwierigkeit haben und doch zu keinem guten Resultate gelangen.

Mit dem Einbetten, wie wir es soeben geschildert haben, ist auch bei dem ganz sorgfältig fixierten und gehärteten Objekte eine Schrumpfung unvermeidlich verbunden; und es lohnt sich hier wohl, selber zu erproben, wie stark sie im einzelnen Falle gewesen ist. Man sollte daher das Stück Leber, von dem wir ausgingen, so zuschneiden, daß wenigstens eine Kante eine scharf begrenzte Linie bildet, und diese noch im starken Alkohol so genau wie möglich messen oder auf einem darüber gelegten Tragglase mit Tinte abzeichnen. Dasselbe sollte man tun, wenn das Stück mit Benzol ganz durchtränkt und durchsichtig geworden ist. Man wird noch kaum eine Verkleinerung bemerken, wohl auch nicht, solange man es noch im Tubus voll Benzol plus Paraffin hat. Erst die Erwärmung wirkt schädlich, besonders wenn man sie zu rasch vornimmt und wohl gar höher treibt als nötig. Bei dichten Geweben darf die Schrumpfung unbedenklich 10% betragen, natürlich vorausgesetzt, daß sie gleichmäßig erfolgt, daß also ein Würfel von Leber auch ein Würfel geblieben ist, wenn er im definitiven Paraffin liegt. Zeigt es sich dagegen, daß doch eine Verzerrung

[1]) Oder man taucht einen Spatel in das Paraffin und hält ihn dann vorsichtig über die Flamme: sieht man Gasblasen im schmelzenden Paraffin aufsteigen, so ist noch Benzol vorhanden, das sich ebenfalls durch den Geruch verrät.

[2]) Es versteht sich von selbst, daß Spatel, Pinzette, Nadeln und Pipette für diese Zwecke auf der Platte oder dem Wasserbade warm gehalten (Fig. 16d) und eventuell sogar in der Flamme noch etwas höher temperiert werden müssen. Sonst klebt das Objekt auf oder in ihnen sofort fest.

[3]) Schmutzig darf es natürlich auch nicht sein, daher suche man während des Einbettens allen Staub ferne zu halten!

der äußeren Form eingetreten ist, so hat es keinen Zweck, das Objekt weiter zu behandeln, sondern man mag es lieber gleich wegwerfen oder es höchstens schneiden, um über die Art der Schrumpfung ins Klare zu kommen. Weiche Gewebe, namentlich wenn sie mit unnachgiebigen im selben Objekte abwechseln, neigen mehr zur Verkleinerung des Ganzen sowohl als auch der einzelnen Zellen.

Man mag, um die erwähnte Wirkung des heißen Paraffins auf die Gewebe noch deutlicher zu sehen, mit dem Rasiermesser von dem anderen Stücke der Leber, das an das eingebettete grenzt, den ersten Schnitt machen, der also dem ersten in Paraffin zu machenden unmittelbar vorhergeht, und ihn wie gewöhnlich in ein Harz bringen; so kann man auch ihn zum Vergleiche heranziehen. Solche Messungen lohnen sich, da sie eine Fehlerquelle aufdecken und richtig schätzen lehren.

Natürlich kann man zugleich mit dem einen Stücke Leber mehrere einbetten, entweder in demselben Tubus und Schälchen, wenn Platz genug vorhanden ist, oder in mehreren Gefäßen, so daß man die Wärmplatte gut ausnutzt und relativ weniger Mühe damit hat. Nur darf man dabei die Objekte nicht miteinander verwechseln, sondern muß die Tuben stets sorgsam signieren. Am einfachsten schreibt man auf je einen kleinen Zettel mit Bleistift die nötigsten Notizen, steckt ihn auf dem Korke mit einer Nadel fest (Fig. 16e) und legt ihn beim Übertragen des Objektes in das Schälchen mit ein. Das ist natürlich nicht ratsam, wenn ganz kleine Objekte einzubetten sind, die vom Papier beschädigt oder wenigstens bedeckt würden, und dann muß man um so genauer die Zettelchen dicht bei ihren Schälchen unterbringen, um allen Verwechselungen vorzubeugen. Übrigens schreitet man zum Einbetten so kleiner Dinge erst dann mit einiger Aussicht auf Erfolg, wenn man bereits mit leichteren Objekten Erfahrungen genug gesammelt hat. Wir kommen hierauf bald — s. S. 101 — zurück und bleiben vorerst bei der Leber stehen, die wir ja noch in den Behälter bringen müssen, worin sie nebst dem Paraffin erkalten soll.

Als Behälter kann zur Not ein Uhrglas dienen, das tief genug ist, damit das Objekt darin vom Paraffin reichlich bedeckt wird und nirgend daraus hervorragt. Ein rundes Glas- oder Porzellanschälchen tut es ebenfalls, nur sollte es oben etwas weiter sein als unten, da sonst der Paraffinblock — in diesem Falle ein niedriges Stück eines Kegels — nicht leicht herausgehen würde. Damit das Paraffin im Behälter nicht zu fest haftet, verreibt man an Boden und Wänden des Näpfchens eine ganz geringe Menge Glyzerin mit dem Finger. Man nehme aber ja nur recht wenig! Nun darf man das Paraffin nebst dem Objekte in den Behälter gießen, den man eventuell vorher ganz leicht anwärmt, so daß jenes nicht sofort darin erstarrt. Denn man muß ja das Objekt noch mit einer warmen Nadel zurechtlegen, falls es etwa auf die unrechte Seite gefallen wäre, und das darf man nie mehr zu tun versuchen, wenn das Paraffin bereits im Erstarren ist, weil dann das Objekt gewöhnlich beschädigt wird. Man läßt nun jenes sich so weit abkühlen, bis es oben eine Haut bekommt, kann das durch sanftes Blasen darauf beschleunigen und, falls man ein Uhrglas genommen hatte, dies in einer Schale voll kalten Wassers schwimmen lassen. Sobald sich die Haut gebildet hat, versenkt man das Schälchen oder Uhrglas auf einmal unter den Wasserspiegel, aber ja nicht schräg, denn alsdann könnte die noch dünne Haut an einer noch nicht eingetauchten Stelle platzen, so daß flüssiges Paraffin aus- und dafür Wasser eintreten würde, der Block also nicht mehr gleichmäßig ausfiele. Nach etwa $1/2$ Stunde — in kleinen Uhrgläsern rascher — ist das Paraffin ganz hart geworden und geht in der Regel leicht aus dem Behälter heraus. Man schmilzt dann an einer Ecke weit vom Objekte den Zettel mit den Notizen fest; nicht ratsam ist es, ihn mit einer Kante auf das noch flüssige Paraffin so zu legen, daß er beim Erstarren haften bleibt. Den fertigen Block legt man bis zum Schneiden beiseite.

Oft ist es wichtig, das Objekt im flüssigen Paraffin so zurecht zu schieben, daß es später im Blocke eine bestimmte Lage einnimmt. Denn das erstarrte Paraffin ist nicht mehr so durchsichtig, daß man noch wie im flüssigen alles erkennen könnte. Will man also z. B. von einem Wurme Querschnitte machen, so legt man ihn der Länge nach parallel zu einer Seite des Behälters — er muß in diesem Falle rechteckig sein — und hat später dann nur genau parallel zu der darauf senkrechten Seite zu schneiden, um wirklich den Wurm quer zu treffen. Hier sind demnach runde Gefäße ausgeschlossen, auch deswegen, weil sie in der Regel keinen ganz ebenen Boden haben; die vorhin erwähnten Uhrschalen sind ein Notbehelf, der allenfalls bei kleinen Objekten erlaubt ist, wo es auf die exakte Schnittrichtung nicht ankommt. Zur Herstellung solcher rechteckiger Behälter läßt man vom Klempner zwei Messingstreifen in der hier ge-

zeichneten Weise umbiegen, wobei die Winkel durchaus nicht scharf zu sein brauchen, wenn nur die Richtung aller vier Schenkel genau ist. Die beiden Streifen — sie seien vor dem Biegen etwa 10 cm lang und 7 mm hoch — legt man auf einer ebenen Glasplatte, z. B. einer alten photographischen, so aneinander (Fig. 16 c), daß sie einen Raum begrenzen, der für die Objekte mehr als ausreicht, so daß an allen Seiten reichlich Platz für Paraffin bleibt. Auf der Platte wird vorher ein wenig Glyzerin mit dem Finger verrieben; natürlich muß sie sonst peinlich sauber sein. Nun gießt man das Paraffin mit den Objekten rasch hinein, orientiert diese mit zwei warmen Nadeln nach den Messingstreifen und verfährt im übrigen, wie schon geschildert. Nur muß man beim Anfassen der Bodenplatte und beim Versenken ins kalte Wasser ja nicht die Streifen berühren, damit sie nicht aus der Lage geraten und das Paraffin ausfließen lassen. Daher bedarf man eines recht großen Gefäßes für das kalte Wasser. Am besten übt man sich nur mit Paraffin ohne Objekt darin so lange, bis man mehrere Male hintereinander einen fehlerfreien Block erhalten hat. Ein solcher darf keine ungleichmäßigen Stellen zeigen, besonders keine Risse oder gar weiße Flecken, noch weniger aber Blasen voll Luft oder Wasser enthalten. Man probiert daher einen derartigen blinden Block mit einem Messerchen an allen Stellen, ob er sich gut schneidet, und verwirft ihn, wenn das nicht der Fall ist, geht der Ursache des Fehlers nach und vermeidet diesen beim nächsten Male. Es wäre töricht, wollte man sich mit einem nicht tadellosen Blocke plagen; ein solcher kann höchstens eingeschmolzen werden.

Der besprochene rechtwinklige Behälter zur Aufnahme des flüssigen Paraffins kann auch ohne große Mühe paraffindicht gemacht werden, und das bietet den Vorteil dar, das Objekt aus dem Tubus, worin es noch mit Benzol und Paraffinspänen war, direkt hineinbringen und hier weiter behandeln zu können. Man braucht nämlich nur in den Messingrahmen, während man ihn auf der Glasplatte recht fest hält, leichtflüssiges (etwa ½proz.) Collodium zu gießen, so daß es den Boden und die Seitenwände gut bespült, und dann gleich wieder auszugießen; es bleibt so nach der Verdunstung des Äther-Alkohols eine dünne, aber undurchlässige Schicht festen Collodiums darin. Allerdings darf man hierbei die Messingstreifen nicht verschieben, auch später nicht unsanft berühren. Das Paraffin wird nicht auslaufen, also darf man das Benzol ruhig darin verdunsten lassen, kann die Objekte orientieren und den Block zum Erstarren bringen. Mitunter freilich löst er sich dann nicht so leicht aus dem Behälter los; man reibe daher diesen vor dem Eingießen des Collodiums gut mit Glyzerin ein.

Für sehr große Objekte, die aber dem Anfänger wohl nicht oft in die Hand geraten, empfiehlt sich ein größeres Paar Messingstreifen von etwa 2 cm Höhe und (noch ungebogen) etwa 12 cm

Länge. Kann man sich die Streifen aus irgendeinem Grunde nicht verschaffen, so mag man Papierkapseln von rechteckigem Querschnitte benutzen, die allerdings in der Regel nur einmal dienen können, aber leicht neu gemacht sind. Aus gewöhnlichem, festem Papiere schneidet man ein Rechteck, 100 mm lang und 60 mm breit. Dieses biegt man, wie Fig. 17—19 zeigen, um und gewinnt so ein Kästchen von 60 mm Länge, 30 mm Breite und 15 mm Höhe, das für die meisten Objekte ausreicht. Größere lassen sich leicht anfertigen, kleinere dagegen schwer, aber das ist auch nicht ratsam, da sich in ihnen mit den Nadeln beim Hinlegen der Objekte doch nicht gut arbeiten läßt. Mit

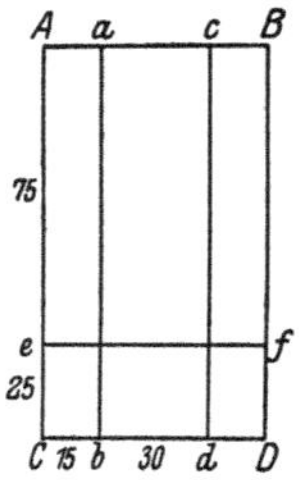

Fig. 17.

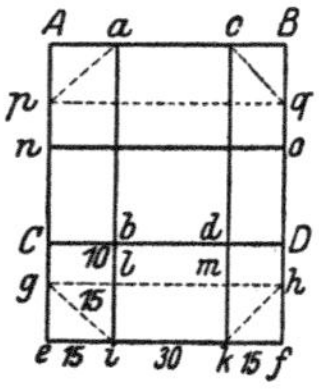

Fig. 18.

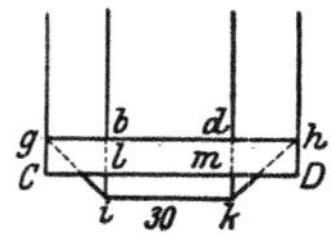

Fig. 19.

Das Stück Papier *ABCD* (Fig. 17) faltet man längs der Linien *ab* und *cd*, klappt die Falten wieder zurück und faltet es längs *ef*. Diese neue Falte läßt man aber bestehen (Fig. 18), schlägt das Dreieck *egi* längs *gi* so um, daß *e* nach *l* zu liegen kommt, verfährt mit dem Dreieck *fhk* ebenso und klappt zuletzt das Stück *CDgh* längs *gh* um (Fig. 19). Nun macht man die nämlichen Operationen am anderen Ende des Papieres, bildet also die Falte *no* (Fig. 18), die Dreiecke *Apa* und *Bqc* usw. Hebt man endlich die Falten *gh* und *pq* in die Höhe und drückt die Ecken *i* und *k* (nebst den entsprechenden am anderen Ende) etwas ein, so ist das Kästchen fertig.

Glyzerin braucht man das Papier nicht einzureiben, da es hinterher ja weggenommen werden kann, so daß das Paraffin gleich frei wird. Im übrigen verfährt man mit diesen Kästchen wie mit den Messingbehältern, mag sie aber zunächst auf dem Wasser schwimmen lassen, ehe man sie untertaucht. Einen Nachteil haben sie doch: sie verziehen sich beim Erstarren des Paraffins leicht etwas und geben so nicht ganz rechteckige Blöcke. Von diesem Fehler sind die Kästchen frei, die man ebenso aus Stanniol macht, falls man es sich in glatten Blättern zu verschaffen weiß.

Ist zu befürchten, daß beim Orientieren der Objekte im flüssigen Paraffin dieses erstarren möchte, so bringt man eine warm gehaltene oder eigens erwärmte dicke Platte von Glas oder Metall unter die Basis des Behälters, damit sich dieser nicht so rasch abkühlt.

Bis jetzt hatten wir uns nur mit der Einbettung von Leber oder ähnlichen ziemlich bequemen Gegenständen beschäftigt. Wie aber sollen wir mit kleinen Objekten umgehen, die wir kunstgerecht einbetten wollen? Sind ihrer nur einige oder gar nur eins, so färben wir sie am besten vorher, um sie im Paraffin leichter zu sehen, lassen sie dann den gebräuchlichen Weg durch die Alkohole einschlagen und können sie auch in Benzol bringen, ohne sie bei einiger Aufmerksamkeit zu verlieren. Nur haben wir beim Wechsel der Flüssigkeiten sehr aufzupassen: wir dürfen diese jedesmal erst dann mit der Pipette absaugen und neue zugeben, wenn die Objekte sich gut zu Boden gesenkt haben. Und wenn der Tubus bereits Paraffin enthält, so müssen wir besonders umsichtig zu Werke gehen, damit nicht ein oder das andere Objekt an der Wand hangen bleibt, wozu sie im dicklichen Paraffin neigen; auch dürfen wir sie in das reine, definitive Paraffin nur mit einer erwärmten Pipette übertragen. Das Orientieren im Behälter ist ebenfalls sehr schwierig. Um nun all dies zu vermeiden, kann man eine Methode benutzen, die zwar umständlich, aber ganz sicher ist: man bettet das Objekt, um es handlich zu gestalten, in Collodium ein und erst nachher beides zusammen in Paraffin. Hierzu mischt man in einem Tubus gleiche Raumteile Collodium, wie es in der Apotheke zu haben ist, oder 4proz. Celloidinlösung — siehe im 12. Kapitel — und Nelkenöl und läßt das Gemisch, indem man den Kork nur lose aufsetzt, sich allmählich zu einem Sirup eindicken; dieser wird mit der Zeit tiefgelb, aber das schadet nicht weiter. Das Objekt hat man bereits aus dem absoluten Alkohol in ein Gemisch gleicher Teile von diesem und Äther gebracht und führt es nun in das Nelkenöl-Collodium über; hier wird es, indem es sich damit imbibiert, sehr durchsichtig. Dann nimmt man es mit der ihm noch anhaftenden Masse heraus und bringt, wenn man es nicht weiter orientieren will, diesen ziemlich großen Tropfen direkt in Benzol, worin sich das Nelkenöl löst, das Collodium hingegen niederschlägt, so daß der Tropfen hart wird und sich bequem weiter in Paraffin schaffen und regelrecht einbetten läßt. Will man aber das Objekt im Collodium genau orientiert haben, so bringt man den Tropfen auf ein Deckglas, das in einem Glasschälchen liegt, schiebt mit einer feinen Nadel — eventuell nimmt man die Lupe oder gar das Mikroskop zu Hilfe — das Objekt im Tropfen so lange hin und her, bis es genau einer Kante des Deckglases parallel liegt, und gibt nun, ohne weiter daran zu rühren, mit einer Pipette einige Tropfen Benzol hinzu, so daß die Masse fest wird. Nun darf man das Deckglas herausheben und wie ein gewöhnliches Objekt einbetten; hierbei dient die eine Kante viel bequemer zum Orientieren, als es das kleine Objekt selber tun könnte. Natürlich muß man später das Deckglas behutsam mit einem Messerchen abheben, da es sich ja beim besten Willen nicht mit schneiden läßt. Statt des harten Glases mag man die etwas leichter zu behandelnde Gelatinefolie wählen, wie sie von den Lithographen zum Durchpausen benutzt wird. Von ihr schneidet man sich ein Streifchen zurecht, biegt es am einen Ende in die Höhe, um es daran mit der Pinzette anfassen zu können, und verfährt damit wie mit dem Deckglase. Man könnte auch einen Papierstreifen nehmen, der sich zur Not mit schnitte, aber er verbiegt oder wirft sich leicht ein wenig im warmen Paraffin, ist also nicht so zuverlässig wie die eben erwähnten Stoffe.

Handelt es sich um sehr viele winzige Objekte, z. B. Blutzellen oder Infusorien, so bereitet das Einbetten nach der gewöhnlichen Art insofern Schwierigkeiten, als man beim Ausgießen der bereits im Paraffin angekommenen Körperchen viele im Tubus oder sonstigen Gefäße zurücklassen müßte, da ja das Paraffin rascher erstarrt, als es gelingt, jene alle heraus zu bekommen. Man kann sich da auf eine sehr einfache und saubere Weise helfen. Bis zum absoluten Alkohol verfährt man mit den Objekten — wenn möglich, hat man sie vorher kräftig gefärbt — wie gewöhnlich, dann aber bringt man sie mit einer feinen Pipette in eine der überall käuflichen kleinen Gelatinekapseln und nimmt darin alle weiteren Operationen vor, ersetzt also allmählich den Alkohol durch Benzol, dieses durch Paraffin. Da die Kapseln unten rund sind, so mag man sie in einen passend durchbohrten Kork stecken, damit sie hübsch senkrecht stehen bleiben; noch besser aber kittet man sie mit Gummi auf ein in der Mitte hohl geschliffenes Tragglas. Legt man Wert darauf, daß die kleinen Objekte, die sich natürlich unten ansammeln, dies in einer flachen Schicht tun, so kann man die Kapsel nach dem Wegschneiden des Bodens auf ein Tragglas kitten, aber sorgfältig, damit sie nicht rinnt. Sobald sie auf die Wärmplatte gebracht wird, umgibt man sie mit einem in Weite und Höhe dazu passenden Bleirohre, um sie auch seitlich warm zu halten. Bei der Durchsichtigkeit der Gelatine macht der Wechsel der Flüssigkeit darin mit einer feinen Pipette keine Mühe; den Deckel nimmt man natürlich ab, wenn das Benzol verdunsten soll. Hat man nun das definitive Paraffin lange genug wirken lassen, so hebt man die Kapsel von der Platte und wirft sie, wenn sie kalt geworden, in Wasser, worin sie aufquillt und sich leicht vom Paraffinzylinder ablöst. Man findet dann die Objekte alle säuberlich am (gewölbten oder flachen) Ende des Zylinders angehäuft. Die Pipette muß natürlich stets gewärmt sein, wenn man mit ihr das Benzol und die schwachen Paraffinlösungen herausholt, aber bei verständigem Umgehen mit ihr braucht man von den winzigen Objekten auch nicht ein einziges zu verlieren.

Den Paraffinblock mit den Objekten — einerlei ob großen oder kleinen — darin hätten wir also glücklich fertig; allerdings haben wir aus guten Gründen (siehe S. 115) keine Teile von Pflanzen eingebettet. Aber bevor wir ihn schneiden können, ist selbstverständlich die Schneidemaschine mit all ihren Eigenheiten genau zu beschreiben.

Das Mikrotom.

Wie man von einer Maschine zum Brotschneiden verlangen darf, daß sie die Schnitte alle von der gleichen Dicke liefert, und daß sich diese innerhalb gewisser Grenzen variieren läßt, so muß auch das Mikrotom eine solche Leistung sicher und leicht verrichten. Fast allen Schneidemaschinen nun, die der Mikrotechnik dienen, mögen sie im einzelnen noch so verschieden gebaut sein, ist eins eigen: nach jedem Schnitte, der eben eine Scheibe vom Objekte abgetrennt hat, wird entweder dieses gehoben oder das Messer gesenkt, damit der nächste Schnitt nicht umsonst gemacht wird. In der Regel hebt man das Objekt um die gewünschte kleine Strecke und schneidet es dann von neuem, genau so wie man beim Brotschneiden das Brot jedesmal um etwas vorschiebt. Jedoch ist das Objekt so gut geführt, daß es nicht seitlich ausweichen oder gar sich drehen kann, sondern genau senkrecht aufsteigt. Das Messer muß natürlich ebenso genau wagerecht liegen. Das Objekt wird entweder direkt gehoben oder steigt auf einer schiefen Ebene allmählich; das Messer wird in einer wagerechten Ebene[1]) geführt; es schneidet nur in der einen Richtung und läuft dann unbeschäftigt zurück.

Auf das Messer darf, während man damit schneidet, kein Druck geübt werden, sondern man muß es mit leichter Hand

---

[1]) Bei einem anderen Typus von Mikrotomen ist das Messer senkrecht, mit der Schneide nach oben angebracht, das Objekt liegt wagerecht und wird in dieser Haltung dem festen Messer entgegen geschoben, also wie bei einer Brotschneidemaschine. Jedoch ist diese Form weniger häufig und bequem, da man ja dabei nicht die freie Fläche des Objektes so gut übersehen kann, wie wenn sie nach oben gekehrt ist.

in seiner Bahn nur führen. Die Schneide steht zur Bahn entweder genau quer, und dann wird nur das Stück von ihr benutzt, das der Breite des Objektes entspricht (Fig. 20a; es ist durch die doppelte Linie bezeichnet); oder sie bildet damit einen spitzen Winkel von verschiedener Größe, und dann wird eine längere Strecke davon in Anspruch genommen (Fig. 20b); auch ist dann der Weg der Klinge durch das Objekt länger, aber in noch stärkerem Maße verringert sich der Widerstand, und so schneidet man besonders harte Objekte bequemer mit schräg als mit rein quer gestelltem Messer. Denn während bei a die ganze überhaupt benutzte Strecke der Schneide gleichzeitig tätig ist, tritt in b

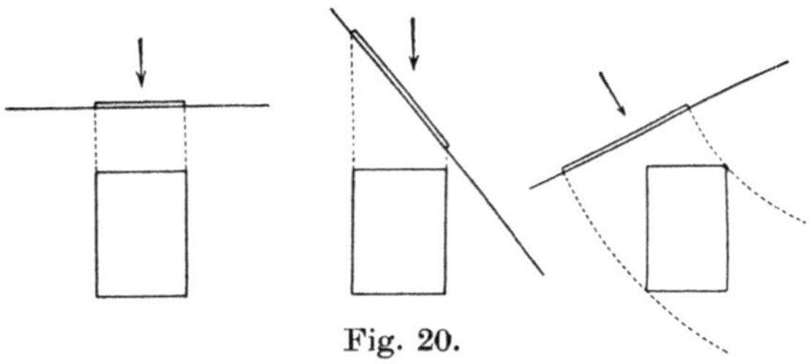

Fig. 20.
a b c

anfangs nur ein Punkt von ihr in Aktion, so daß die Reibung am Objekte ganz allmählich zu- und am Ende ebenso langsam wieder abnimmt. Beim Schneiden aus freier Hand mit dem Rasiermesser verfährt man ähnlich: gleichmäßig gebaute Objekte schneidet man viel resoluter als zarte und richtet bei letzteren die Klinge unwillkürlich mehr parallel zum Objekte, um es ja nicht zu zerdrücken. Wie man sieht, ist diese Art des Vorgehens in beiden Fällen (Rasiermesser oder Schneidemaschine) prinzipiell gleich. Ebenso verhält es sich mit den Mikrotomen, wo das Messer an einer senkrechten Achse sitzt und um diese schwingt: hier (Fig. 20c) wird das Objekt zwar nicht in einer geraden Linie, sondern in einer Kurve durchschnitten, so daß eine größere Strecke der Klinge tätig ist, als seiner Ausdehnung entspricht; aber auch in diesem Falle ist der Widerstand relativ gering. Da wir nun dem Anfänger just ein derartiges Mikrotom zur Anschaffung empfehlen möchten, so müssen wir genauer darauf eingehen.

Das sog. Studentenmikrotom der Firma R. Jung in Heidelberg (Fig. 21) hat folgende Vorzüge: es ist sehr solide und zugleich so einfach gebaut, daß man es bei verständiger Behandlung nicht leicht verderben kann; ferner gestattet es, selbst ziemlich große Objekte — z. B. reines Paraffin in der Ausdehnung von 16 × 24 mm — zu schneiden, und ist relativ billig. Dagegen eignet es sich nur für Objekte in Paraffin, nicht auch in Celloidin[1]), liefert Schnitte dünner als $^5/_{1000}$ mm — kürzer gesagt 5 μ — gar nicht und steigt in der Schnittdicke stets von 5 zu 5, so daß man von 5 μ gleich auf 10, von da auf 15 usw. springt. Auch taugt es nicht für ungewöhnlich harte Gegenstände, reicht indessen für das, was den Anfänger angeht, vollkommen aus.

Zur Aufnahme des Blockes mit dem Objekte dient der hohle Zylinder *p*; man zieht diesen, indem man ihn an der seitlich hervorragenden Schraube *s* faßt, aus dem geschlitzten weiteren Zylinder, schiebt den Block zwischen die beiden geriefelten Backen und schraubt diese zusammen, bis er festsitzt. Natürlich darf man ihn dabei nicht zerdrücken. Daher schneidet man sich am besten kleine Klötze aus weichem Holze, etwa 1½ cm breit, 1 cm dick und 2—3 cm lang, zurecht und durchtränkt sie von der einen schmalen Fläche aus einige Millimeter tief mit Paraffin, das man mit einem heißen Messer oder Spatel mehrere Male darauf bringt und einziehen läßt. Auf diese Fläche kittet man den Block auf: man schneidet seine untere Fläche glatt, hält sie einen Moment in die Flamme (aber vorsichtig), drückt sie auf die ebenfalls erwärmte Fläche des Klötzchens und schmilzt sie an allen vier Rändern mit einer heißen breiten Nadel[2]) gut fest. Ein solches Klötzchen läßt sich im Zylinder festschrauben.

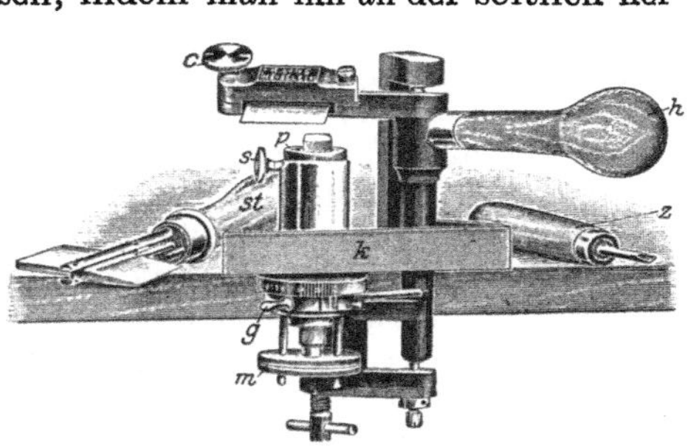

Fig. 21.

Das Schneiden übt man an Blöcken ein, die absichtlich kein Objekt enthalten, aber aus Paraffin von verschiedenem Schmelzpunkte gemacht sind, um so den Einfluß der Härte dieses

[1]) Dem Anfänger kann das freilich egal sein, da er doch nicht solche Objekte in die Hand bekommt. Das Instrument allein kostet noch nicht 30 M., dazu kommen aber zwei Messer nebst Zubehör, für etwa 10 M.

[2]) Man sollte für die Manipulationen mit dem Paraffin, da sie oft in der Wärme ausgeführt werden müssen, eigene Nadeln, Messer und Pinzetten haben, die ruhig in die Flamme gebracht werden dürfen; es mögen ausrangierte sein, so daß man auf ihren sonstigen Gebrauch verzichtet.

Stoffes auf die Beschaffenheit der Schnitte kennen zu lernen. Für den Anfang nehme man nur kleine von etwa 1 × 1 cm Schnittfläche. Zuerst nun schraubt man das Mikrotom an einer Tischkante fest, am besten so, daß das Licht von links darauf fällt. Den Zylinder mit dem leeren Blocke bringt man in seine Führung zurück und überzeugt sich durch den Widerstand, den man fühlt, davon, daß er unten auf das obere freie Ende der Schraube *m* aufstößt. Dann setzt man das Messer sehr vorsichtig, ohne die Schneide irgendwie zu berühren oder mit ihr anzustoßen, in den Messerträger ein: man lockert an ihm die Schraube *c*, schiebt das Messer von der Seite, die nach dem Blocke zu schaut, in den weiten Schlitz ein, so daß es die Schneide nach vorn (dem Blocke zu) wendet, und schraubt *c* wieder fest. Die schräge Fläche des Messers soll dabei nach unten gerichtet sein und ein wenig aus dem Schlitze hervorragen. Man darf jetzt mit dem Schneiden beginnen. Den Handgriff *h* faßt man lose an und schiebt ihn langsam von sich fort, so daß die Klinge sich dem Blocke nähert. Merkt man dabei, daß sie weit über ihm steht, so spannt man das Klötzchen um so viel höher ein, muß aber natürlich, um weder sich selbst noch auch der Klinge weh zu tun, diese vorher wieder ganz weit nach hinten bringen. Ist hingegen der Block zu hoch, so muß man ihn tiefer einspannen. Genau trifft man auf diese grobe Art die richtige Stellung nie, aber das ist auch nicht nötig, denn die feinere Einstellung vertraut man der Schraube *m* an. Dreht man sie, von sich aus betrachtet, nach rechts, so hebt sich der Block, bei der umgekehrten Bewegung folgt er aber der Schraube nicht von selbst, sondern muß durch Druck auf die Schraube *s* des Hohlzylinders *p* wieder in Berührung mit ihr gebracht werden. Hierbei ist darauf zu achten, daß das Messer nicht ganz hinten steht, denn alsdann ist die Schraube durch einen Sperrhebel so weit festgelegt, daß sie nur nach rechts gedreht werden kann, und auch dies nur in kleinen Rucken.

Wir nehmen an, durch vorsichtiges Drehen der Schraube *m* sei das Messer dicht über dem Blocke angekommen, richtiger: der Block dicht unter ihm. Nun soll geschnitten werden. Was hat man da zunächst zu tun? Ziemlich weit über *m* ragt seitlich der Griff *g* hervor. Ihn dreht man so weit, bis der mit ihm wandernde senkrechte Einschnitt unter der Teilung auf die Zahl 25 zeigt. (Auch hierbei darf das Messer nicht ganz nach hinten geschoben werden, da sonst der Griff sich nicht bewegen läßt.) Die Teilung, die von Null bis 50 reicht, gibt die Dicke der Schnitte in $^1/_{1000}$ mm oder μ an; wir schneiden also 25 μ

dick, und das ist für den Anfang gerade recht; nur wenn der Block sehr weich wäre, könnten wir 50 μ riskieren. Man bewegt beim Schneiden den Knopf *h* mit leichter Hand so weit nach hinten, bis das Messer über den ganzen Block weg ist, und geht dann wieder mit dem Knopfe so weit nach vorn, bis man einen Widerstand spürt, d. h. der eiserne Arm, der den Sperrhebel trägt, an das Gestell des Mikrotomes stößt. So wird, indem dieser Hebel in Tätigkeit tritt, der Block um 25 μ gehoben, ohne daß man sich irgendwie zu bemühen brauchte. Man wiederholt alle diese Bewegungen, bis das Paraffin getroffen wird; das mag etwas umständlich sein, aber man darf sich dadurch nicht dazu verleiten lassen, die Schraube *m* direkt selbst zu drehen. Die ersten Schnitte, die den Block treffen, nehmen, da seine freie Fläche nicht ganz eben sein kann, nicht überall etwas fort, aber allgemach werden die Schnitte doch vollständig, und nun ist die Zeit gekommen, wo man sich über die definitive Dicke klar werden muß, die man beim Weiterschneiden anwenden will. Es seien 5 μ beabsichtigt. Da stellt man durch Drehen des Griffes *g* nach rechts erst 15 μ ein und macht einen oder mehrere Schnitte, geht dann auf 10 und wieder nach einigen Schnitten auf 5 μ herab. Der Sprung von 25 auf 5 würde nämlich nur die Folge haben, daß die ersten Schnitte ungleichmäßig dünn würden. Das wäre ja bei dem leeren Blocke nicht schlimm, aber wenn man ein Objekt darin hat, das ohne Verlust geschnitten werden soll, so muß man unbedingt so langsam verfahren.

Es empfiehlt sich, die Schnitte von verschiedener Dicke nebeneinander zu betrachten, entweder indem man sie auf dem Messer läßt oder sie abnimmt — s. S. 109 — und auf eine schwarze Unterlage bringt. Da bemerkt man ohne Zweifel sogleich, daß ein Schnitt von 25 oder 20 μ noch ziemlich treu Form und Größe der Fläche beibehält, von der er soeben abgetrennt wurde, einer von 10 oder gar 5 μ dagegen nicht wenig deformiert, besonders in einer Richtung zusammengeschoben ist. Das ist zwar nicht ganz zu vermeiden, aber durch sehr behutsames Führen des Messergriffes ziemlich unschädlich zu machen. Ist der Block nicht leer, sondern enthält ein Objekt, so wird dieses zum Glück von dem erörterten Übelstande weniger betroffen als das Paraffin, jedoch ganz frei von Verzerrung bleibt ein solcher Schnitt auch in seinen wesentlichen Teilen nicht. Je härter das Paraffin ist, um so weniger wird es beim Schneiden zusammengeschoben; deswegen sollte man schon beim Einbetten sich klar darüber sein, wie dick man die Schnitte haben will. Natürlich wird bei niedriger Temperatur das Paraffin von selbst härter, also hat man es einigermaßen in der Hand, hier nachträglich zu bessern, indem man in einem kühleren oder wärmeren Zimmer schneidet.

Gehen wir nun zum Schneiden eines Objektes über, das wir so sorgfältig wie möglich eingebettet haben! Da ist zuvörderst zu bemerken, daß man, auch nachdem der Block aufgekittet ist, seine Richtung zur Messerschneide noch etwas ändern kann. Allerdings nur in der Weise, daß man den Holzklotz, den man gerade deswegen nicht breiter als 1½ cm wählen darf, zwischen den Backen hin- und herschieben und drehen kann. Durch jene Art der Bewegung ergibt sich, daß ein anderes Stück der Schneide tätig wird, und das könnte mit Rücksicht auf etwaige Scharten mitunter gut sein. Aber viel wichtiger ist die Möglichkeit der Drehung, denn durch sie kann das Objekt unter einem anderen Winkel von der Schneide getroffen werden, als man anfänglich vorhatte. Indem man nämlich beim Anschneiden des Blockes das Objekt von oben her immer deutlicher durch das Paraffin schimmern sieht, merkt man schon bald, ob die einmal begonnene Richtung die vorteilhafteste ist; falls nicht, so kann man sie in ziemlich weiten Grenzen durch die erwähnte Drehung des Klotzes noch ändern. Allerdings nur in der einen Richtung, nicht auch in der darauf senkrechten[1]), wie das teurere Mikrotome gestatten. Es ist daher wichtig, am fertigen Blocke, bevor man ihn einspannt, eine ziemlich dicke Schicht von Paraffin über dem Objekte zu belassen.

Wie schon auf S. 99 erwähnt, sollte man auch um das Objekt herum beim Einbetten ziemlich viel Paraffin gelangen lassen. Ebenso muß man beim Zurechtschneiden vor dem Aufkitten auf das Klötzchen dafür sorgen, daß sich an der Ecke links, da sie vom Messer zuerst getroffen wird, recht viel Paraffin befindet. Denn meist rollt sich der Schnitt am Anfange etwas zusammen, also darf hier noch nicht das Objekt liegen, das ja dabei leiden könnte. Das Rollen hängt von der Dicke des Schnittes, der Härte des Paraffins, der Wärme im Zimmer und der Schärfe des Messers ab. In der Regel braucht man die Schnitte, wenn sie sich immer rollen, nur dünner zu machen und erhält sie dann ganz flach; oder man mag den Schnitt, sowie er Neigung zum Rollen zeigt, vorsichtig mit einem feinen Pinsel etwas niederdrücken, während er sich vom Messer langsam weiter ab-

[1]) Sind die Blöcke klein, so kann man sie auf Klötzchen kitten, die nur 1 cm breit und ebenso dick sind; diese lassen zwar die Orientierung in zwei Richtungen zu, aber natürlich nicht in beiden zugleich, sind also ebenfalls unvollkommen.

wickelt. Ferner muß man den Block auf der anderen Seite so zuschneiden, daß die Klinge aus ihm an einer Ecke austritt, damit das Paraffin ihr nicht anhaftet. Am besten begleitet man den Schnitt mit dem Pinsel, bis er ganz fertig ist, und nimmt ihn dann mit einer feinen Pinzette fort. Um diese recht sicher zu führen, verlängert man sie durch Anbinden eines dünnen Holzstieles und hält sie in der Hand wie eine Feder; auch den Pinsel, der nur klein zu sein braucht, steckt man in einen hohlen Stiel und regiert ihn wie eine Feder. Will man aus irgendeinem Grunde momentan nicht weiter schneiden, so läßt man das Messer zwar nach hinten und rechts wandern, aber ja nicht bis ganz ans Ende, weil es dann den Mechanismus zum Höherschieben des Blockes in Gang bringen würde. Damit die unbrauchbaren Schnitte nicht auf den Boden des Zimmers fallen, macht man in ein Stück Pappe, 15 × 10 cm groß, eine Öffnung und steckt es, nachdem man zwei Ränder aufgebogen hat, über den Zylinder, so daß es auf dessen Basis ruht (s. Fig. 21, *k*).

Mitunter werden aus nicht aufgeklärten Ursachen — namentlich beim Schneiden harter Objekte, z. B. von Knorpel[1]) — die Schnitte elektrisch und haften in unerwünschter Weise dem Messer an, wollen auch gar nicht von der Pinzette, mit der man sie ergreift, los oder legen sich an Stellen fest, die nicht für sie bestimmt sind. Dann läßt sich meist nichts Besseres tun, als sie anzuhauchen, natürlich so vorsichtig, daß sie nicht fortfliegen. Sie büßen so ihre elektrische Ladung völlig ein.

Bei genauem Zusehen bemerkt man ohne Zweifel auf der freien Fläche des Blockes nach jedem Schnitte leichte Rillen. Sie entsprechen kleinen Unebenheiten in der Messerschneide und sind nicht besonders schädlich, solange sie nicht den Schnitt geradezu zerreißen, denn in diesem Falle müßte man versuchen, die Scharten auf dem Streichriemen zu entfernen, was durchaus nicht leicht ist (s. S. 115). Daher kauft man sich am besten zwei Messer und benutzt das eine ausschließlich für die feinsten Schnitte durch Objekte, von denen man sicher weiß, daß sie die Schneide nicht ruinieren können, das andere dagegen für den gewöhnlichen Gebrauch, wo es nicht so sehr auf ganz tadellose Schnitte ankommt. Eins aber muß man beachten: das Paraffin darf keinen Staub oder andere Verunreinigungen enthalten, die das Messer schädigen könnten; man schützt daher beim Einbetten die Objekte tunlichst vor Staub und läßt auch, wie auf S. 94

[1]) Diesen schneidet der Anfänger übrigens besser und viel einfacher uneingebettet aus freier Hand.

bereits erwähnt, den Vorrat an flüssigem Paraffin sich erst gut klären, bevor man ihn verwendet.

Die größeren Mikrotome gewähren meist eine Annehmlichkeit: man kann auf ihnen die sog. Schnittbänder anfertigen. Stellt man nämlich das Messer genau quer zu seiner Zugrichtung, so daß von ihm immer ein und dieselbe Stelle benutzt wird, so reihen sich die Schnitte unter günstigen Bedingungen hintereinander zu einem Bande an und brauchen nicht einzeln vom Messer abgenommen und weiter behandelt zu werden. Allerdings muß man hierzu die vordere und hintere Kante des Blockes genau parallel zueinander und zur Schneide herrichten, auch muß das Paraffin so weich sein, daß die Schnitte an den einander zugekehrten Rändern verkleben, wenn sie vom Messer bei seinem Wege durch den Block momentan erwärmt werden. Leider ist bei den Mikrotomen, deren Messer um eine Achse geschwungen wird, dies nicht möglich, denn schon der zweite Schnitt kommt ja nicht genau hinter den ersten zu liegen, und selbst wenn sie mit einem kleinen Teil ihrer Ränder verkleben, so sind sie doch nicht so aufgereiht, daß man sie, ohne sie zu trennen, auf dem Tragglase richtig anordnen könnte.

Hat man das Schneiden einige Stunden unterbrochen und will es nun an demselben Blocke, der noch unverändert im Zylinder des Mikrotomes steckt, fortsetzen, so fällt der erste Schnitt in der Regel zu dick oder zu dünn aus. Das liegt einfach daran, daß sich in der Zwischenzeit die Temperatur im Zimmer verändert, also auch das Paraffin ein wenig zusammengezogen oder ausgedehnt hat. Die folgenden Schnitte müssen aber genau wie die früheren ausfallen.

Hat man von dem Objekte genug geschnitten, möchte aber den Rest aufbewahren, so bestreicht man die Schnittfläche des Blockes mit demselben Paraffin, das man auf einem Messerchen oder Spatel flüssig gemacht hat, ganz dünn, so daß das Objekt noch durchschimmert. Wenn man genug Holzklötze hat, so beläßt man den Block am besten auf dem seinigen und legt ihn beiseite, schmilzt aber vorher den Zettel mit den Notizen über das Objekt an einer unwichtigen Stelle darin ein. Auch nach Jahren wird man alles unverändert vorfinden, wenn nicht durch irgendein Versehen das Paraffin weich geworden ist und sich verzogen hat.

Ehe wir den fertigen Schnitt auf seinem ferneren Wege begleiten, müssen wir noch einiges über die richtige Anordnung des Blockes im Mikrotome und über das Messer sagen. Schon im Haushalte kann man oft die Erfahrung machen, daß es gar nicht einerlei ist, von welcher Seite man ein großes Brot anschneidet, um eine gute Schnitte zu bekommen. Am besten läßt man offenbar die Klinge nur an einem Punkte, nicht gleich in der ganzen Länge, ins Brot eindringen und dreht, wenn sie schon tief darin steckt und Widerstand findet, dieses so, daß wieder nur ein kleiner Teil der Schneide tätig wird. Genau so verhält es sich mit dem Paraffin, nur kann man leider die Lage des Blockes während des Schneidens nicht mehr ändern. Um so mehr muß man von Anfang an darauf bedacht sein, sie so günstig wie möglich zu wählen. In dieser Beziehung gelte als Regel: der Block ist auf das Holz so aufzukitten, daß er später der Schneide den geringsten Widerstand entgegensetzt. Ist also das Objekt, und mit ihm der Block, auf dem Schnitte nicht rund, sondern länglich, so hat seine lange Seite der des Holzes parallel zu verlaufen, denn so dringt das Messer an der einen Ecke der Schmalseite ein und wird nur mit einem kleinen Stücke seiner Klinge in Anspruch genommen. Ist noch dazu das Objekt ungleich hart, so muß man es so orientieren, daß die harte Partie zuletzt durchschnitten wird. Mitunter läßt sich das nicht alles zugleich erreichen, jedoch kommen derartig schwierige Objekte dem Anfänger wohl kaum vor.

Das Messer ist, wie man leicht sieht, auf der einen Fläche plan geschliffen, auf der anderen zwar teilweise ebenfalls, aber beide Flächen bilden miteinander einen spitzen Winkel, denn sonst käme ja keine Schneide zustande. Nutzt sich nun diese ab oder bekommt Scharten, so müßte man beim Schleifen, um sie wiederherzustellen, von beiden Flächen gleich viel abtragen, und das würde recht mühsam sein. Deswegen sind ja die Rasiermesser alle hohl geschliffen, so daß man beim Auflegen auf den Schleifstein (oder Streichriemen) nur die Schneide und der Rücken diesen berühren und von ihm angegriffen werden. Aber ein Rasiermesser federt meist zu sehr, als daß es sich für so präzise Arbeit eignete, wie sie vom Mikrotome verlangt wird. Um jedoch wenigstens beim Schleifen (und Abziehen) eine Annäherung an die hierfür so vorteilhafte Gestalt der Rasierklinge zu erreichen, erhöht man künstlich den Rücken und gelangt so dazu, daß die Flächen der Klinge dem Steine (oder Riemen) nicht mehr ganz aufliegen und mitgeschliffen werden müssen. Allerdings hat das zur Folge, daß nun die ursprüngliche Schneide verloren geht, indem sie einer neuen Platz macht, die dem Messerrücken etwas näher liegt.

Diese neuen Facetten findet man bei genauerem Zusehen mit der Lupe auf beiden Flächen als je eine feine Linie angedeutet. (In Fig. 22 sind sie stark übertrieben gezeichnet.) Ist das Messer gut im Stande, so dürfen die Facetten nur ganz schmal und überall gleich breit sein. Man benutzt also sie, nicht die anfängliche

Schneide, und der Winkel, den sie beide miteinander machen, gibt die Dicke des Keiles an, der sich in das Paraffin und Objekt hineinschiebt. Es ist leicht einzusehen, daß er nicht sehr dick werden darf, um keinen großen Widerstand zu finden und das Objekt zu beschädigen; andererseits darf er nicht zu dünn werden, da sonst die Schneide federt und entweder nach oben aus dem Paraffin herausstrebt, also überhaupt keinen Schnitt liefert, oder sich nach unten hineingräbt und so erst recht Unfug anrichtet. Man hat daher auch je nach dem Objekte Messer von verschiedener Härte und Dicke. In der Regel aber kommt man bei Paraffin und kleinen Objekten mit einer einzigen Sorte Messer aus.

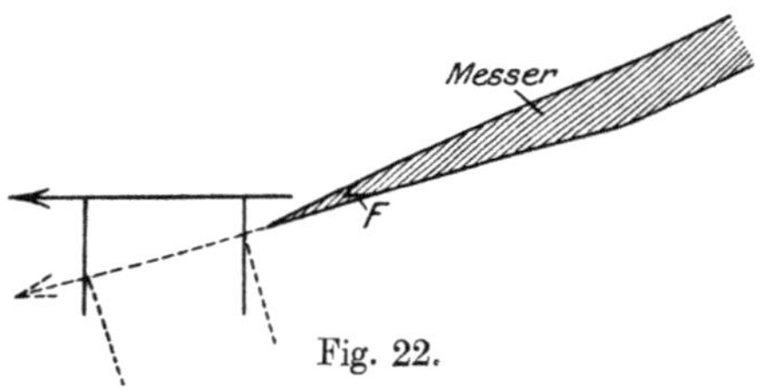

Fig. 22.

Die Lage des Blockes (links), wie sie dem noch facettenlosen Messer (rechts) entspricht, ist punktiert, dagegen ausgezogen, wie sie zu den absichtlich stark übertriebenen Facetten F paßt. Die Pfeile geben die Schnittrichtung des Messers an.

Da, wie gezeigt, die neuen Facetten den Keil bestimmen, der ins Objekt dringt, so folgt daraus, daß nicht die Unterseite des Messers, sondern die untere Facette frei über die Schnittfläche des Blockes hingleiten muß, da ja sonst diese zerdrückt würde. Daher wird das Messer schräg nach unten in seinen Halter eingespannt, oder dieser ist so gebaut, daß das Messer gar keine andere Lage zum Objekt einnehmen kann. Beim Schneiden berührt es also den Block erst nur mit der Schneide, dringt dann hinein, hebt mit der oberen Facette den entstehenden Schnitt ab und gleitet immer weiter mit der unteren Facette über der neuen Schnittfläche hin, ohne sie zu beschädigen. Ob man nun beim Studentenmikrotom das Messer mit der schrägen Fläche nach oben oder unten einspannt, ist an sich einerlei, denn die Neigung des Halters ist so groß, daß die jedesmalige untere Facette das Objekt nicht quetschen kann. Man mag zuerst die auf S. 106 angegebene Lage wählen und, falls etwa ganz feine oder sonstwie schwierige Schnitte nicht recht geraten wollen, das Messer mit der anderen Fläche nach oben kehren und sein Heil aufs neue versuchen. In der Tat hilft dies Mittel oft, denn die Neigung beider Facetten ist nicht genau die gleiche, so daß mal die eine, mal die andere günstiger wirkt.

Eigentlich sollte es sich von selbst verstehen, mag aber hier extra betont werden, daß man das Messer, namentlich die Schneide, peinlichst sauber halten muß. Paraffin darf sich nie auf der Schneide anhäufen, am wenigsten auf der beim Gebrauche unteren Fläche, da sonst die Schnitte beim Entstehen Hindernisse vorfinden. Wenn es irgend angeht, so versuche man solche Paraffinbrocken durch vorsichtiges Abstreichen mit einem feinen Pinsel wegzuschaffen oder fahre mit Daumen und Zeigefinger über die beiden Flächen hin, immer natürlich vom Rücken nach der Schneide zu; noch besser benutzt man in derselben Weise ein weiches, reines Tuch, das man mit Xylol oder Benzol benetzt. Mit nassen oder auch nur feuchten Fingern soll man die Schneide aber nie berühren, sie auch vor dem Weglegen des Messers in das Kästchen nochmals ganz trocken putzen.

Ob das Messer noch gut schneidet, sieht man am einfachsten an den Schnitten, auch ohne daß man sie eigens dazu auf ein Tragglas bringt. Sie dürfen nämlich keine Streifen haben, noch weniger aber in solche zerfallen oder sonst irgendwie beschädigt sein. Oft liegt das übrigens am Objekte selbst, wenn es sehr harte Stellen enthält, die das Messer stark mitnehmen, und dann ist nicht viel zu machen. In anderen Fällen genügt es, mit dem Finger vorsichtig über die Schneide hinzufahren oder den Block da, wo das Messer eindringt, ebenfalls mit dem Finger zu reinigen. Denn oft schneidet es auffällig schlecht, so daß alle Schnitte zerreißen, und dann auf einmal wieder gut; der Grund davon ist ein kleiner Fremdkörper gewesen, der nun entweder glücklich durchschnitten oder von der Schneide ganz aus dem Paraffin herausgehoben ist, so daß die Bahn wieder frei daliegt. So kommt es bei harten Objekten wohl vor, daß man im fertigen Schnitte noch die Spuren eines solchen Körperchens sieht, das wie eine Kugel seinen Weg durch alle genau hinter ihm liegenden Teile des Schnittes eingeschlagen hat. Muß man z. B. einen Embryo mit seinem Dotter schneiden, so zeichnen die Dotterkörner, da sie vom Paraffin nur unvollkommen durchtränkt werden und nicht festliegen, sondern vom Messer nur fortgeschoben werden, ihren Weg durch den Schnitt auf; zuweilen hat man deshalb den ganzen Dotter erst mit einem Messerchen herauszubohren und die Lücke mit Paraffin auszugießen, bevor man weiter schneidet. Indessen dürften derartige Mißgeschicke den Anfänger nicht oft treffen.

Ein sehr beschädigtes Messer, dem man die Scharten bereits mit bloßem Auge oder der Lupe ansieht, soll man gar nicht erst lange selber zu schleifen versuchen, sondern schickt es dem Verfertiger zur Reparatur ein, denn man würde ohne große Opfer an Zeit und guter Laune doch nicht damit fertig. Überhaupt gilt wenn irgendwo so hier der bekannte Satz: Mancher lernt es nie! Zum Schleifen gehört nämlich wie zum Zeichnen eine natürliche Begabung, und wem sie nicht eigen, der kommt auch mit vieler Mühe nicht gar weit. Immerhin seien hier für alle Fälle die Regeln angegeben, bei deren Befolgung man wenigstens das Abziehen einigermaßen sicher betreiben kann. Wir beginnen die Erlernung dieser Kunst am besten mit dem Rasiermesser, weil es sich leichter anfassen und halten läßt als das unhandlichere Mikrotommesser, auch nachher auf seine Güte

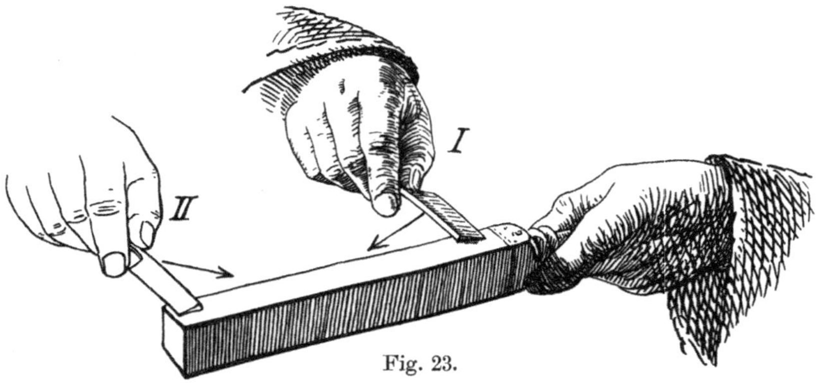

Fig. 23.

an einem Stück Holundermark relativ einfach geprüft werden kann. Ein Streichriemen mit zwei Flächen — eine von Leder, die andere nur mit Pasta bestrichen — genügt, ist aber stets ganz sauber zu halten; auch hat man die Klinge, wenn man von der Pasta auf das Leder übergeht, mit einem weichen Tuche gut abzuputzen, um die Spuren jener nicht auf dieses zu übertragen. Natürlich muß das so behutsam geschehen, daß man weder die Schneide noch auch das Tuch oder gar seine Finger verletzt, also immer in der Richtung der Schneide, nie gegen sie. Auch beim Abziehen darf man ja nicht das Messer mit der Schneide voran bewegen, da es dann unfehlbar in den Riemen hineinsegeln würde. Sondern man faßt es genau so, wie wenn man einen Schnitt damit machen wollte, legt es mit dem freien Ende des Rückens leicht auf den Riemen an dessen Stielende auf (Fig. 23 I) und schiebt es schräg darüber hin, so daß es mit seiner Basis nahe beim freien Ende des Riemens anlangt. Nun dreht man es über den Rücken, ja nicht über die Schneide, um und fängt den Rückweg wieder mit dem freien Ende der Klinge (Fig. 23 II) an, geht auch wieder schräg über den Riemen hin. Wie oft man diese Bewegungen zu machen hat, hängt von der Beschaffenheit der Klinge vor dem Abziehen ab; mitunter kann es recht lange dauern.

Für das Mikrotommesser ist ein eigener Stiel (Fig. 21, *st*) vorhanden, teils zum bequemeren Anfassen, teils um den beiden Facetten die dann richtige Lage auf dem Riemen zu geben. Man lockert zunächst mit dem Schraubenzieher *z* die beiden Schrauben am Stiele etwas, schiebt das Messer mit dem Rücken zwischen die Metallstäbe so weit ein, daß die Kante, mit der die schräge Fläche beginnt, den einen Stab berührt und zugleich dem kurzen Querstabe gut anliegt, und zieht die Schrauben wieder fest an. Dann legt man das Messer sanft auf den Streichriemen und bewegt es mit leichter Hand quer oder nur wenig schräg über ihn hin, wobei man den Druck nicht variieren darf und dafür sorgen muß, daß die Klinge, soweit sie überhaupt frei vorragt, überall gleichmäßig aufliegt. Am Ende des Riemens angekommen, dreht man das Messer um, natürlich über den Rücken, und passiert in derselben Weise den ganzen Riemen wieder bis zum Anfange hin. Im übrigen gelten hier die nämlichen Vorschriften wie für das Rasiermesser.

Ob die Schneide gut geworden, prüft man am einfachsten an der Innenfläche des linken Daumens, die man dazu mit Speichel etwas anfeuchtet und leicht gegen die Schneide drückt: diese muß in die Oberhaut eindringen und das auf der ganzen Länge gleichmäßig tun. Das Rasiermesser kann man der nämlichen Probe unterwerfen. Die neuen Mikrotommesser sollte man vor dem Gebrauche auch mit dem Mikroskope anschauen, um zu wissen, wie die Schneide eines solchen beschaffen sein muß. Legt man das Messer mit der abgeschrägten Fläche nach unten auf den Tisch, so kann man, ohne die Schneide zu beschädigen, es in der ganzen Länge durchmustern. Mit Linse 1 darf die Schneide gar keine Unebenheiten zeigen, mit 4 wohl hier und da kleine Zacken, aber die schaden nicht viel.

Indem wir wiederholen, daß man in allen irgendwie bedenklichen Fällen die Messer am besten an den Verfertiger zur sachgemäßen Behandlung schickt, wollen wir kurz die Frage erörtern, welche Objekte eher für das Schneiden aus freier Hand und welche eher für das Mikrotom passen. Im allgemeinen läßt sich hierüber folgendes sagen.

Zum Einbetten in Paraffin und Schneiden mit dem Mikrotome eignen sich die pflanzlichen Gewebe fast alle lange nicht so gut wie die tierischen. Das hat seinen Grund darin, daß die vielen Zellhäute bei den Pflanzen das Paraffin bei weitem nicht so leicht eindringen lassen, wie es die meist wandlosen tierischen Zellen tun. Zwar wandern Alkohol und nach ihm Benzol meist ziemlich rasch hinein, so daß die Objekte ganz durchsichtig werden, aber selbst stark erhitztes Paraffin tut es nur langsam, und so kann es kommen, daß der fertige Block voller Hohlräume ist, die nur Benzoldämpfe enthalten und wohl noch dazu in der Wärme geschrumpft sind, jedenfalls ganz schlechte Schnitte liefert. Das ist ja bei tierischen Geweben nicht völlig ausgeschlossen, aber gerade so schwierige Objekte haben wir vom Anfänger absichtlich ferngehalten. Man muß daher, um bei den höheren Pflanzen sicher zu gehen, in der Regel sehr viel länger einbetten als sonst und darf nicht davor zurückschrecken, solche Objekte mehr als einen Tag (d. h. 10—12 Stunden) im Paraffin zu lassen, sondern hat dann am nächsten Morgen die Einbettung von neuem aufzunehmen, bis man einigermaßen sicher zu wissen glaubt, daß wirklich überall das Paraffin eingedrungen ist. Bestimmte Vorschriften lassen sich leider da nicht geben, nur die Erfahrung entscheidet. Man wird auch merken, daß gerade diese schwierigen Objekte im Paraffin etwas leiden, so daß ihre Zellen oft lange nicht so prall und rund sind wie die mit dem Rasiermesser geschnittenen. Das gilt übrigens von manchen tierischen Geweben ebenso: z. B. lohnt es sich, wenn man nicht ganz spezielle Gründe dafür hat, nicht, ein Stück Badeschwamm erst in Paraffin zu schaffen, denn es schneidet sich in Gummi (s. S. 90) viel einfacher und besser.

Für den Anfänger empfiehlt es sich also, zu Übungen mit dem Mikrotome nur Stücke von Tieren zu wählen, die Pflanzen dagegen mit dem Rasiermesser zu schneiden und entweder gar nicht oder nur in Gummi einzubetten. Daher haben wir auf S. 83 ff. die Objekte fast alle dem Pflanzenreiche entnommen. Mit dem Durchfärben ganzer Objekte vor dem Schneiden verhält es sich ähnlich: auch in diesem Falle sind die Pflanzen meist viel ungünstiger als die Tiere. Daraus ergibt sich für die Praxis die Regel, daß man von den höheren Pflanzen immer nur ganz dünne kleine Stücke wählen soll, um so den unangenehmen Eigenschaften der Zellhäute nach Möglichkeit entgegenzuarbeiten. Aber gerade diese sind wiederum dem Schneiden aus freier Hand günstig, da sie ja den Objekten soviel Resistenz verleihen, daß man viele von ihnen auch ohne Einbettung in der Hand halten kann. Das schließt natürlich nicht aus, daß die dünnwandigen Pflanzenteile, z. B. Wurzelspitzen mit ihren plasmareichen, also nicht so leicht schrumpfenden Zellen, sich recht gut einbetten und dann schneiden lassen.

Als besonders brauchbares und auch sonst bemerkenswertes Objekt seien hier die Wurzelspitzen der gewöhnlichen Zwiebel (*Allium cepa*) genannt. Von ihnen mit dem Rasiermesser Schnitte zu erhalten, die alle Stadien der Kernteilung gut zeigen, dürfte dem Anfänger kaum möglich sein. Wohl aber lassen jene sich ohne große Mühe durch Alkohol und Benzol in wenigen Stunden in Paraffin schaffen und ergeben dann mit dem Mikrotome bei einiger Übung lückenlose Reihen von Längs- oder Querschnitten, die 10 oder sogar nur 5 μ dick sind. (Am besten färbt man die Spitzen vorher in Karm- oder Hämalaun durch und bringt hinterher höchstens eine Plasmafärbung an; s. S. 128). Die fertige Zwiebel hingegen schneidet man, wie hier besonders erwähnt sei, viel besser aus freier Hand, ebenfalls nach vorheriger Färbung.

Weiterbehandeln der Paraffinschnitte.

Es versteht sich von selbst und ist schon auf S. 98 besonders besprochen worden, daß man das Objekt beim Einbetten ins definitive Paraffin gut orientieren muß, damit es später, wenn der Block auf den Holzklotz gekittet ist, vom Messer so getroffen wird, wie man es haben will. Bei den großen und vollkommenen Schneidemaschinen ist auch für die nachträgliche Änderung in der Lage des Blockes innerhalb ziemlich weiter Grenzen gesorgt. In solchen Fällen macht man zuerst einen oder mehrere Probeschnitte und betrachtet sie sogleich mit dem Mikroskope, um zu sehen, ob die gewünschte Schnittrichtung genau innegehalten wird oder nicht, und diese eventuell zu ändern, bevor man ernstlich zu schneiden anfängt. Unser einfaches Mikrotom gestattet die erwähnte Änderung nur wenig (s. S. 108); indessen auch hier lohnt es sich, wenn man durch das bloße Paraffin durch ist und in die Region kommt, wo das Objekt beginnt, den ersten, noch nicht vollständigen Schnitt gleich auf ein Tragglas zu bringen, mit dem Finger behutsam etwas anzudrücken, damit er sich glatt hinlegt, und mit einem Tropfen Benzylalkohol oder Terpineol und einem Deckglase zu versehen. Nun kann man mit einiger Aufmerksamkeit, obwohl das Paraffin noch im Schnitte steckt, sich von der Beschaffenheit des Objektes ein Urteil bilden, besonders wenn es schon vorher gefärbt worden war, und zugleich sehen, ob das Paraffin alle Lücken im Gewebe ausfüllt. Denn nur dann ist zu erwarten, daß die weiteren Schnitte gut werden. Taugt also der erste derartig besehene Schnitt nicht, so mag man ruhig den Block verwerfen oder das Objekt noch einmal einbetten. Man könnte diese vorläufige Musterung auch in einer Flüssigkeit ausführen, die das Paraffin löst, liefe aber Gefahr, daß der Schnitt dabei auseinanderfiele.

Wir nehmen also an, es lohne sich, weiter zu schneiden, und man wolle nun die Schnitte in brauchbare Präparate umwandeln. Offenbar darf man nicht ohne weiteres das Paraffin aus ihnen wegschaffen, da sie ja dann nicht zusammenhalten würden. In der Tat war das, als das Paraffinschneiden aufkam, eine oder vielleicht sogar die Hauptschwierigkeit. Denn wie sollte man unter einem Deckglase mehr als einen Schnitt unterbringen, wenn schon dieser beim Auflösen des Paraffins in seine Teile zerfällt, die dann vom Harze auseinandergedrängt werden? Offenbar mußte man den Schnitt auf dem Tragglase befestigen, solange er noch durch das Paraffin zusammengekittet ist, und durfte erst später dieses durch Benzol oder einen ähnlichen Stoff entfernen. Ziemlich zu gleicher Zeit kamen da mehrere Methoden auf, die das Problem lösten und so die genaue Untersuchung ganzer Schnittreihen möglich machten. Von ihnen wählen wir folgende als die für unsere Zwecke besten aus.

Ein sorgfältig gereinigtes Tragglas, das beim Anhauchen ganz gleichmäßig anläuft, wird mit einem Tropfen Wasser — destilliertes eignet sich mehr als gewöhnliches — beschickt, und dieser auf ihm ausgebreitet, aber nicht mit dem Finger, der ja immer etwas fettig ist, sondern mit einem Glasstabe. Nun legt man einen Schnitt mit der Pinzette darauf, allenfalls gleich mehrere, aber das erfordert schon einige Übung bei den folgenden Operationen. Der Schnitt, der vorher vielleicht etwas zusammengeschoben oder gefaltet war, beginnt sich auszustrecken und ziemlich glatt hinzulegen, berührt indessen das Glas noch nicht, sondern schwimmt auf dem Wasser. Dann erwärmt man das Tragglas höchst vorsichtig über einer ganz kleinen Flamme — zur Not genügt ein Zündholz — so lange, bis es warm wird, aber ja nicht so stark, daß das Paraffin schmilzt. Der Schnitt streckt sich langsam ganz aus; sind ihrer mehrere, so können sie mit einer Nadel behutsam zurechtgeschoben werden, bis sich die freien Ränder berühren und mit dem Paraffin aneinanderkleben. Nun läßt man das überschüssige Wasser durch langsames Neigen des Tragglases abfließen, rückt eventuell die Schnitte nochmals zurecht, wischt das Wasser um sie herum ab und bringt das Tragglas zum Trocknen an einem staubfreien Orte unter. Am besten eine Nacht lang, so daß man erst am nächsten Morgen wieder Hand daran legt. Hat man Eile, so kann man es bei höchstens 40° C trocknen lassen, was nur ein paar Stunden dauert, aber das ist nicht so gut.

Jetzt zur zweiten Methode! Man klebt die Schnitte mit einer Eiweißlösung in Glyzerin fest. Von dieser nimmt man mit einer reinen Nadel etwas aus dem Vorratgefäße, bringt die minimale Menge auf das ebenfalls ganz reine Tragglas und verreibt sie darauf mit dem vorher an einem Tuche sauber abgewischten Kleinen Finger. Es darf aber nur ein Hauch von Eiweiß sein, denn dieses würde sich unter Umständen mitfärben und so das Bild des Schnittes undeutlich machen, wenn man zuviel genommen hätte. Das gute Abwischen des Fingers hat den Zweck, keine Hautzellen mit ins Eiweiß gelangen zu lassen, die Mißdeutungen veranlassen könnten. Nun legt man den Schnitt auf das Eiweiß, breitet ihn darauf recht gut aus und drückt ihn mit dem Finger oder Pinsel vorsichtig etwas an; darauf bringt man in der Flamme, die aber nur klein sein darf, das Paraffin zum Schmelzen und zugleich das Eiweiß zum Gerinnen. Ist dann das Tragglas wieder kalt geworden, so darf man unbesorgt das Paraffin auflösen: der Schnitt ist festgeklebt! Leider hat diese Methode, so gut sie ist, den Nachteil, daß man die Schnitte natürlich nicht so strecken kann, wie das die erste Methode erlaubt. Sollte es sich herausstellen, daß sich bei dieser während der oft langen Weiterbehandlung einige oder gar alle Schnitte ablösen, so ist gewöhnlich das Tragglas daran schuld, insofern es doch etwas fettig war und dem Wasser nicht erlaubte, sich ordentlich auszubreiten. Denn alsdann konnte der Schnitt nicht durch die sog. Kapillarattraktion haften. Unter solchen Umständen muß man das Tragglas nochmals reinigen und, wenn auch dies nicht hilft, ein anderes nehmen oder die dritte Methode wählen. Die ist, wie man gleich sieht, nur eine Kombination der beiden anderen: man verreibt die Spur Eiweiß — aber wirklich nur eine Spur — wie geschildert, auf dem Tragglase, bringt dann das destillierte Wasser darauf und verfährt sonst wie bei der ersten Methode, d. h. streckt die Schnitte in geringer Wärme, ordnet sie, läßt das Wasser ablaufen und stellt das Tragglas zum Trocknen beiseite.

Es empfiehlt sich für den Anfänger, sich alle drei Methoden zu eigen zu machen und je nach Bedarf die eine oder die andere zu benutzen. Bei keiner von ihnen möge er es aber unterlassen, in irgendeiner sicheren Weise die Oberseite des Tragglases, auf der die Schnitte liegen, zu bezeichnen, etwa durch Anbringung eines Punktes mit einem Fettstifte in der Ecke oben rechts oder links. Sonst könnte es ihm passieren, daß er in der Eile beim Abwischen des Tragglases auch die Schnitte mit fortwischte. Sind sie nämlich nicht gefärbt, so werden sie im Xylol so durchsichtig, daß es oft nicht ganz leicht ist, die beiden Seiten des Tragglases von einander zu unterscheiden. So seltsam daher jene Maßregel auch erscheinen mag, so begründet ist sie.

Wir dürfen nun mit den Schnitten einen Schritt vorwärts tun. Sind sie bereits gefärbt, d. h. war das Objekt schon vor dem Einbetten tingiert worden, und soll nun nicht etwa eine Gegenfärbung — hierüber s. im 7. Kapitel — vorgenommen werden, so ist ihre weitere Behandlung höchst einfach. Man bringt auf das trockene Tragglas mit einer Pipette einige Tropfen Xylol und löst damit das Paraffin, läßt alles durch Neigen des Tragglases ablaufen, gibt noch einmal (bei dicken Schnitten zweioder sogar dreimal) Xylol darauf, läßt jedesmal gut abfließen und wischt dann soviel wie möglich das Tragglas ab, jedoch ohne die Schnitte zu berühren und sie trocken werden zu lassen. Zuletzt bringt man, ehe das Xylol verdunstet ist, venetianischen Terpentin oder Balsam darauf und macht so das Präparat endgültig fertig. Da wie man sieht, alles ziemlich flink geschehen muß, so ist es zweckmäßig, sich die Flaschen vorher bequem zur Hand zu stellen, auch das Deckglas bereitzuhalten.

Alles in allem ist die Methode sehr glatt und einfach, wenn man mit schon gefärbten Objekten zu tun hat. Etwas komplizierter, jedoch im Prinzipe genau so, verfährt man beim Färben auf dem Tragglase, das wir aber erst im Zusammenhange mit den anderen Arten des Tingierens schildern wollen (siehe S. 141).

Zum Schlusse fassen wir die Hauptschritte beim Einbetten und dem Behandeln der Schnitte nochmals kurz zusammen. Das Objekt soll in Paraffin, muß daher zuerst all sein Wasser abgeben; dies geschieht durch langes Verweilen in immer stärkerem Alkohol als dem besten hierzu bisher bekannten Mittel. Dann muß auch dieser entfernt werden, und das tut man mit einem sog. Intermedium, das sich mit Paraffin verträgt. Als solches nehmen wir Benzol, da es rasch und ohne Rückstand verdunstet. Hat dies den Alkohol weggeschafft, so kann das Paraffin an seine Stelle treten; leider geht das nur in der Wärme, und man hat dafür zu sorgen, daß das Objekt nicht zu stark und lange erwärmt wird, da es sonst gern schrumpft. Sobald man also annehmen darf, daß das Paraffin das ganze Objekt durchtränkt hat, bettet man dieses definitiv ein, läßt es unter besonderen Kautelen erkalten und kann nun den Block schneiden. Hierzu bedarf man aber, da sich das Rasiermesser nicht eignet, des Mikrotomes. Die Schnitte klebt man auf das Tragglas auf[1]), färbt

[1]) Man kann zwar auf Deck- statt auf Traggläser aufkleben, aber das ist weniger bequem, da ja diese leicht zerbrechen, auch keinen so großen

sie eventuell nach und führt sie zuletzt in ein Harz, seltener in Glyzerin über.

Obwohl aus dem Rahmen dieses Büchleins fallend, dürfen hier doch zwei Methoden kurz besprochen werden, um einen Einblick in die Art der Arbeit besonders auf zoologisch-anatomischem Gebiete zu geben. Es handelt sich um die Anfertigung von Schnittserien und im Anschlusse daran um die Rekonstruktion der geschnittenen Objekte auf Grund eben dieser Schnittreihen. Will man nämlich vom Bau eines undurchsichtigen Tieres[1]) oder eines Teiles davon genauere Vorstellungen gewinnen, als sie die einfache Zergliederung mit Schere, Messer und Pinzette sowie die Betrachtung der interessanteren Schnitte mit dem Mikroskop ermöglicht, so bleibt kein anderes Mittel übrig als dieses: man zerlegt das ganze Tier oder den in Frage stehenden Teil von ihm in eine ununterbrochene Reihe von Schnitten, die dann einzeln studiert werden können und wohl alle es werden müssen, soweit nicht etwa viele annähernd dasselbe zeigen, so daß man in einer solchen Region des Tieres etwas weniger genau verfahren darf. Im Prinzipe weicht die Gewinnung einer derartigen Schnittreihe, wie sie genannt wird, nicht wesentlich von der einzelner Schnitte ab, nur muß man viel sorgfältiger verfahren, da ja keiner verloren gehen darf. Man wappnet sich also mit Geduld, denn meist ist das Objekt so lang, daß viele Tausende von Schnitten gemacht werden müssen. Von diesen stellt man, wenn es irgend angeht, in der auf S. 110 geschilderten Weise Bänder her und klebt sie, in der richtigen Länge abgeteilt, auf Traggläser, wobei man oft solche viel größeren Formates und dazu passende Deckgläser benutzt. Denn sonst wächst die Zahl der Traggläser leicht ins Ungemessene an, und da man beim Durchmustern jedesmal, wenn eins zu Ende besehen ist, auf das nächste von neuem einstellen muß, so verwendet man lieber recht große. Natürlich geizt man auch mit dem Raume auf jedem Tragglase, aber das bedeutet wiederum eine um so sorgfältigere Arbeit. Wenn möglich, färbt man das Objekt vor dem Schneiden durch, um sich hinterher die Tinktion der Schnitte auf den so zahlreichen Tragglässern zu ersparen. Auch das Aufkleben muß äußerst akkurat besorgt werden. Dagegen hat man in der Regel nicht nötig, ganz dünne Schnitte zu machen, sondern kommt meist mit solchen von 15 oder gar 20 μ. aus.

Hat man nun die Schnitte eingehend studiert und ist sich im allgemeinen über den Bau des Tieres oder Organes klar geworden, so darf man daran denken, dieses aus den Schnitten wieder aufzubauen. Selbstverständlich nicht in natura, wohl aber in Zeichnungen und sogar in plastischen Nachbildungen. Von den Schnitten zeichnet man die wichtigsten, d. h. besonders die, wo sich Lage oder Bau einzelner Teile derart ändert,

---

Rand zum Anfassen mit den Fingern oder der Pinzette haben. Nur selten greift man doch zum Deckglase muß dann aber besonders vorsichtig damit umgehen.

[1]) Bei den Botanikern ist das Bedürfnis nach dieser Art der Untersuchung ziemlich gering, und namentlich von Rekonstruktionen ist noch viel weniger die Rede.

daß dies unter allen Umständen festgehalten werden muß. Diese Skizzen werden alle bei der gleichen Vergrößerung gemacht, brauchen aber meist nicht fein zu sein, sondern nur den Anhalt für die Rekonstruktion zu liefern. Man schneidet sie nämlich aus und schichtet sie in den richtigen Entfernungen voneinander auf; das geht aber nur, wenn man sie vorher auf Pappe oder einen anderen Stoff, z. B. Wachs, von der richtigen Dicke aufgeklebt hat. Denn offenbar muß die Dicke der Schnitte, die man ja kennt, ebenso stark vergrößert werden, wie es die Skizzen sind. So gelangt man ohne weiteres zur exakten Wiedergabe des Objektes, vorausgesetzt, daß man jene wirklich genau übereinandergelegt hatte. Um dies zu können, muß man zugleich mit dem Objekt eine Marke schneiden, die sich auf jedem Schnitte wiederfindet, und nach der man sich richten kann. Als solche nimmt man z. B. einen rechtwinklig zugeschnittenen Streifen von Leber, oder man macht mehrere parallele Ritze in den Paraffinblock, bestreicht sie mit einer unlöslichen Farbe und sieht dann nach der Wegschaffung des Paraffins an der einen Seite des Schnittes ebenso viele Farbpunkte liegen. Es versteht sich von selbst, daß alle diese notwendigen Operationen die ganze Methode recht umständlich machen, so daß man sie nur dann anwendet, wenn jede andere fehlschlagen würde. Für den Anfänger ist sie entschieden viel zu schwer.

Siebentes Kapitel.

Färben der Objekte.

Bekanntlich ist die Färberei von Geweben oder nur der diese zusammensetzenden Fäden, also von Wolle, Seide usw., eine Kunst, die zwar sehr einträglich sein kann, wenn sie einer recht versteht, aber ebenso schwer und oft umständlich genug ist. Von den meisten Vorgängen bei ihr hat man wissenschaftlich immer noch keine ganz genaue Vorstellung. So weiß man z. B. trotz vielen Versuchen und Debatten nicht mit Sicherheit, ob die Pflanzenfaser (Baumwolle usw.) und die tierische Faser (Wolle, Seide) sich mit dem Farbstoffe derart vereinten, daß man dabei von chemischen Prozessen reden darf, oder ob die Bindung mehr nach den Gesetzen der Physik erfolgt. Vielleicht findet beides statt, indem bei einer Art der Färberei mehr die chemische, bei einer anderen mehr die physikalische Seite überwiegt. Wenn nun in der Technik, wo man doch das Material an Fasern sowohl als auch die Farbstoffe in beliebig großer Menge zur Verfügung hat, die Entscheidung so schwer ist, um wieviel mehr wird sie es nicht da sein, wo wie bei der Mikro-Färberei nur minimale Mengen beider Arten von Stoffen aufeinander reagieren. In der Tat waltet auch hier unter den Theoretikern alles andere als Einigkeit ob. Dem sei nun, wie ihm wolle, jedenfalls darf man es dem Leser dieser Zeilen nicht verübeln, wenn er sagt: zwar weiß ich ganz gut, warum die Gewebe zur Kleidung und anderen nützlichen Sachen gefärbt werden, aber weshalb braucht man überhaupt mikroskopische Präparate zu färben, d.h. was gewinnt man dabei? Hierauf wäre etwa folgendes zu erwidern.

Von unseren bisher betrachteten einfachen Präparaten war wohl den meisten keine besonders auffällige Farbe eigen. Auch dürfen wir nicht außer acht lassen, daß uns ein Objekt mit dem bloßen Auge recht stark gefärbt vorkommen kann, in der dünnen Schicht dagegen, die wir davon mit dem Mikroskope sehen, um ebensoviel schwächer gefärbt erscheint. Genau so wie z. B. ein tief blaues Glas, das sogut wie kein Licht durchläßt, in dem Maße heller wird, wie man es dünner schleift. So sieht denn auch ein dunkles Haar bei starker Vergrößerung hell genug aus, um die Unterscheidung der Pigmentkörnchen zu gestatten. Nun ist zwar dieses Pigment dauerhaft sogar in den Medien, die zur Aufbewahrung der Präparate dienen, aber es bildet eine Ausnahme; denn allermeist sind die natürlichen Farbstoffe nicht so resistent, daß sie sich in den fertigen Präparaten lange halten würden. Dies gilt besonders vom grünen Farbstoffe der Pflanzen, dem Chlorophyll, und nicht viel anders verhalten sich bei den Tieren die meisten Pigmente. Bringt man nun ein farbloses Objekt, um es recht durchsichtig zu machen, in ein stark lichtbrechendes Medium, z. B. Balsam, so läuft man Gefahr, viele Einzelheiten als zu durchsichtig überhaupt nicht mehr wahrzunehmen, und verwendet man ein schwach brechendes, so verringert sich in ebendemselben Maße die Dicke der Schicht, die man mit der Linse dem Auge zugänglich machen kann, ohne vorher das Objekt geschnitten zu haben. Da hilft nun die künstliche Färbung oft sehr viel und macht sogar zuweilen die genauere Untersuchung erst möglich. Denn obwohl schon eine ganz gleichmäßige (diffuse) Tinktion das Verschwinden mancher Objekte für das Auge des Beobachters wenigstens erschweren würde, so begnügt man sich hiermit doch keineswegs. Vielmehr sucht man die Färbung so zu gestalten, daß sie genau das, worauf es ankommt, hervortreten, den Rest des Präparates aber gewissermaßen hierzu nur den neutralen Hintergrund bilden läßt. So z. B. kann man, wenn man es richtig anfängt, die Nervenbahnen bei vielen Tieren auf relativ weite Strecken verfolgen, wo man ohne eine gute Färbung einfach nichts sehen würde; aber es hat lange gedauert, bevor die Methoden dazu ausprobiert waren. Auch sind diese meist so schwer zu beherrschen und oft so umständlich und von so vielen Faktoren abhängig, die sich mitunter sogar der Kontrolle entziehen, daß man dem Anfänger entschieden davon abraten muß, sich in diese Mysterien zu vertiefen. Hier sollen daher nur ganz wenige Mittel und Wege gezeigt werden, die einfach, billig und sicher sind, allerdings nicht besonders weit führen. Bevor wir aber näher darauf eingehen können, müssen einige Kunstausdrücke erklärt werden, die sich oft wiederholen.

Man unterscheidet, um rein praktisch zu beginnen, die Färbung oder Tinktion auf dem Tragglase, da sie stets nur Schnitte, Membranen oder andere dünne Objekte betrifft, als sog. Schnittfärbung von der Stückfärbung, d. h. der eines dickeren Objektes oder Stückes[1]), das durch und durch gefärbt werden soll. Ist letztere gut ausgefallen, also das ganze Stück gleichmäßig tingiert, so braucht man natürlich hinterher nur noch dieses einzubetten und zu schneiden, um eine Menge bereits gefärbter Schnitte zu bekommen, und das bietet unter Umständen große Vorteile dar. Aber in der Regel läßt sich auf dem Tragglase viel rascher färben als im Stück, auch geraten manche schwierige Färbungen überhaupt nur an Schnitten. Man sollte daher beide Methoden beherrschen und je nach Bedarf anwenden. (Genauere Angaben s. auf S. 139 u. 141.)

Ferner lassen sich allerlei tierische und pflanzliche Gewebe oder Teile von ihnen nicht ohne weiteres färben. Wohl werden sie von der Färblösung durchtränkt, geben aber beim Auswaschen des überflüssigen Farbstoffes, das ja immer geschehen muß, nicht nur diesen, sondern gleich allen wieder ab und bleiben einfach ungefärbt. Da hat man, um eine brauchbare Tinktion zu erzielen, dem Gewebe erst einen Stoff einzuverleiben, der sich mit ihm fest genug verbindet, um das Auswaschen zu überstehen, und nachher sich mit dem Farbstoff ebenso fest vereinigt, wenn dieser nun mit dem so vorbereiteten Gewebe in Berührung gebracht wird. Einen solchen Stoff — gewöhnlich ist er flüssig — nennt man eine Beize; wir kommen auch hierauf noch zurück (s. S. 137). Man beizt also nur, um einen anderen Effekt bei der Färbung zu erreichen, als man ihn direkt erlangen würde. Sehr oft führt man die Beize, d. h. den in ihr wirksamen Körper, in das Objekt schon beim Fixieren ein, manchmal absichtlich, aber mitunter auch, weil es nicht anders geht, und es kommt sogar vor, daß man die nicht beabsichtigte Veränderung des Gewebes infolge der Fixierung zum Teil wieder rückgängig machen muß, um hinterher eine gute Tinktion zu ermöglichen. So verhindert z. B. die Fixierung mit Osmiumsäure — S. 79 — die Färbung

---

[1]) Das Wort wird hier in der Art gebraucht wie in dem Ausdrucke: ein Stück Tuch.

mit Karmin oder erschwert sie wenigstens sehr, so daß man im fixierten Objekte das ihm fest eingelagerte Metall erst wieder löslich machen und dann auswaschen muß, ehe man zur Färbung schreiten kann.

Weitere Kunstausdrücke sollen erklärt werden, sobald sich das Bedürfnis dazu ergibt. Jetzt wollen wir lieber einige einfache Färbungen erörtern und beginnen da mit drei sehr wichtigen. Da ist zunächst die mit Osmiumsäure. Wie schon auf S. 79 erwähnt, tritt diese besonders an alle Stoffe heran, die sie reduzieren können, z. B. an Öle, überhaupt flüssige Fette, die durch Behandlung mit ihr mehr oder weniger stark geschwärzt werden. Da aber auch andere Stoffe in den Geweben die Osmiumsäure zu reduzieren vermögen, so ist nicht alles Fett, was sich schwärzt. Man muß also bei der Beurteilung solcher Befunde recht vorsichtig sein. Zum Glück hat man in den sog. Fettfarbstoffen ein besseres Mittel. Wir haben schon auf S. 21 gesehen, wie man sich des Sudans bedient, um in Schnitten Fett oder ätherisches Öl nachzuweisen, und fügen hier hinzu, daß man diesen Farbstoff, der in Wasser sogut wie unlöslich ist, ebensowohl durch Chloralhydrat wie durch Alkohol in Lösung bringen und so für unsere Zwecke brauchbar machen kann. Natürlich darf man das gefärbte Objekt hinterher nicht in einem Medium aufheben wollen, das das Sudan wieder auszieht, also nicht in einem Harze, sondern nur in Glyzerin oder ähnlichen Medien.

Ein anderer sehr wichtiger und zugleich bequemer Farbstoff ist das Jod, das man freilich ebensogut unter die Reagenzien stellen mag. In erster Linie dient es zum Nachweise der Stärke in den Geweben, gibt aber leider keine dauerhaften Tinktionen. Es kann hierzu in verschiedener Art angewandt werden. Legt man z. B. ein Stücklein einer Brotschnitte neben einen Jodkristall und deckt beides mit einem Uhrglase zu, so wird jenes schon bald, falls es nicht außergewöhnlich trocken war, tief blau. Das Jod wirkt also hier in Dampfform auf das nicht direkt mit ihm in Berührung gebrachte Objekt. (Dies gilt auch von der Osmiumsäure, die sich ähnlich anwenden läßt.) In der Regel aber löst man das Jod erst durch Zusatz von Jodkalium in Wasser — man macht die Lösung so dünn, daß sie etwa wie ein Südwein aussieht, oder noch schwächer — und bringt davon einen Tropfen an das Gewebe heran, oder legt dieses in die Lösung. Sobald nun das Jod an die Stärkekörner tritt, werden sie blau, mitunter so tief, daß sich in ihnen nichts mehr erkennen läßt. Interessanterweise hat diese Reaktion — daß es eine rein chemische sei, wird bestritten — nur bei Gegenwart von Wasser statt, also nicht in starkem Alkohol, in Terpineol[1]) oder Benzylalkohol, und selbst in Dampfform nur dann, wenn das Objekt Wasser enthält. Es besteht also hier eine Analogie mit dem, was wir schon auf S. 29 an der Karminsäure beobachteten. Die Stärke ist übrigens so ungemein begierig auf das Jod, daß sie schwaches Jodwasser ganz entfärbt, wenn sie in relativ großer Menge vorhanden ist. (Es genügt nämlich auch eine einfache Lösung von Jod in Wasser ohne Zusatz von Jodkalium, jedoch löst sich dann sehr wenig und langsam, so daß die Flüssigkeit nur hellgelb wird.) Freilich ein so feines Reagens auf Jod ist die Stärke nicht wie die Nase, denn man riecht bereits ein Minimum von Jod im Wasser, das die Stärke nicht färbt.

Das Jod tingiert ferner die Zellhäute und Kerne der Pflanzen, zum Glück aber nicht blau, vielmehr gelb bis braun[2]). Man mache durch eine rohe, recht saubere Kartoffel einen Schnitt aus freier Hand (oder ziehe von der Rinde ein Streifchen ab) und lege ihn (es) in eine reichliche Menge der Jodlösung, so wird man sich vom Zusammentreffen beider Reaktionen bequem überzeugen können. Allerdings ist die Färbung der anderen Teile lange nicht so intensiv wie die der Stärke und durchaus nicht dauerhafter. Aber man sieht doch, daß ein und dasselbe Mittel zweien Zwecken dienen kann. Bei den eigentlichen Farbstoffen, zu denen wir uns nun wenden, zeigt sich dieselbe Erscheinung, nur in anderer Form: durch geeignete Bereitung der Lösung kann man mit dem nämlichen Farbstoffe unter Umständen ganz verschiedene Teile der Gewebe tingieren. So z. B. gelingt es, das Karmin dazu zu bringen, daß es entweder ausschließlich den tierischen Schleim oder fast nur die Zellkerne färbt, alle anderen Teile der Zellen im Präparate dagegen ungefärbt läßt. Man muß zwar, um dies zu

---

[1]) Hierin werden die Stärkekörner erst nach Stunden gelb, nie aber blau. Umgekehrt hält sich die Farbe eigens hergestellter und dann getrockneter Jodstärke in Terpineol unverändert.

[2]) Auch Bakterien, Hefezellen, Infusorien (s. S. 162), überhaupt die meisten tierischen und pflanzlichen Gewebe im weiteren Sinne nehmen das Jod in verschiedener Stärke auf; jedoch führt diese Färbung in der Praxis leider nicht weit, da sie die einzelnen Stoffe nicht scharf genug voneinander abhebt und sich nicht in den anderen Medien hält. Immerhin mag man, um sich einen Einblick in diese Art der Tinktion zu verschaffen, mit dem Rasiermesser von einer in starkem Alkohol aufbewahrten Zwiebel einen nicht allzu dünnen Schnitt anfertigen und in Jodwasser bringen: die Zellkerne und die den Wandungen dicht anliegende sehr zarte Schicht des Zellplasmas werden braun und dadurch deutlicher als ohne Färbung. Oder man wende diese Methode auf einen beliebigen Schnitt an, der noch im Paraffin steckt — s. S. 142 — und trotzdem das Jod begierig aufnimmt.

erreichen, jedesmal eine andere Art der Lösung herstellen, hat aber dann nichts weiter zu tun, als das noch ungefärbte Präparat hineinzubringen, nach der zur Tinktion nötigen Zeit herauszunehmen und den Überschuß des Farbstoffes durch Auswaschen zu entfernen. Dann muß sich, wenn alles richtig verlaufen ist, der gewünschte Zellteil, und nur er, gefärbt zeigen.

In diesen und ähnlichen Fällen hat man den verschiedenen Arten von Zellen oder Geweben im Präparate keine Wahl gelassen, ob und wie sie sich färben wollen. Offenbar wäre das aber die ideale Weise der Tinktion, daß man ihnen eine solche Freiheit gewährte. In der Tat gibt es Gemische mehrerer Farbstoffe, die das leisten, und aus denen die Zellkerne in der ersten, das Zellplasma in der zweiten, wieder andere Teile in der dritten Farbe aus dem Färbbade hervorkommen. Wir begnügen uns indessen hier mit dem bloßen Hinweise auf die Möglichkeit derartiger Leistungen, denn die dazu gehörigen Farbstoffe sowohl als auch die Art ihrer Anwendung sind viel zu kompliziert, als daß der Anfänger sich mit ihnen befassen dürfte. Noch dazu sind die im Anfange so prächtigen Färbungen allermeist von nur geringer Dauer, machen es also nötig, die von ihnen zu erwartenden Aufschlüsse über den feineren Bau der Objekte so rasch wie möglich zu studieren, ehe die Präparate wieder verblaßt sind.

Die soeben erwähnte geringe Haltbarkeit mancher Färbungen ist auch in der technischen Färberei keine neue Erscheinung. Im Gegenteil: als die künstlichen Farbstoffe aus dem Teer — man nennt sie oft, aber ungenau auch Anilinfarben — zuerst auf dem Markte auftraten und die bis dahin gebräuchlichen Produkte aus dem Blauholze, Rotholze, der Cochenille usw. zu verdrängen begannen, zeigte es sich schon bald, daß gerade die so brillanten Farben der neuen Ära meist nicht der Seife, dem Sonnenlichte oder den anderen Schädlichkeiten des täglichen Lebens so gewachsen waren wie die resistenteren früheren. Und es bedurfte des Fleißes und der Erfindungsgabe vieler Chemiker, um auch in dieser Beziehung den Kampf mit den sog. natürlichen Farbstoffen aufnehmen zu können. Daher sind manche der zuerst bereiteten Teerfarbstoffe nicht mehr im Handel, da sie durch bessere verdrängt wurden. Auch in der Mikrotechnik hat man diese Erfahrung gemacht. Wenn man aber in der technischen Färberei den Geweben, besonders den aus Pflanzenfasern hergestellten, sehr viel zumuten kann und es oft auch tut — man färbt sie z. B. kochend heiß oder in stark saueren oder gar stark alkalischen Lösungen — so vertragen eine so rauhe Behandlung die Objekte der Mikrotechnik nur äußerst selten. Immerhin sind aus dem riesigen Heere der Teerfarbstoffe nicht weniger als an die hundert in Gebrauch gekommen, die meisten freilich ohne rechten Grund, andere wieder nur zu ganz speziellen Aufgaben. In einzelnen Fällen gelingt es, die an sich geringe Haltbarkeit der Färbung durch eine geeignete Nachbehandlung der Präparate, bevor man sie definitiv fertig macht, vorteilhaft zu ändern; aber dadurch gestalten sich die ohnehin nicht einfachen Vorgänge bei der Färberei sehr viel umständlicher, besonders für den Anfänger. Auch hier müssen wir uns daher auf diese Andeutungen beschränken.

Von den wenigen uns ernstlich interessierenden Teerfarbstoffen hatten wir schon mit dem Sudan Bekanntschaft gemacht. Ferner mit der Pikrinsäure, freilich in einer anderen Eigenschaft, nämlich als Fixiermittel. Sie dient aber vortrefflich zum Färben des Zellplasmas und mancher Abscheidungen aus und in ihm, wie wir noch sehen werden (s. S. 130). Ein gleiches gilt vom Eosin. Allerdings kann man beider wie überhaupt aller sog. Plasmafarbstoffe zur Not entbehren, wenn man nur die Zellkerne gut färbt und durch die richtige Wahl des Mediums, worin das Präparat aufgehoben werden soll, dafür sorgt, daß das ungefärbte Zellplasma dem Auge nicht entschwindet. Viel wichtiger sind, wenigstens soweit die tierischen Gewebe in Frage kommen, die sog. Kernfarbstoffe, da sie die Lage, Größe und sonstige Beschaffenheit der Kerne hervorheben und so über die Zusammensetzung des Objektes aus Zellen Aufschluß geben. Zwar lassen sich in den noch lebend oder mindestens frisch auf den Mikroskoptisch gebrachten Objekten die Kerne meist durch einfachen Zusatz von Essigsäure deutlich machen, aber besser geschieht das, wenn man sie zugleich mit Methylgrün färbt. Man löst dieses nämlich in schwacher Essigsäure und setzt davon dem Gewebe ein wenig zu: die Kerne, und nur diese, färben sich rasch und deutlich grün. Leider läßt sich solch ein Präparat nicht durch Alkohol in ein Harz bringen, da das Methylgrün in jenem leicht löslich, auch an die Kerne nur locker gebunden ist. Einige Zeit lang ist aber die Färbung in Glyzerin haltbar.

Wenn wir einstweilen von den Vitalfarbstoffen absehen, mit denen wir uns später — s. S. 139 — zu beschäftigen haben, so sind die Teerfarbstoffe für uns erledigt. Von der größten Wichtigkeit dagegen sind drei Farbstoffe, die bisher nicht künstlich dargestellt werden konnten: das Hämatoxylin, das aus dem Blauholze gewonnen wird, und das Karmin nebst der Karminsäure, die beide der Cochenille, einer Schildlaus, entstammen. Auf sie haben wir daher näher einzugehen.

Beginnen wir mit dem Karmin! Es besteht wesentlich aus karminsaurem Kalke und karminsaurer Tonerde, enthält aber daneben Eiweißkörper, deren Zusammensetzung unbekannt ist, da die Fabrikanten absichtlich keine genauen Angaben über die Art der Herstellung machen. In Wasser ist es fast unlöslich, in Alkohol desgleichen, also würde es gar nicht zum Färben taugen, wenn es nicht sowohl in Säuren als auch in Basen ziemlich leicht löslich wäre. Ein verhältnismäßig einfaches Färbgemisch ist das Boraxkarmin, das man durch Lösen des Karmins in wässeriger Boraxlösung und nachherigen Zusatz von Alkohol gewinnt. Man bedient sich seiner mehr zum Durchfärben ziemlich umfangreicher Stücke als von Schnitten und kleinen Objekten, aber es ist auch hierzu brauchbar. Nur muß man, da es selbst tief rot aussieht, beim Färben kleiner Teile gut aufpassen, daß sich diese nicht darin verlieren. Je nach ihrer Größe haben die Objekte im Boraxkarmin einige Minuten bis zu einer Nacht oder sogar mehreren Tagen zu bleiben; jedenfalls müssen sie ganz und gar damit durchtränkt sein, bevor man daran denken darf, sie herauszunehmen oder die Färblösung von ihnen abzugießen. Wollte man nun den ihnen noch anhangenden Farbstoff mit Wasser oder schwachem Alkohol — das Boraxkarmin enthält solchen von etwa 35% — auswaschen, so würde ihre Färbung sehr leiden, denn noch ist das Karmin nicht fest genug gebunden. Man bringt daher die Objekte sofort in starken Alkohol (von etwa 60%); hierin würde sich alles Karmin niederschlagen, aber ganz diffus, also in unbrauchbarer Form. Um dies zu verhüten, setzt man dem Alkohol von vornherein etwas Salz- oder Schwefelsäure zu; in dieser ist das Karmin löslich und wird in erster Linie von den Zelleibern abgegeben, dagegen sehr hartnäckig von den Kernen festgehalten. Im ganzen sieht man daher die Farbe des Objektes viel heller werden und lebhafter rot als bisher; ist dies eingetreten, so muß man den sauren Alkohol abgießen und reinen an seine Stelle bringen. Ein gut gelungenes Präparat zeigt auf fast ungefärbtem Grunde als scharf rote Punkte die Kerne, indirekt also auch Lage und Zahl der Zellen, aus denen das Objekt besteht. Nur wenn man nicht ordentlich ausgewaschen hatte, kann das Zellplasma ebenfalls viel Farbe behalten haben, indessen werden die Kerne stets lebhafter rot sein und so selbst bei schwacher Vergrößerung deutlich werden. Die Färbung ist in allen Harzen unbegrenzt lange haltbar, daher auch aus diesem Grunde nicht weniger empfehlenswert, als weil sie so leicht und sicher zu erreichen ist. Hat man ein größeres Stück zum Schneiden durchgefärbt, so bettet man es, wie auf S. 92 u. f. gezeigt wurde, ein und behandelt erst die Schnitte weiter; hat man dagegen kleine Objekte gefärbt, so führt man sie aus dem Waschalkohol in stärkeren über und von da in eins der Harze. Man kann aber vorher dem Zelleibe eine andere Farbe verleihen, indem man dem Alkohol etwas Pikrinsäure zusetzt, die sich nun gierig ans Zellplasma begibt und es lebhaft gelb färbt. Da diese Säure auch in Xylol löslich ist, so mag man ein klein wenig von ihr in diesem (statt im Alkohol) lösen und so erst unmittelbar vor dem Einlegen des Präparates in den Balsam die Gegenfärbung vornehmen. Das ist besonders bei aufgeklebten Schnitten anzuraten, die bereits im Stücke mit Boraxkarmin tingiert worden waren, denn das Xylol, das zum Wegschaffen des Paraffins dient, kann ja zugleich die Plasmafärbung vermitteln, und man braucht dann nur mit reinem Xylol nachzuwaschen. Immer aber muß man bei der Verwendung der Pikrinsäure sehr vorsichtig sein, da sie leicht zu stark färbt, so daß das Rot der Kerne darunter leidet.

Den Vorzügen der eben geschilderten Methode stehen folgende Nachteile gegenüber. Die Boraxlösung ist, obwohl sie nicht rein wässerig, sondern in schwachem Alkohol auf die Objekte wirkt, für diese nicht ganz unschädlich, namentlich wenn man große Stücke durchfärben will, die tagelang darin verweilen müssen[1]. Auch dringt das Boraxkarmin nicht besonders gut durch, so daß die Mitte oft nicht richtig gefärbt wird. Immerhin überwiegen die guten Eigenschaften so sehr, daß man es dem Anfänger warm empfehlen darf.

Die eben erwähnten Mängel hat das nun zu besprechende Karmalaun nicht. Es ist gleichfalls sehr bequem anwendbar und dazu, obgleich sein Hauptbestandteil, die Karminsäure, leider recht teuer ist, billiger als das Boraxkarmin, da es keinen Alkohol enthält. Man kann es bei Grübler in Leipzig als Tabletten haben, die man nur in warmem destilliertem Wasser zu lösen braucht. Da aber manche wohl lieber es sich selbst bereiten, so sei hier kurz auch auf die Darstellung eingegangen.

Die Karminsäure, die gleich dem Karmin aus der Cochenille gewonnen wird, ist im Gegensatze zu jenem in Wasser oder Alkohol leicht löslich. Ohne andere Zusätze verleiht sie den darin tingierten Objekten nur eine meist nicht recht brauchbare Farbe. Ist aber im Objekte eine dazu geeignete Base vorhanden

[1]) Handelt es sich daher um zarte Objekte, so wendet man besser ein Boraxkarmin mit stärkerem Alkohol an, das allerdings wegen der schlechten Löslichkeit des Borax in Alkohol sehr viel weniger Karmin enthält.

oder wird ihm eigens durch eine Beize einverleibt, so tritt diese mit der Karminsäure in Verbindung, und nun färbt sich das Objekt in einem anderen Tone als in dem der freien Säure. Von solchen Basen ist für uns die wichtigste die Tonerde[1]), denn ihr Salz mit der Karminsäure, das Aluminiumkarminat, ist schön tief lila gefärbt. Es ist in Wasser gar nicht, dagegen bei Zusatz von Alaun leicht löslich und liefert so das Karmalaun. Um dieses zu bereiten, löst man 1 g Karminsäure und 10 g Alaun in 200 ccm destillierten Wassers; zur Beschleunigung mag man das in der Wärme tun. Hat man ganz reine Materialien gehabt, so ist das Filtrieren unnötig, sonst jedoch filtriert man die Flüssigkeit und gibt, um sie vor dem Schimmeln zu schützen, 1 ccm Formol oder 1 g salizylsaures Natrium zu. Mit der Zeit setzt dies Färbgemisch leider ziemlich viel Farbstoff ab und muß ab und zu wieder filtriert werden, ist aber noch lange stark genug.

Da Alaun in Alkohol fast gar nicht löslich ist, so muß man die Objekte, falls sie nicht sehr klein sind, erst aus dem letzteren in Wasser bringen, denn sonst schlägt sich besonders innen im Gewebe der Alaun leicht in Kristallen nieder, und man erlebt dann beim Betrachten der fertigen Präparate die seltsamsten Überraschungen. Wie lange man die Objekte im Karmalaun läßt, hängt wie bei allen Farbstoffen von der Größe der Stücke und ihrer sonstigen Beschaffenheit ab. Jedenfalls müssen sie ganz und gar davon durchtränkt werden. Hier kann nur die Übung das entscheidende Wort reden. Das Karmalaun färbt übrigens nicht so lebhaft rot wie das Boraxkarmin und nicht so ausschließlich die Kerne, sondern verleiht auch dem Zelleibe einen rosa Ton. Das ist im allgemeinen kein Schade, also bringt man das Objekt aus dem Karmalaun direkt in destilliertes Wasser und wäscht es darin wenigstens so lange aus, wie man noch Farbstoff aus ihm heraustreten sieht. Will man dagegen nur die Kerne rot haben, so wäscht man mit Alaun[2]) aus, am besten

[1]) Auch Eisenoxyd und Kalk geben anders gefärbte Salze mit der Karminsäure, aber diese finden in der Mikrotechnik keine Verwendung, da sie mißfarben sind: das Eisenkarminat schwarz, das Calciumkarminat, dessen wir schon auf S. 28 gedachten, graugrün.

[2]) Man erprobe dies an Schnitten durch eine kleine Zwiebel, wie solche bereits (s. S. 126) zur Färbung mit Jod dienten. Im Karmalaun — ebenso im Hämalaun, s. S. 135 — nehmen die hier recht dicken Zellhäute ebenfalls nicht wenig vom Farbstoffe auf, geben ihn aber ganz oder bis auf Spuren an den Alaun wieder ab, während die Färbung der Kerne darunter nicht leidet. Nachher mag man die Objekte in irgendein Harz schaffen.

mit einer 5proz. Lösung — man hält sich diese vorrätig, muß sie aber mit einigen Tropfen Formol versehen — ebenfalls solange noch Farbstoff austritt, und darf nun natürlich im Auswaschen der Alaunlösung durch reines Wasser nicht weniger gründlich sein. Zum Schlusse bringt man das gefärbte Objekt (in Glyzerin oder) in ein Harz, kann auch genau wie beim Boraxkarmin die Gegenfärbung mit Pikrinsäure (s. S. 130) vornehmen, bevor man das Präparat ganz fertig macht.

Das Karmalaun dringt besser ein als das Boraxkarmin, eignet sich daher eher zum Durchfärben. Es gibt nun noch eine große Menge von Färbgemischen, die entweder Karmin oder Karminsäure als die Hauptsache enthalten, aber wir brauchen hier nicht dabei zu verweilen. Manche von ihnen sind veraltet, andere nur für ganz spezielle Zwecke bestimmt, so z. B. eins nur für die Färbung des tierischen Schleimes. Interessant sind diese Gemische insofern, als sie zeigen, daß man mit ein und demselben Farbstoffe — der Karminsäure, denn auch im Karmine ist das färbende Prinzip diese Säure — ganz verschiedene Substanzen färben kann, wenn man nur die Färbgemische richtig zusammensetzt. Der reinen Karminsäure mag man sich zur Tingierung der pflanzlichen Zellhäute bedienen, besonders unter Zusatz von Ammoniak, so daß man genau genommen mit Ammoniumkarminat[1]) zu tun hat.

Ehe wir uns mit dem dritten sehr wichtigen Farbstoffe beschäftigen, muß der naheliegenden Frage eine Antwort zuteil werden: da das Boraxkarmin Alkohol enthält, das Karmalaun nicht wenig Alaun, so könnte man wohl mit diesen beiden Stoffen

[1]) Man macht sich eine Lösung von 1 g Karminsäure in 100 ccm 60proz. Alkohols, den man aber hierzu aus reinem starkem Alkohol und destilliertem Wasser mischen muß, um keinen Kalk einzuführen, da das Calciumkarminat schwer löslich ist. Aus dem gleichen Grunde filtriert man die Lösung nicht, sondern läßt sie sich durch Absetzen klären. (Das Filtrierpapier hat fast immer etwas Kalk in sich, und so würde sie sich später doch wieder trüben.) In ihr färben sich die unverholzten und unverkieselten Zellhäute rein rot, die Zellkerne dagegen nicht oder nur ganz hell. Nachher wäscht man in Alkohol von 60%, den man durch eine Spur Ammoniak alkalisch gemacht hat, aus und geht dann durch Alkohol von 90% in Terpineol oder ein Harz über. Statt des reinen Ammoniaks leistet das sog. Hirschhornsalz (Ammoniumcarbonat) dieselben Dienste. Vor der Färbung der Zellwände kann man die Kerne mit Hämalaun tingieren, muß aber dann mit Alaunlösung gut auswaschen und diese wieder sorgsam entfernen. Durch den Zusatz des Ammoniaks verwandelt sich das ursprüngliche Rot der dünnen Zellwände in Rotviolett, das aber scharf vom Blauviolett der Kerne absticht und auch in Harz (Terpentin) haltbar ist.

frische Gewebe einigermaßen gut fixieren und gleichzeitig mit dem Karmin bzw. der Karminsäure färben? Das läßt sich in der Tat ausführen, aber die Resultate sind lange nicht so erfreulich wie bei regelrechter Fixierung und nachheriger Färbung. Ja, wollte man die Objekte auch nur direkt nach dem Fixieren (und natürlich Auswaschen des Fixiergemisches) färben, so würde selbst dieser Modus nicht so gut wirken, wie wenn man sie erst noch mit Alkohol behandelt und dann in das Färbgemisch bringt. Woran das liegt, läßt sich nicht genau angeben, aber die Tatsache bleibt bestehen, und man sollte daher stets den schon auf S. 80 vorgeschriebenen Weg inne halten.

Wir wenden uns nun zum Hämatoxylin als dem dritten für uns sehr wichtigen Farbstoffe. Es wird aus dem Blauholze gewonnen und kostet bei weitem nicht so viel wie die Karminsäure, mit der es in seinem färberischen Wesen verwandt ist. Es färbt allein überhaupt nicht und ist selber farblos, aber seine Kristalle oxydieren sich an der Luft leicht und gehen so in das braune Hämateïn über. (Daher sind die käuflichen Kristalle in der Regel außen etwas braun.) Um das Hämatoxylin bequem zu oxydieren, braucht man es nur in Wasser zu lösen und dieses unter Zusatz von etwas Ammoniak[1]) in einer flachen Schale an der Luft langsam verdunsten zu lassen. So erhält man trocknes Hämateïn-Ammoniak, das allerdings nicht kristallisiert, aber zum Färben geeignet ist, sobald man es mit einer Base zusammenbringt, genau wie wir dies schon bei der Karminsäure gesehen haben. Auch hatten wir auf S. 24 die Färbung der Papierfasern mit Hämateïn-Ammoniak allein geschildert und zugleich angegeben, daß sie nicht haltbar ist. Dies liegt daran, daß das Ammoniak als Base nicht beständig ist, und daß die Oxydation des Hämateïns, solange

[1]) Statt des Ammoniaks könnte man Kali oder Natron verwenden, würde es aber natürlich nicht wieder los, während sich ja das Ammoniak durch Erwärmen entfernen läßt. So ist das Hämateïn denn auch ein gutes Reagens auf Alkalien: bringt man einige Kristalle von Hämatoxylin mit etwas Wasser — es muß aber reines, nicht schon selbst alkalisches sein — in einer Flasche zusammen, so löst sich jenes so gut wie sicher nicht mit brauner, sondern mit mehr violetter Farbe auf, weil eine Spur des Alkalis des Glases frei wird. Diese Reaktion ist recht empfindlich und wird noch schärfer, wenn man statt des Hämatoxylins das ihm verwandte Brasilin nimmt. Soll dabei der Vorgang noch deutlicher werden, so zerreibe man die Scherben eines Reagens- oder Tragglases in einem Mörser und bringe das feine Pulver mit Wasser und einer Spur Hämatoxylin zusammen: sofort tritt die violette Färbung ein. Macht man denselben Versuch statt mit Wasser mit Benzylalkohol, so zeigt sich, wie zu erwarten war, keine Veränderung.

es an keine stärkere Base gebunden wird, immer weiter geht, bis zuletzt ein farbloser Körper (wohl Oxalsäure) entsteht. Ein viel rascheres und sauberes Mittel zur Oxydation haben wir dagegen im Natriumjodat ($NaJO_3$), das in wäßriger Lösung beim Zusammenbringen mit Hämatoxylin an dieses seinen Sauerstoff abgibt und dabei zu Natriumjodid (NaJ) wird. Natürlich darf man auch hier die Oxydation nicht zu weit treiben, sonst wird das braune Hämateïn immer heller: genau ein Fünftel des Gewichtes des Hämatoxylins ist vom Jodate nötig; weniger schadet nicht, sondern läßt nur nicht genug Hämateïn entstehen, zu viel ist aber unter allen Umständen schädlich.

Wie man die Karminsäure mit Alaun zum Karmalaun kombiniert, so das Hämateïn zum analogen Hämalaun. Man verwendet dieses in dergleichen Weise, und um seine Haltbarkeit ist es leider ebenso schlecht bestellt, besonders wenn die Flaschen aus leicht zersetzbarem, also ihr Alkali abgebendem Glase bestehen. Aber da es ja sehr leicht zu bereiten ist, so macht das nicht viel aus. Die Firma Grübler liefert, wie für das Karmalaun, so auch für das Hämalaun Tabletten, die man nur in heißem Wasser zu lösen hat, um nach dem Filtrieren sofort ein gutes Hämalaun zu erhalten. Noch besser aber macht man es sich selbst: man löst in 100 ccm destillierten Wassers 1 Decigramm Hämatoxylin, und nur den fünften Teil davon (nur 2 Centigramm) Natriumjodat; die Lösung wird, wenn man heißes Wasser genommen hatte, rasch tief braun. Nun gibt man 5 g Alaun hinzu und hat bei sauberem Arbeiten nicht einmal zu filtrieren nötig, sondern kann die Lösung ohne weiteres benutzen. Was in ihr wirkt, ist die in Wasser unlösliche Hämateïn-Tonerde, die der karminsauren Tonerde analog, aber nicht wie diese rot-, sondern blau-violett, fast blau ist, besonders wenn man jede Spur von Alaun durch Auswaschen sorgfältig entfernt hat. Die Färbungen fallen aber sehr viel satter aus als die mit Karmalaun; vielleicht hat das seinen Grund lediglich in der Wirkung beider Farben auf unser Auge — das Rot erscheint lichter als das Blau — und nicht etwa in einer stärkeren Anhäufung der Hämateïn-Tonerde in den Kernen[1]).

Gleich dem Karmalaun färbt bei richtiger Anwendung das Hämalaun ausschließlich die Kerne in den Zellen. Nur muß man unter Umständen genau wie bei jenem mit Alaunlösung —

---

[1]) Bei allen Färbungen mikroskopischer Präparate handelt es sich um so riesig kleine Mengen gebundener Farbstoffe, daß eine chemische Analyse wohl aussichtslos wäre, obgleich die Mikrochemie neuerdings auch quantitativ ungemein fein arbeiten kann.

am besten der 5proz. — auswaschen und dann den Alaun wieder gründlich entfernen, damit seine Kristalle nicht in den fertigen Präparaten zu falschen Deutungen Veranlassung geben. Will man aber dem Plasma den leicht blauen Ton belassen, den es im Hämalaun annimmt, so bringt man die Objekte direkt aus ihm in Leitungswasser, das den überschüssigen, nicht an die Gewebe gebundenen Farbstoff genau so gut entfernt, wie es destilliertes Wasser tut, dann in schwachen Alkohol, um darin die Kalksalze des Leitungswassers loszuwerden, endlich entweder in Glyzerin oder besser in ein Harz, wenn es nicht etwa dicke Stücke waren, die noch eingebettet und geschnitten werden müssen. Man übt diese ganze Technik am einfachsten zunächst an kleinen Streifen des Klosettpapiers, dessen wir schon auf S. 24 gedachten. Färbt man sie mit Hämalaun, spült sie sofort tüchtig in Leitungswasser ab, trocknet sie flüchtig durch Daraufpressen eines anderen Stückes und bringt sie durch 90proz. Alkohol in Terpineol, so findet man die Färbung zwar intensiv, aber ganz diffus. Das wird anders, wenn man nach dem Färben erst in Alaunlösung auswäscht, denn nun geht aller Farbstoff wieder heraus. Ferner tingiere man einige Zwiebelschnitte, um die analogen Erfahrungen zu machen, und vergleiche sie mit den mit Karmalaun (s. S. 131) behandelten.

Wie beim Boraxkarmin oder Karmalaun ist auch beim Hämalaun eine Gegenfärbung unter Umständen nützlich. Nur darf sie hier natürlich nicht in Blau erfolgen, auch eignet sich die Pikrinsäure nicht, da sie leicht dem Violett-Blau der Hämateïn-Tonerde gefährlich wird. Am einfachsten bedient man sich einer Lösung von Eosin in Wasser oder Alkohol. Da dieses aber gern tief färbt, so verwende man sie recht schwach und probiere ihre Stärke je nach den Objekten erst aus. Denn auch in solchen Präparaten ist die Färbung der Zellkerne die Hauptsache, muß also lebhaft violett-blau sein. Ein Farbstoff, der sozusagen diskreter färbt, ist das Orange G, das den Geweben einen helleren Gegenton verleiht. Da es aber in der Anwendung nicht so bequem ist, so bleibt der Anfänger besser beim Eosin[1]), wenn er es nicht vorzieht, das Hämalaun allein zu gebrauchen. Vermutet man im Objekte die Gegenwart eines Öles oder halbflüssigen Fettes, so kann man dieses nach der Färbung mit Häm-

[1]) Hatte man das Hämalaun zur Färbung im Stücke angewandt, so kann man die Schnitte, die man mit dem Mikrotom macht, auch ohne sie vom Paraffin zu befreien, mit Eosin färben. Wie man dabei verfährt, wird auf S. 142 geschildert.

alaun durch Sudan nachweisen — s. S. 21 —, muß dann aber als definitives Medium Glyzerin wählen, da sich ja in den Harzen das gefärbte Fett lösen würde. Das Sudan gibt einen guten Kontrast zum Blau der Kerne.

Wir erwähnten schon auf S. 132, daß man mit dem Karmin auch andere Teile in den Präparaten färben könne als nur die Kerne, und haben nun vom Hämateïn genau dasselbe zu melden. Das gilt zunächst vom Alaunhämateïn: verringert man im Hämalaun die Menge des Alauns, indem man es z. B. mit Wasser statt mit 5proz. Alaunlösung verdünnt, so wird das Zellplasma auf Kosten des Kernes stärker und stärker tingiert, und auch die Zellwände nehmen an der allgemeinen Färbung teil. Ein derartiges Präparat, das viel tiefer blau erscheint als ein regelrecht bereitetes, wird aber beim Auswaschen mit Alaunlösung von der Überfärbung ganz oder bis auf Spuren befreit. Mithin darf man sagen: der viele Alaun im Hämalaun läßt in den übrigen Zellteilen keine Färbung aufkommen, so daß nur die Kerne, deren Nukleïn große Verwandtschaft zur Hämateïntonerde zeigt, diese aufnehmen und hartnäckig festhalten. Mit dem Karmalaun verhält es sich ebenso, und wie man dort durch geeignete Abänderung der Vorschriften sich Gemische herstellen kann, die z. B. nur den Schleim in den tierischen Zellen tingieren, so auch hier: neben dem sog. Mucikarmin gibt es ein Muchämateïn; beide haben, wie schon der Name sagt, in den Präparaten den Schleim (mucus) zu färben, aber nichts anderes.

Ferner gaben wir auf S. 131 an, die Verbindung der Karminsäure mit Eisen tauge nicht recht zum Färben, und so könnte man glauben, dies sei auch beim Hämateïn der Fall. Dem ist jedoch nicht so: eine Färblösung, die außer einem Eisensalze Hämateïn enthält, tingiert bei richtiger Anwendung die Kerne sehr stark, allerdings durchaus nicht besser, als es Hämalaun tut. Auch hält sich die Lösung nur wenige Stunden unverändert, und so wollen wir uns hier nicht weiter damit beschäftigen. Wohl aber mit einer anderen Art der Eisenfärbung, die in geschickten Händen sehr wichtig wird. Man beizt nämlich die Schnitte erst mit einem Eisensalze und bringt sie dann in die Hämateïnlösung. Das Resultat ist eine Überfärbung des ganzen Präparates, die völlig wertlos wäre, wenn man sie so beließe. Entfernt man aber durch vorsichtige Anwendung einer Säure oder eines sauren Salzes den Überschuß des Eisenhämateïns — oder was die Verbindung sonst sein mag —, so bleibt dieses nur dort erhalten, wo es fester gebunden ist, also besonders in den Kernen, aber auch je nach den Einzelheiten des Verfahrens in anderen wichtigen Teilen der Gewebe. Nur muß man zur rechten Zeit mit der Entfärbung aufhören und das Präparat sorgfältig auswaschen, sonst kann es alle Farbe einbüßen. Für unseren Zweck genügt diese kurze Schilderung der Prinzipien des Vorganges und der Hinweis darauf, daß man solche „regressive" Färbungen auch mit anderen Farbstoffen ausführt, d. h. zuerst damit stark überfärbt und dann durch eine besondere Art des Auswaschens das wegschafft, was zuviel da ist. Der Anfänger hat aber schon mehr als genug mit der einfachen „progressiven" Färbung zu tun, deren Resultate auch sicherer sind und nur eine einzige Deutung zulassen, während die regressive oft Bilder liefert, die ganz verschieden aufgefaßt werden können. Streng genommen ist übrigens die Färbung mit Häm- oder Karmalaun zuweilen auch regressiv, sobald nämlich das Auswaschen mit der Alaunlösung, um eine etwaige Plasmafärbung zu entfernen, nötig wird.

Um mit dem Hämatoxylin abzuschließen, sei noch angegeben, daß als Basis auch das Chrom angewandt wird. Schon auf S. 79 sagten wir, daß die mit Chromsalzen fixierten Gewebe, die also diesen chemischen Körper eingelagert enthalten, nachher mit bloßem Hämatoxylin tingiert werden können. Man ist aber hiermit nicht zufrieden, sondern führt zuweilen absichtlich Chrom in die Objekte ein, um sie dann so zu färben, oder verleibt ihnen zuerst den Farbstoff und nachher das Chrom ein. Die Einzelheiten interessieren uns nicht, wohl aber sei im Zusammenhange hiermit näher auf die Anwendung der Beizen eingegangen.

Wir haben schon früher (s. S. 124 und 136) kurz darauf hingewiesen, daß wie in der gewerbsmäßigen Färberei so auch in der Mikrotechnik die Beizen dazu bestimmt sind, die Gewebe, die sich sonst nicht färben wollen, dazu gewaltsam zu bringen oder auch ihnen eine andere Farbe aufzudrängen, als sie durch den Farbstoff allein angenommen hätten. Es handelt sich hier also stets wenigstens um eine Tripelallianz zwischen Gewebe, Farbstoff (im engeren Sinne) und Beize. Von den Färbern wird das Gewebe fast immer zuerst gebeizt und hinterher in die Lösung des Farbstoffes gebracht; wie wir gleich sehen werden, geht es in der Mikrotechnik auch umgekehrt, nur ist dann der Ausdruck Beize nicht recht am Platze. Um sich nun über all dies klar zu werden, stelle man folgende sehr einfache Versuche an, die das Wesentliche der Vorgänge deutlich hervortreten lassen.

In einer ganz hellen Lösung von Hämatein in Wasser, wie man sie leicht durch Auflösen einer Spur von Hämatoxylin und Zusatz eines Minimums von Natriumjodat erhält (s. S. 134), lasse man einen schmalen Streifen guten Filtrierpapiers eine Minute lang verweilen, lege ihn auf anderes Papier, um ihn etwas abzutrocknen, und zerschneide ihn noch feucht mit einer gewöhnlichen Schere. Ist diese auch nur im geringsten rostig, so wird die Schnittfläche blauschwarz geworden sein. Noch besser drückt man mit der Fläche eines messingenen Spatels auf das Papier: sofort zeigen die betroffenen Stellen ein schönes Himmelblau. Analog verlaufen diese Versuche mit Karminsäure, nur ist das Resultat nicht so deutlich, weil diese schwächer färbt. Wohl aber nimmt man wahr, daß das Filtrierpapier, während es trocknet, schwärzlich wird; das ist ein Zeichen, daß es noch etwas Kalk enthält, der sich jetzt in Calciumkarminat umgewandelt hat. Und die Verbindung der Karminsäure mit dem Kupfer des Messingspatels ist nicht blau, sondern violett. Betupft man das halbtrockene Papier mit einem Tröpflein der Alaunlösung oder setzt einen Alaunkristall darauf und drückt ihn mit einem Glasstabe hinein, so tritt die Umwandlung in die für das Häm- bzw. Karmalaun charakteristische Farbe ebenfalls ein. In allen diesen Fällen hat man also erst den Farbstoff den Geweben einverleibt und nachher die sog. Beize, die zwar an sich farblos ist, aber mit dem entweder kaum — Hämateïn — oder nur schwach — Karminsäure — gefärbten Papiere eine kräftige Tinktion zuwege bringt. Eigentlich sollte man indessen die Beize zuerst applizieren, also den Alaun, das Eisen- oder Kupfersalz, und wenn man das tut, so erhält man in den eben geschilderten Fällen dasselbe Ergebnis, wenn auch nicht so bequem. Mit anderen Worten: was da färbt, ist nicht etwa der unveränderte Farbstoff, sondern eine Verbindung von ihm mit den genannten Metallen, also ein Metallsalz. Ein solches liegt z. B. dem Karm- und Hämalaun zugrunde, nur ist es unlöslich in Wasser und muß erst durch den Alaun in Lösung gebracht werden. Dieser dient mithin durchaus nicht als Beize im richtigen Sinne des Wortes, und so darf man auch nicht, wie das oft geschieht, Karmin, Hämatoxylin und Karminsäure als B e i z e n f a r b s t o f f e bezeichnen. Denn der Alaun sorgt in diesem Falle nicht für das Anhaften des Farbstoffes an den Geweben, im Gegenteil: er verhindert, daß sich ihre anderen Bestandteile ebenso stark tingieren wie die Zellkerne. Ähnlich verhält es sich mit den Färbungen durch die Eisen- oder Kupfersalze, deren wir soeben gedachten.) Besonders klar wird das bei der Färbung mit Boraxkarmin und den ihm verwandten wässerigen Lösungen des K a r m i n s, die durch Zusatz eines Alkalis (namentlich des Ammoniaks) zustande kommen: hier hat man ja keinen freien Alaun, sondern nur die Tonerde, die neben Kalk an die Karminsäure gebunden ist und doch mit ihnen zusammen das Gewebe in dem schönen Rot des Karmins tingiert.

In der technischen Färberei sind echte Beizen in erster Linie die Gerbstoffe, die der Baumwolle einverleibt werden und sie dazu befähigen, Farbstoffe festzuhalten, die sonst beim Auswaschen wieder verloren gingen. In dieser Art färbt der Mikrotechniker nur selten und begnügt sich meist mit dem, was das Gewebe, in der richtigen Weise vorher fixiert und behandelt, von selbst leistet.

Ganz anders als die bisher erörterten Farbstoffe, die ja samt und sonders zu den bereits ordentlich fixierten oder wenigstens sicher toten Objekten in Beziehung treten, wirken manche, die sich zur Färbung von Tieren (oder Pflanzen) im Leben eignen. Auch ihrer sei hier kurz gedacht.

Diese sog. Vitalfarbstoffe sind chemisch zum Teile gar nicht nahe mit einander verwandt, dürfen aber alle nicht giftig sein, um ohne großen Schaden vom Versuchsobjekte vertragen zu werden. Entweder bringt man sie dem Tiere durch den Darm bei oder injiziert sie ihm unter die Haut, auch wohl in die Leibeshöhle oder die Gefäße, oder man versetzt die Tiere in die Färblösungen und überläßt es ihnen, wie viel sie davon aufnehmen wollen. Je nach der Art des Farbstoffes und seiner Anwendung färben sich andere Teile. Besonders wichtig ist diese Lebendfärbung für die Untersuchung der feinsten Nerven geworden, aber auch im Blute lassen sich allerlei Einschlüsse sichtbar machen. Nur sind für den Anfänger die damit verbundenen Prozeduren zu schwierig und die Ergebnisse nicht interessant genug, weil ihm dazu die Vorkenntnisse in der Gewebelehre doch abgehen. Eine relativ einfache Art kann er aber bei den Infusorien (s. S. 161) üben und mag ferner eine weiße, also in Wirklichkeit farblose Blüte mit dem Stiele in eine wässerige Lösung von Säurefuchsin stellen: da wird er schon nach wenigen Stunden die rote Lösung in den Saftbahnen der Blüte aufgestiegen sehen, so daß diese von roten Linien durchsetzt erscheint. Jedoch ist dann der Farbstoff nicht im geringsten an die pflanzlichen Gewebe gebunden, sondern fließt beim Anschneiden der Blüte unverändert wieder aus. Bei den echten Vitalfärbungen hingegen dringt er wirklich durch die Zellwände in die Zellen ein und wird hier je nach den Umständen von diesem oder jenem Bestandteile so begierig aufgenommen, festgehalten und aufgespeichert, daß viel stärkere Tinktionen zustande kommen, als man von den in der Regel nur sehr schwachen Lösungen des Farbstoffes erwarten kann. Aber wenn auch vielleicht nicht alle, so sind doch die meisten so gefärbten Teile der Zellen nicht lebendig im eigentlichen Sinne des Wortes, sondern entweder schon im Absterben begriffen oder gar nur tote Einlagerungen im Zelleibe. Daher führt die ganze Methode ihren Namen nur insofern mit Recht, als sie an noch lebenden oder eben erst toten Organismen ausgeübt wird. Die Aufspeicherung des Farbstoffes durch den betreffenden Teil der Zelle findet übrigens ebenfalls bei der typischen Färbung der fixierten, also unzweifelhaft toten Gewebe statt und kann auch so weit gehen, daß aus einer ganz schwachen Lösung der Farbstoff nahezu völlig vom Objekte absorbiert wird.

Bisher sind die vielen Manipulationen beim Färben absichtlich nicht besprochen worden. Das muß nun nachgeholt werden. Wir haben da mehrere Fälle zu unterscheiden und in jedem anders zu verfahren.

1. Stückfärbung. Größer als etwa 1 cm in jeder Richtung sollten die Stücke nicht ein, da sie sonst sich nur unvollkommen durchtränken lassen und beim Auswaschen, das ja dann recht lange dauern muß, leicht in den äußeren Teilen zu blaß werden. Nur wenn zwei Dimensionen sehr gering sind, darf die dritte um so größer sein, wie z. B. bei einem langen Wurme oder einem Pflanzenstengel. Hat das Objekt viele Hohlräume, so daß es die

Färblösung relativ leicht eindringen läßt, so darf es größer gewählt werden, als wenn es sehr dicht ist. Ist der Farbstoff in rein wäßriger Lösung, z. B. Karmalaun, so beschleunigt man sein Eindringen dadurch, daß man das Objekt direkt aus schwachem Alkohol hineinbringt, um so eine recht kräftige Strömung zwischen dem in die Höhe strebenden Alkohol und der schweren Färblösung hervorzurufen. Natürlich darf, wie schon auf S. 131 gesagt wurde, der Alkohol nicht so stark sein, daß er in der Lösung Niederschläge erzeugt.

Als Gefäße zum Durchfärben dienen am besten Glastuben mit Korken; letztere müssen gut schließen und stets nur bei demselben Farbstoffe gebraucht werden, da sie selber von ihm etwas aufnehmen. Zwar lassen sich auch, wenn die Färblösung wäßrig ist, also nur wenig zum Verdunsten neigt, Glasschalen mit Deckeln brauchen, aber sowie man hinterher das Objekt in Alkohol zu bringen hat, sind jene nicht mehr praktisch; also wählt man besser von Anfang an Tuben. Diese müssen, während man damit operiert, liegen und von Zeit zu Zeit bewegt werden, damit die Färblösung immer ordentlich mit dem Objekte in Berührung bleibt; steht der Tubus aufrecht, und ist darin das Objekt zu Boden gesunken, so kann es vorkommen, daß die dem Glase aufliegende Partie sich gar nicht oder viel weniger färbt, als wenn die eben erwähnte Regel befolgt wird. Gleiches gilt später vom Auswaschen der überschüssigen Färblösung und den weiteren Operationen: stets sorge man für die gründlichste Mischung der Flüssigkeiten!

Die Menge der Lösung sollte wenigstens das 20fache vom Volumen des zu färbenden Stückes betragen, und danach richtet sich die Größe des Tubus. Auf den Kork steckt man mit einer Nadel einen Zettel, der ganz kurze Notizen über das Objekt, die Art der Färbung und wohl auch den jeweiligen Zustand des Objektes enthält. Also etwa: Huhn, Luftröhre, Boraxkarmin 10 Stunden, Säure, Alkohol 60, 90. Sitzt die Nadel nicht oben, sondern seitlich im Kork, so mag das bedeuten, daß wir das Objekt bereits in absoluten Alkohol gebracht haben. Oder man notiert, falls man sich auf sein Gedächtnis verlassen zu können glaubt und sich durch öfteres Probieren einen festen Weg vorgezeichnet hat, noch einfacher: Bor., 90, was besagen würde, daß man nach dem gewöhnlichen Schema beim starken Alkohol angelangt ist. Mit dem Alkohol darf man nicht sparen wollen, weder beim Entfernen des Waschwassers, wenn man mit Karm- oder Hämalaun operiert hat, noch auch beim Wegschaffen der Säure nach dem Boraxkarmin. Lieber etwas zu viel Alkohol als zu wenig, besonders solange man noch den billigen denaturierten benutzt. Will man vom durchgefärbten Stücke nur einige Schnitte aus freier Hand machen, so bleibt man beim 90proz. stehen und bringt erst die guten Schnitte weiter in ein Harz.

2. Schnittfärbung. Hat man einen oder mehrere Paraffinschnitte nach den auf S. 118 u. 119 angegebenen Methoden auf dem Tragglase festgeklebt, so läßt man auf dieses, um das Paraffin loszuwerden, aus einer Pipette Xylol fließen. Man neigt dann das Tragglas, damit das Xylol ablaufen kann, und gibt sofort frisches darauf, bei vielen Schnitten mit reichlichem Paraffinrande sogar zum dritten oder vierten Male. Nun wischt man, wenn man annehmen darf, das Paraffin ganz fortgeschafft zu haben, mit einem feinen Tuche soviel Xylol wie möglich vom Tragglase weg und bringt gleich mit einer anderen Pipette — am besten steckt jede von ihnen ein für allemal im Halse der betreffenden Flasche — absoluten Alkohol darauf. Etwaige Paraffinreste werden mit weggeschwemmt, nur dürfen ja keine in den Schnitten geblieben sein, was man bei einiger Übung leicht merkt. Dem ersten Gusse des Alkohols folgt der zweite, dritte usw., solange man noch das Xylol mit der Nase wahrnimmt[1]). Nun wird dieselbe Prozedur mit 90proz. Alkohol vorgenommen, ebenso mit 60proz., eventuell auch mit 30proz., zuletzt mit der Färblösung. All dies dauert nicht lange und kostet wenig Reagenzien.

Hätte man viele Traggläser voll Schnitte, die einer Serie durch das Objekt angehören, zu färben, so möchte es sich empfehlen, von jedem der genannten Reagenzien die nötige Menge in ein Zylinderglas zu geben, das ein oder gleich mehrere Traggläser aufnehmen kann, und nun diese der Reihe nach von einem Glase in das nächste wandern zu lassen. Zeit spart man dabei ohne Zweifel, auch ist dieser Weg sehr beliebt, wenn es sich um solche Serien handelt, und es gibt sogar verschiedene Arten von Färbezylindern zu kaufen, die eigens hierfür erdacht sind. Indessen hat diese Einrichtung doch auch ihre großen Nachteile. Wenn nämlich die Flüssigkeiten in jenen schon einige Zeit in Gebrauch sind, so verändern sie sich derart, daß sie nicht mehr das leisten, was sie sollen: das Xylol löst das Paraffin nicht mehr rasch genug auf, der absolute Alkohol enthält Xylol, so daß dieses auch in die Gläser mit dem schwächeren Alkohol gerät, usw. Man muß dann die Zylinder leeren und frisch füllen, braucht daher ziemlich viel Reagenzien. Ohnehin fassen jene von vornherein eine beträchtliche Menge, was bei schwer zu bereitenden Gemischen unangenehm

---

[1]) Statt des absoluten kann man 96proz. gebrauchen, muß dann aber noch besser auf die völlige Entfernung des Paraffins aus den Schnitten bedacht sein. Dafür kann man später den 90proz. ausfallen lassen, also gleich zum 60proz. übergehen. Bleibt hier und da noch ein Paraffinrest, so färbt sich an diesen Stellen natürlich der Schnitt nicht ordentlich.

werden kann. Dagegen kommt bei unserer Methode auf jedes Tragglas eine relativ geringe Menge noch ungebrauchter Flüssigkeiten, und will man noch sparsamer sein, so kann man zur Not dasselbe Quantum wässeriger Färblösung für zwei oder gar drei Präparate hintereinander benutzen.

Einen Übelstand führt allerdings die von uns empfohlene Art des Färbens mit sich: hat man mit Boraxkarmin oder anderen alkoholischen Gemischen zu tun, so muß man das Tragglas sorgfältig mit einem großen Uhrglase zudecken, damit der Alkohol nicht verdunstet. Auch beim Entwässern ist dieselbe Vorsicht zu beachten, aber zum Glück sind die meisten Harze nicht so empfindlich gegen Spuren von Wasser wie der Canadabalsam, so daß man sich sogar an dieser gefährlichen Stelle entweder durch Einschieben von Terpineol oder die Wahl des Euparals und Terpentins statt des Balsams helfen kann. Jedenfalls ist es für den Anfänger ratsam, sich in die angegebene Methode ordentlich einzuarbeiten, um sie zu beherrschen.

3. Alles unter Nr. 2 Gesagte betrifft nur den Fall, daß man aufgeklebte Schnitte zu färben hat. Sind diese aber nicht aufgeklebt, also wohl meist aus freier Hand gemacht, so färbt man sie je nach ihrer Größe in einem Uhrglase, dem Ausschliffe eines Tragglases oder direkt auf dem Tragglase, das für das definitive Präparat bestimmt ist, so daß der umständliche und gefährliche Transport des oft weichen, empfindlichen Schnittes von dem Gefäße auf das Tragglas wegfällt. Überhaupt sind lose Schnitte zwar viel schwieriger zu behandeln als aufgeklebte, färben sich aber, da ja die Flüssigkeit sie von oben und unten zugleich umspült, bedeutend rascher als diese. Wie nicht aufgeklebte Schnitte verhalten sich hier die losen Häute, nur muß man mit ihnen noch sorgfältiger umgehen, damit sie keine Falten werfen, die sich hinterher nicht wieder glätten wollen. Da leisten die kleinen Spatel vortreffliche Dienste beim Übertragen der Häute von einem Gefäß in ein anderes, wie auch die Pipetten zum Absaugen oder Zusetzen der Flüssigkeiten unentbehrlich sind. Daß man die Uhrgläser usw. sorgfältig zudecken muß, versteht sich von selbst, ebenso daß man dieselbe Menge eines Färbgemisches für mehr als ein Objekt gebrauchen darf, solange sie noch unverändert aussieht. Freilich allzu sparsam darf man hier ebensowenig sein wie an anderen Stellen, besonders nicht beim Alkohol.

Hier sei auch kurz der Methode des Färbens von Schnitten gedacht, die noch im Paraffine stecken. Man läßt einen Schnitt, der so behandelt werden soll, sich auf dem Tragglase nicht in reinem Wasser, sondern gleich im Färbgemische strecken und hält dieses noch längere Zeit warm, so daß der Schnitt Zeit dazu hat, sich zu färben, soweit das Paraffin dies überhaupt erlaubt. Natürlich darf dabei das Gemisch sich nicht durch Austrocknen verändern oder ganz verdunsten; sollte also der Schnitt die Farbe nur langsam annehmen, so legt man ihn statt auf das Tragglas lieber gleich in ein Uhrglas voll des erwärmten Färbgemisches, so daß er auf diesem schwimmt, bis er hinreichend gefärbt ist. Dann saugt man das Gemisch ab, bringt das Waschwasser, oder was sonst nötig ist, an seine Stelle und schwemmt zuletzt den Schnitt auf ein Tragglas; hier läßt man das Wasser ablaufen und ihn in der bekannten Weise antrocknen, worauf man ihn in ein Präparat umwandelt. Bei dieser Methode vermeidet man also den Alkohol, den man beim gewöhnlichen Färben auf dem Tragglase nicht umgehen kann, wenn man überhaupt den Schnitt in einem Harze aufbewahren will, völlig, und das wird dann wichtig, falls jener vom Farbstoffe viel ausziehen würde, was er leider manchmal tut. Aber im ganzen ist die Färbung doch nur selten so scharf wie bei der gewöhnlichen Art, mithin bleibt man besser bei dieser.

4. Nun sind noch die Fälle zu erörtern, wo es sich um ganz kleine Objekte handelt, z. B. Infusorien oder Blutzellen. Da hat man verschieden zu verfahren, je nachdem man über sehr viel Material verfügt, also ruhig ein gut Teil davon einbüßen kann, oder so wenig, daß man am liebsten gar nichts davon verlöre. Im letzteren Falle muß man unter dem Deckglase färben, und das bringt manche Unbequemlichkeit mit sich. Man findet z. B. beim Durchmustern eines Präparates einen interessanten winzigen Organismus, den man näher studieren möchte. Hat man ihm alles abgesehen, was er ohne besondere Vorbereitung zeigt, so tötet und fixiert man ihn, wie bereits auf S. 80 genau besprochen, und wäscht das Fixiergemisch gut aus. Ist das gelungen, so schreitet man zur Färbung, am einfachsten und besten wohl mit Karm- oder Hämalaun. Dieses läßt man vorsichtig an einer Seite des Deckglases eintreten und saugt es langsam unter ihm durch, bis es auf der anderen Seite das Filtrierpapier zu färben beginnt. Nun läßt man es wirken und sieht von Zeit zu Zeit mit der geeigneten Linse nach, wie weit die Tinktion gediehen ist, um sie im rechten Augenblicke unterbrechen zu können. Es versteht sich von selbst, daß man dafür sorgt, daß das kostbare Objekt bei diesen Vorgängen seinen Platz nicht ändert und speziell beim Saugen nicht gequetscht wird. Die weiteren Prozeduren, also das Auswaschen mit Wasser, eventuell vorher noch mit Alaunlösung, verlaufen wie gewöhnlich. Schwierig gestaltet sich nur die Entwässerung vor dem definitiven Einschluß in das Harz, aber im Prinzip nicht schlimmer, als bei einem ungefärbten Präparate.

Sind dagegen die kleinen Objekte so zahlreich, daß man getrost einen Teil davon verlieren darf, so beginnt man die

Operationen, indem man jene in einen Tubus bringt. Man wolle z. B. lose Stärke (Kartoffelmehl) färben[1]) und davon ein Präparat herstellen. Die Stärke wird im Tubus mit dem Farbstoffe — in diesem Fall der schon auf S. 132 erwähnten Lösung von Karminsäure in 60proz. Alkohol unter Zusatz von etwas Ammoniak — übergossen und umgeschüttelt. Nun legt man den Tubus hin und stellt ihn erst dann wieder auf, wenn man den Farbstoff zu entfernen vorhat. Dazu dient eine Pipette, mit der man vorsichtig die Flüssigkeit bis auf einen kleinen Rest absaugen kann, ohne viel Stärkekörner mit zu entfernen. (Bei sehr leichten Objekten tut man gut daran, die Spitze der Pipette in der Flamme horizontal zu biegen, so daß sie den Bodensatz weniger aufrührt.) Auch darf man den Tubus nie am Glase selber, sondern nur am Korke anfassen, damit die warmen Finger keine Strömungen in der Flüssigkeit hervorrufen. Dann gibt man den ebenfalls schwach ammoniakalisch gemachten Waschalkohol hinzu, mischt alles sehr gut und läßt wieder absetzen. So kann man, ohne wesentliche Verluste an Stärkekörnern zu erleiden, nach und nach den starken Alkohol hinzubringen und zuletzt das Intermedium. Den Schluß bildet die Übertragung kleiner Portionen der gefärbten Stärke auf Traggläser in Glyzerin, Terpineol oder ein Harz sowie die Fertigstellung der Präparate nach den gebräuchlichen Regeln.

Man kann aber auch einen anderen Weg einschlagen, der wohl ebenso gut ist. Man bereitet sich eine etwa $\frac{1}{2}$proz., also dünnflüssige Lösung von Celloidin in Äther und Alkohol und gießt sie auf die ungefärbte Stärke im Tubus. Sollte diese nicht ganz trocken sein, so muß man sie zuvor mit starkem Alkohol so gut entwässern, daß sich beim Zusatze der genannten Lösung kein Celloidin ausscheidet. Nun schüttelt man das Gemisch um und bringt einen Tropfen davon auf ein Deckglas, wo sofort der Alkohol und Äther zu verdunsten anfangen. Sobald das Celloidin eine Membran bildet, aber noch nicht hart geworden ist, legt man das Deckglas mit dem Celloidin nach unten auf Alkohol von 60%, der sich in einem Uhrglase befindet, und erhält so die Stärkekörner in eine feine Haut eingeschlossen, die man entweder direkt färbt oder leicht, besonders durch Legen des Deckglases in Wasser, von diesem ablöst und

[1]) Am einfachsten würde man sie in eine wässerige Jodlösung bringen und, wenn sie blau genug ist, herausholen, wieder trocknen lassen und in ein Harz schaffen; die Färbung hält sich gut. Hier hingegen haben wir es nur mit einer Vorübung zu tun, um die Methode später auch bei zarten Objekten, die keine Trocknung vertragen, anwenden zu können.

wie einen großen losen Schnitt weiterbehandelt. Alles dies geht sehr einfach vor sich; man muß sich nur davor hüten, die Membran in absoluten Alkohol zu bringen, wo sie sich ja wieder lösen würde, aber 90proz. oder Benzylalkohol darf man ruhig verwenden. Durch die Haut hindurch verlaufen natürlich alle Prozesse, d. h. das Färben, Auswaschen usw., langsamer, als wenn die Stärke direkt in Berührung mit den Agenzien träte. Ein anderer Übelstand ist der, daß sich die Membran gern mitfärbt. Indessen läßt sich durch richtiges Auswaschen diese Färbung so abschwächen, daß sie nicht lästig wird.

Da sich die Stärkekörner sehr rasch zu Boden setzen, so sind sie zur Einübung des ganzen Verfahrens recht geeignet. Man findet erheblich größere Schwierigkeiten beim Umgehen mit solchen kleinen Wesen, die lange schweben bleiben, und wird z. B. mit Blutzellen viel stärkere Verluste zu beklagen haben. Hierbei denke man ja nochmals daran, daß man den Tubus nicht unten im Bereiche des Bodensatzes anfassen darf, um keine Strömungen hervorzurufen. Wie man die Infusorien und andere winzige Organismen färbt, soll auf S. 164 eingehend geschildert werden.

Achtes Kapitel.

Schleifen, Entkalken, Bleichen und Macerieren der Objekte.

In diesem kurzen Abschnitte seien einige Methoden der Vorbereitung von Objekten zur mikroskopischen Untersuchung besprochen, die seltener ausgeübt werden und daher nur nebenbei Erwähnung verdienen. Es sind dies das Schleifen, hauptsächlich von Knochen und Zähnen, ferner das Entkalken und Entkieseln sowie das Bleichen, endlich das Isolieren von Zellen und anderen Gewebteilen durch Maceration, also das Macerieren.

1. Schleifen. Den feineren Bau der Knochen, Zähne und anderer Hartgebilde erkennt man auf zwei Weisen, die sich ergänzen: durch Schneiden der entkalkten Objekte — hierüber s. auf S. 148 — und durch Schleifen der noch hart gelassenen, aber trockenen. In der Regel benutzt man die letztere Technik lediglich, um Aufschluß über die Hartsubstanzen zu gewinnen, und nur selten schleift man die Knochen usw. mit den dazu gehörigen Weichteilen, was aber sehr viel schwieriger und umständlicher ist. Auch manche niedere Tiere oder Teile von ihnen sowie viele Mineralien werden geschliffen, Versteinerungen müssen ebenfalls sehr oft so untersucht werden. Es lohnt sich also, hier wenigstens die hauptsächlichsten Methoden kennen zu lernen, damit man sie anwenden kann.

Ein sehr einfacher Fall ist der, daß man einen Schliff durch einen Knochen machen will. Wir nehmen dazu einen Nadelhalter oder einen ähnlichen Gegenstand aus Bein — nicht aus Elfenbein —, wie ihrer im Haushalte gebräuchlich sind. Das hat den Vorteil, daß man es mit einem fettfreien, weißen, reinen Objekt aus Knochen zu tun hat. Davon schneiden wir mit einer Laubsäge mehrere recht dünne Scheiben ab; sie mögen etwa 1 cm im Durchmesser haben, und das ist für den Anfang gut, denn größere Stücke machen unverhältnismäßig mehr Arbeit, ohne doch mehr zu zeigen. Auch an einem sauberen Zahne von einem Hammel oder anderen nicht zu großen Haustiere kann man sich im Schleifen üben. Zugleich entkalkt man ein anderes — womöglich das benachbarte — Stück desselben Objektes, um später die aus freier Hand angefertigten Schnitte durch dieses mit den Schliffen zu vergleichen. Da das Entkalken immer lange Zeit kostet, so sollte man damit schon jetzt beginnen.

Das Objekt hätten wir also. Aber zum Schleifen gehört ferner wohl ein Schleifstein, wenigstens möchte man das glauben; indessen der läßt sich auch durch eine ebene Platte aus Eisen oder Glas ersetzen, auf der man mit Schmirgel und anderen Materialien schleift, oder durch ein ebenes Stück Bimsstein. Zu Anfang jedoch feilt man jedesmal die obere Fläche des Objektes mit einer feinen Feile glatt und schneidet erst dann mit der Säge eine Scheibe ab; man kann sie leicht etwa 1 mm dick machen, ohne daß sie dabei zerbricht. Nun bringt man sie mit Wasser auf den vorher mit Benzin gut abgewischten, also fettfreien, ziemlich feinen Stein und schleift sie, indem man sie mit einem Finger sanft darauf drückt, unter kreisförmigen Bewegungen immer dünner. Ab und zu sieht man mit der Lupe oder später mit dem Mikroskope nach, ob sie gleichmäßig dünn wird; in der Regel findet man natürlich, daß sie an der einen Seite dünner zu werden droht als an der anderen, und dann hat man ein wenig mehr auf diese zu drücken. Auch muß man oft mit Wasser das abgeschliffene Material vom Steine abspülen, sonst schleift er nicht mehr gut. Nach etwa 15—20 Minuten kann der Schliff fein genug sein; er muß dann, noch feucht, für das bloße Auge durchscheinend aussehen, wird aber, wenn man ihn trocknet, doch weiß erscheinen und wohl noch ein wenig zu dick sein. Nun darf man nur höchst vorsichtig weiter schleifen, sonst zerbricht er, oder es bröckeln wenigstens Stücke von ihm los. Sollte er doch keilförmig geworden sein, so schadet das nicht viel, denn so zeigt er an der einen Seite mehr die feine Struktur, an der anderen besser den Verlauf der Kanäle usw. in der Dicke. Aber jetzt muß er poliert werden, denn noch sind auf ihm feine Striche, die Schleifspuren, sichtbar. Man spült ihn also sorgfältig mit Wasser ab, läßt ihn trocknen und reibt ihn auf einem Arkansassteine, glatten Papiere oder Spiegelglase (großen Tragglase) so lange, bis er glänzt, dreht ihn um und poliert die andere Fläche ebenfalls. Er kann nun trocken unter einem Deckglase (mit Lackrand) aufbewahrt werden, aber es ist gut, einen anderen Schliff in Balsam zu bringen oder jenen, bevor man ihn definitiv in Luft beläßt, in Benzylalkohol zu studieren und dann von neuem trocken werden zu lassen.

Die geschilderte Art des Schleifens ist für unseren Zweck die einfachste. Wohl geht dabei, wenn man lange schleift, die Haut an der Fingerspitze ein wenig ab; indessen wächst sie ja nach, auch kann man mit den Fingern abwechseln oder einen Handschuh aus feinem Leder anziehen. Aber wir raten zu letzterem Schutzmittel nicht, denn man hat ja in den Fingern das feinste Gefühl, merkt daher schon bald, wie dünn der Schliff wird, und kommt so nicht in die Gefahr, ihn zu dünn werden zu lassen, so daß ein Teil von ihm verloren gehen kann. Kittet man ihn dagegen mit Siegellack oder Schellack auf ein Stück Holz oder Metall — natürlich auf eine dazu eigens ganz eben gemachte Fläche —, so schleift man zwar sehr viel rascher, hört aber meist nicht zur rechten Zeit auf, muß auch nachher den Lack mit Alkohol entfernen, was recht umständlich ist. Also für die genannten Objekte bleibt man besser bei der soeben beschriebenen Methode. Die andere mag man hingegen an einem ebenfalls sehr lehrreichen Objekte erproben, nämlich an einem flachen Perlmutterknopfe, wie er für die Hemden gebräuchlich ist. Diesen kittet man mit gutem Siegellack auf eine Messingplatte, die etwa 1 qcm Oberfläche haben und $1/2$ cm dick sein mag. Nun feilt man ihn erst ziemlich dünn, erwärmt die Platte von der freien Fläche her bis zum Schmelzen des Lackes, nimmt den Knopf ab, kittet ihn vorsichtig mit der abgefeilten Fläche wieder auf, aber so, daß er dem Metall überall gleichmäßig aufliegt, und feilt ihn bis beinahe zur definitiven Dünne ab. Sodann macht man ihn durch Erwärmen der Platte von dieser frei und bringt ihn in ein Schälchen voll Alkohol, um den Lack ganz zu entfernen, was mitunter nicht leicht geht. Zuletzt schleift man ihn nur mit der Fingerspitze bis zu Ende dünn und poliert ihn wie einen Knochenschliff. Er muß dann in Luft, aber auch in Balsam, die ungemein zahlreichen wellenförmigen Linien zeigen, die ebenso vielen feinen Lamellen entsprechen; aus diesen baut sich das Perlmutter auf und erhält durch sie bei schrägem Auflichte den eigentümlichen Schimmer.

Ein gutes Objekt ist auch die sog. Steinnuß *(Phytelephas)*, aus der die großen weißen Hemdenknöpfe gedreht werden. Einen solchen Knopf schleift man zunächst auf einer breiten groben Feile unten plan, sägt dann die Basalscheibe ab, kittet sie mit Siegellack auf die Messingplatte und schleift sie erst auf der Feile, dann auf dem Steine durchsichtig und poliert sie. Ferner sägt man den Stiel nebst dem daransitzenden eigentlichen Knopfe der Länge nach durch und behandelt die eine Hälfte wie angegeben. So hat man nun zwei Schliffe in aufeinander senkrechten Ebenen, mag sie beide mit Karminsäure in wässeriger oder alkoholischer Lösung etwas färben und daraus ein Präparat machen, das den charakteristischen Bau der Steinnuß zeigt.

Wagt man sich an größere Scheiben als von etwa 1 cm Durchmesser, so merkt man schon bald, daß die Schwierigkeiten beim gleichmäßigen Schleifen rasch enorm wachsen. Man lasse sich also an den kleinen Schliffen genügen. Dagegen versuche man der Übung halber Bruchstücke der Schale einer Muschel oder Schnecke zu schleifen, denn hierbei muß man viel behutsamer verfahren als mit dem Perlmutterknopfe. Zunächst erwärmt man etwas Canadabalsam über einer kleinen Flamme vorsichtig so lange, bis ein Tröpfchen davon, das man mit einem Glasstabe herausnimmt, nach dem Erkalten ziemlich hart ist, jedoch nicht geradezu zerbricht. Von diesem Balsam läßt man ein wenig auf einem Stück eines zerbrochenen Tragglases durch Erwärmen weich werden und drückt die zu schleifenden Schalenteilchen alle hübsch nebeneinander hinein. Dann schleift man zunächst die freie Fläche glatt, poliert sie und kittet sie (ebenfalls mit Balsam) auf ein anderes, aber ganzes Tragglas, löst dann durch Erwärmen von der Unterseite des ersten Tragglases her dieses ab und hat so die ganze Masse mit der bereits polierten Fläche auf dem zweiten Tragglase fest. Jetzt schleift man weiter, bis die richtige Dünne erreicht ist, poliert und gibt von neuem Balsam nebst dem Deckglase darauf. Von Hause aus brüchige Gegenstände, wie manche Mineralien, können überhaupt nur so geschliffen werden.

2. Entkalken und Entkieseln. Schon vorhin sagten wir, es werde sich lohnen, zum Vergleiche mit den Schliffen durch Knochen und Zähne einen Schnitt durch dieselben Objekte anzufertigen, natürlich erst, nachdem man sie entkalkt hat. Es handelt sich also nun darum, die Methoden hierzu, nebenbei auch die der Entkieselung kennenzulernen.

An Objekten für das erstere Verfahren ist kein Mangel. Hier seien nur die Knochen und Zähne berücksichtigt. In ihnen steckt der Kalk als kohlen- und phosphorsaure Salze, die alle in Säuren löslich sind. Zur Not könnte man sogar mit einer so schwachen Säure wie Pikrinsäure entkalken, aber wenn die Objekte auch nur einigermaßen dick sind, würde das zu lange dauern. Man wählt daher stärkere Säuren, besonders Salz- oder Salpetersäure; Schwefelsäure ist nicht zu brauchen, denn obwohl sie den Kalk angreift, so setzt sie sich doch damit gleich zu Gips um, der als schwerlösliches Salz die Säure am ferneren Eindringen hindern würde. Sind sehr zarte Objekte zu entkalken, so tut man das am besten in einer mit 90 proz. Alkohol verdünnten Säure, damit die nach der Auflösung der Kalksalze weich werdenden Gewebe sich darin härten können. Unsere Objekte sind aber so resistent, daß sie sogar recht starke Säuren in wässeriger Lösung vertragen und darin natürlich viel rascher entkalkt werden als bei Gegenwart von Alkohol. Man bringt daher ein nicht zu großes Stück eines Zahnes, am besten das beim Schleifen übriggebliebene, und ebenso den Rest des Knochens in 5proz. Salpeter- oder Salzsäure. Die Flüssigkeit muß reichlich vorhanden sein, ist auch oft tüchtig umzuschütteln, damit die Objekte stets von frischen Portionen der Säure umspült werden. Sobald man nun beim Einstechen einer Nadel merkt, daß das Gewebe durch und durch weich ist, bringt man die Objekte unverweilt — ein längeres Verbleiben in dem stark sauren Gemisch ist unvorteilhaft — zum Auswaschen der Säure in Wasser. Aber ja nicht in reines, weil die beim Entkalken zurückgebliebene Grundsubstanz darin quellen würde, sondern auf wenigstens 24 Stunden in eine 5proz. Lösung von Natriumsulfat oder Alaun. Auch mit dieser darf man nicht geizen, muß ebenfalls die Objekte fleißig darin bewegen und die Lösung, wenn sie noch sehr sauer wird, einmal wechseln. Dann aber nimmt man reines Wasser, am besten fließendes, d. h. die Wasserleitung, falls sie frei ist, und läßt jene darin, bis sie auf Lakmuspapier nicht mehr sauer[1]) reagieren. Wirklich gut entsäuert, lassen sie sich mit dem Rasiermesser entweder direkt oder nach Über-

[1]) Hätte man in sauerem Alkohol entkalkt, so müßte man natürlich mit Alkohol auswaschen, aber man darf ihm zur Beschleunigung der Operation etwas gefälltes Calciumcarbonat zusetzen, mit dem die Säure sich zu einem löslichen Kalksalze verbindet. Dies würde man solange tun, wie der Alkohol noch sauer reagiert.

tragung in Alkohol gut und fein schneiden. Ist alles ordentlich verlaufen, so wird man den Präparaten nicht ansehen, ob sie entkalkt sind oder nicht, denn der Kalk ist den Geweben so innig eingelagert, daß man sein Fehlen mit dem Mikroskope nicht wahrnimmt. Dies gilt allerdings nur von den Knochen und Zähnen, während bei manchen niederen Tieren sich doch Lücken bemerkbar machen. Daher muß man zuweilen die Objekte vor dem Entkalken sorgfältig in Celloidin einbetten, das nachher für die Säuren durchlässig ist und den Geweben einen Halt gewährt, so daß sie nicht geradezu auseinanderfallen. Wir schildern aber diese Methode nicht genauer, weil sie dem Anfänger doch zu große Schwierigkeiten machen würde.

In analoger Weise verfährt man beim Entkieseln, nur bedarf man dazu der Flußsäure als der einzigen, die sich eignet. Da indessen der Anfänger wohl kaum ein Objekt zur Hand hat, das er zum Erlernen der Methode brauchen könnte, so sei hier nur kurz darauf hingewiesen, daß die Flußsäure mit der größten Vorsicht verwendet werden muß, weil sie die Augen sehr angreift, und daß man statt ihrer auch ein Gemisch von Fluornatrium und Salzsäure benutzen kann, das sogar bequemer ist. Die ganze Prozedur nimmt man in Glasgefäßen vor, die man aber, da die Flußsäure das Glas bekanntlich stark ätzt, vorher mit Paraffin ausgegossen hat, so daß sie innen damit ausgekleidet sind.

3. Bleichen. Als ein sehr gutes Objekt wählen wir eine Stubenfliege, am besten eine eben erst getötete. An den Fühlern sieht man, da sie schwarz sind, bei gewöhnlicher Beleuchtung nicht gar viel, noch weniger an den Beinen. Da empfiehlt sich also die Entfernung des fast undurchsichtigen Pigmentes, das direkt in der Chitinhaut liegt. Sie ist aber nicht sehr leicht. Um sie auszuführen, bringt man das Bein, den Fühler oder gleich die ganze Fliege in ein Reagenzglas, auf dessen Boden sich bereits Kristalle von chlorsaurem Kalium (dem Kali chloricum der Apotheker und Drogisten) befinden. Nun gießt man vorsichtig etwas rohe Salzsäure — die reine tut es auch, aber langsamer, so daß man oft durch Erwärmen nachhelfen muß — darauf und läßt die sich entwickelnde Chlorsäure nebst dem freiwerdenden Chlor auf die Objekte wirken. Zuerst sieht man die Augen der Fliege rot werden, das Schwarz der Beine ist viel resistenter. Die Länge der zum Bleichen nötigen Zeit richtet sich nach der Temperatur und läßt sich durch sehr vorsichtiges Erwärmen abkürzen. Man hüte sich vor dem Einatmen der Gase, nehme daher die Operation im Freien, jedenfalls nicht im Arbeitszimmer vor, damit die Mikroskope und anderen empfindlichen Apparate nicht darunter leiden. Sind die Objekte ganz hell geworden, so gießt man den Inhalt des Reagenzglases in ein großes Gefäß voll Wasser, fischt sie heraus, entsäuert sie recht sorgfältig und bringt sie durch Alkohol in Terpineol usw. Hatte man eine in 90proz. Alkohol fixierte Fliege genommen, so kann man sie nach dem Bleichen wie gewöhnlich in Paraffin betten und sich an den Schnitten davon überzeugen, daß die Gewebe nicht allzu sehr gelitten haben: die Zellkerne sind noch mit Hämalaun färbbar, die Querstreifung der Muskeln in den Beinen ist erhalten usw.

Besser und bequemer bleicht man die Schnitte, da an sie ja die Reagenzien rascher herantreten können. Auch gibt es hierzu andere Methoden, die zum Teil weniger scharfe Chemikalien nötig machen. Indessen brauchen wir hierauf nicht näher einzugehen. Auch zur Entfernung des Osmiums aus den mit Osmiumsäure fixierten Objekten kann das Chlor nebst manchen anderen Stoffen dienen, und es wirkt sogar auf die Schnitte, wenn diese noch im Paraffin sind. Man verwendet dazu meist das Chlorwasser der Apotheker oder das Wasserstoffhyperoxyd.

4. Macerieren und Verdauen. Zwar gewinnt man durch das Studium von Schnitten, seien es ganz dünne oder dickere, aus freier Hand gemachte, meist einen genügenden Einblick in den Bau eines Organes oder gar des ganzen Tieres (der Pflanze), aber die Gestalt der es zusammensetzenden Zellen läßt sich auf diese Weise doch nur schwer erkennen, und namentlich erlangt man von der Existenz von Ausläufern und deren Form kaum eine richtige Vorstellung. Anders wird das, wenn es gelingt, die einzelnen Zellen aus dem Zusammenhange mit ihren Nachbarn zu lösen, so daß sie isoliert werden. Denn nun lassen sie sich, wenn man sie unter ein Deckglas mit Wachsfüßchen bringt, durch vorsichtiges Verschieben von allen Seiten betrachten, zeigen also ihre Gestalt viel genauer und auch meist bequemer, als wenn man diese erst aus der Kombination mehrerer Schnitte erschließen müßte. Derartige Isolierungen liefert die sog. Maceration, allerdings oft nicht gerade sehr leicht. Man maceriert ja nur, um den Kitt — oder wie man die Masse bezeichnen mag, die die Zellen miteinander verbindet — aufzulösen oder wenigstens zu erweichen, nicht aber dürfen dabei die Zellen selber erheblich beschädigt werden. Das ergibt so ziemlich für jede Art von Zellverbindung ein anderes Reagens zur Maceration, und es hat sich herausgestellt, daß in der Regel die Chemikalien, die bei richtiger Anwendung eine gute Fixation verbürgen, sich auch zum Macerieren eignen, sobald man sie stark verdünnt benutzt. Wir wollen hier aber aus der sehr großen Schar der Maceriergemische nur eins herausgreifen, da dem Anfänger just die Gewebe fremd sind, bei denen besonders oft und mit Aussicht auf guten Erfolg die uns beschäftigende Methode gebraucht wird. So schildern wir sie an einem Mittel, das auch dem Ungeübten befriedigende Resultate geben muß: der Kali- oder Natronlauge.

Im allgemeinen ist es gleich, welches der beiden Alkalis man verwendet. Man legt in die Flüssigkeit, die man als 33proz. Lösung des Alkalis kauft, den zu macerierenden Gegenstand, läßt ihn eine Zeitlang darin, gibt dann viel Wasser — es muß destilliertes sein, da das gewöhnliche sofort seinen Kalk ausfallen lassen würde — hinzu und wird erst jetzt die Wirkung sehen, nämlich ein starkes Quellen und Flüssigwerden der Substanzen. Hat dies die nötige Zeit gedauert, so wäscht man die Lauge sehr gut aus und kann nun das Präparat weiterbehandeln.

Ein Schnitt mit dem Rasiermesser durch ein Hühnerauge, das man sich ja leicht von sich selbst oder den Mitmenschen verschaffen kann und in 90proz. Alkohol fixiert hat, werde direkt in Wasser oder Terpineol untersucht: er zeigt darin sogut wie gar keine feinere Struktur, jedenfalls nicht seine Zusammensetzung aus Hautzellen. Nun bringe man einen anderen Schnitt auf ein Tragglas und setze einen Tropfen Kali- oder Natronlauge hinzu; um der Luft, die aus dem reinen Alkali das unwirksame kohlensaure Salz machen würde, den Zutritt zu erschweren, lege man ein Deckglas auf, lüfte es aber von Zeit zu Zeit einen Augenblick, damit die Lauge auch über den Schnitt frei hinfließen kann. Zunächst nimmt man kaum eine Veränderung wahr; sowie man aber nach etwa $\frac{1}{2}$ Stunde am einen Rande des Deckglases destilliertes Wasser zutreten läßt und auf der anderen Seite mit Fließpapier die Lauge wegsaugt, beginnt die Quellung, und nun dauert es nicht mehr lange, daß die Zellen — richtiger: die Häute der leeren Hornzellen — sichtbar werden. Besonders wenn man das Deckglas wegnimmt und durch ein frisches ersetzt. Man gönnt der nun schon dünn gewordenen Lauge noch eine kurze Frist und wäscht sie dann ganz aus. Will man ein Dauerpräparat davon machen — viel Zweck hat es nicht —, so muß man von einem Rande her ein Tröpfchen Glyzerin, am besten verdünntes, zutreten lassen; geschieht das zu rasch, so sieht man die Zellen wieder schrumpfen. Auch kann man sie, indem man dem Glyzerin eine Spur Pikrinsäurelösung zusetzt, gelb färben, so daß sie deutlicher werden.

Bisher sind die Zellen in ihrem Verbande zwar stark gelockert worden, aber noch nicht ganz isoliert. Will man auch dies erreichen, so braucht man nur den Schnitt, während er noch in der verdünnten Lauge liegt, mit etwas Wasser in ein Uhrglas zu spülen und hierin über einer kleinen Flamme ins Kochen zu bringen. Er zerfällt dabei schon in Fetzen; überträgt man von diesen einige wieder auf das Tragglas, legt das Deckglas auf und schlägt mit der Spitze einer Präpariernadel mehrere Male auf letzteres, so gelingt es ohne Mühe, einige Zellen ganz frei zu erhalten, so daß man über ihre Gestalt ins klare kommt.

Wie man sieht, leisten die Hornzellen sogar der Lauge starken Widerstand. Noch resistenter sind die tierischen Haare, obwohl auch sie in der Lauge aufquellen und hell werden. Da nun die meisten pflanzlichen Zellen wegen ihrer Cellulose-Häute von ihr noch weniger angegriffen werden, so ergibt sich ein bequemes Mittel zur raschen Erkennung der Wolle in gemischten Geweben: man zerzupft auf dem Tragglase ein wenig des fraglichen Stoffes, bringt Lauge hinzu und sieht dann in kurzer Zeit die Wollfäden blaß werden, so daß sie bei weit offener Blende fast zu verschwinden scheinen, während die pflanzlichen Fasern — der Flachs verhält sich wie die Baumwolle — deutlich bleiben.

Es versteht sich von selbst, daß ein Reagens, das so energisch auf die verhornten Hautzellen wirkt, das unvergleichlich zartere Fleisch, d. h. die Muskelzellen, und erst recht die Schleimhäute in Mundhöhle, Magen, Darm usw. zerstört. In der Tat darf man diese feinen Gewebe der Kali- oder Natronlauge nur dann aussetzen, wenn man sie vernichten will. Absichtlich tut man dies, um bei Insekten, Spinnen, Tausendfüßern und Krebsen, kurz bei den Tieren mit Chitinhaut, diese rein von allen Weichteilen zu erhalten. Denn auch das Chitin widersteht der Lauge, nicht nur der kalten, sondern sogar der heißen. Man braucht also nur ein Insekt, z. B. eine Fliege, eine Zeitlang in der Lauge zu lassen und bemerkt dann beim Auswaschen mit destilliertem Wasser, wie alle inneren Teile (mit Ausnahme der ebenfalls von Chitin ausgekleideten Organe, also des Enddarmes, Vorderarmes usw.) zerfallen und sich mit einer Nadel oder einem Pinsel entfernen lassen. Besonders hilft dabei ein feiner Wasserstrahl mit, den man auf das Insekt richtet, und noch besser ist es, wenn man dieses vorher an irgendeinem Punkte des Körpers angeschnitten hat, um der Lauge den Weg hinein und den Weichteilen den Austritt zu erleichtern. Bei ganz zarten Insekten darf man aber die Lauge nur kalt anwenden, da sie in der Hitze die weicheren Häute oder Haare etwas verändern könnte.

Zeigt sich so die Lauge als ein nur mit der größten Vorsicht anwendbares Mittel, so gilt eher das Gegenteil von dem bereits auf S. 74 erwähnten Alkohol, der nach der vorhin angegebenen Regel durch richtige Verdünnung aus einem Fixator zu einem Macerator wird. Aber seine Wirkung ist auf so leicht zerstörbare Organe beschränkt wie den Darmkanal und seine Anhänge oder die Oberhaut der höheren Tiere sowie auf Organe von ähnlichem feinerem Baue, und er versagt schon nahezu bei den Muskelfasern. Man wendet ihn als 30proz. — der etwas stärkere leistet das nicht mehr — an, indem man eine reichliche Menge in einem Tubus oder Reagenzglase wenigstens 24 Stunden lang mit dem zu macerierenden Gewebe in Berührung läßt und ab und zu kräftig umschüttelt. So gelingt es meist, die Zellen zu isolieren; hat man ihrer nicht zu wenige, so mag man sie durch Absetzenlassen im Tubus und Wechseln des Alkohols klären und sich daraus ein Präparat herstellen, das man auch färben kann.

Eine der Maceration verwandte Methode ist die der Verdauung. Man braucht dazu meist den Magen- oder Pankreassaft eines Säugetieres entweder frisch oder, was bequemer ist, in der reineren Form als sog. Pepsin bzw. Pankreatin, und setzt diesen Stoffen frische Gewebe oder aufgeklebte Schnitte aus. Dabei wird je nach Umständen der eine oder andere Teil des Gewebes verdaut, also gelöst, und kann nun entfernt werden, so daß der Rest, auf den es gerade ankommt, klarer hervortritt. Es muß aber genügen, hier auf diese Methode nur hingewiesen zu haben, denn für den Anfänger eignet sie sich als zu schwierig und umständlich nicht.

Neuntes Kapitel.

Beobachtung lebender Wesen mit dem Mikroskope.

Da wir uns streng an unser Programm binden, nur das zu behandeln, was in der engsten Berührung mit dem Mikroskope und seinen Hilfsapparaten steht, so darf der Leser nicht erwarten, hier genaue Anweisungen zu Fang und Kultur lebender Wesen zu erhalten. Wer der glückliche Besitzer eines Zimmer-Aquariums ist, findet darin eine reiche Quelle von allerlei Pflanzen und noch mehr von Tieren, namentlich niederen, unter denen sich manche vortrefflich zum Studium mit Lupe und Mikroskop eignen. Wer dessen entbehrt, hat allerdings nur eine höchst beschränkte Auswahl zur Verfügung. Aber selbst diese bietet, in richtiger Weise benutzt, dem nicht so begünstigten Anfänger Anregung genug dar.

Gemeiniglich sind in einem gut bestellten Zimmer-Aquarium auch die Weichtiere vertreten, obwohl nur durch einige Arten von Wasserschnecken und kleinen Muscheln. Letztere geben eine bequeme Gelegenheit zum Studium der sog. Wimper- oder Cilien-Bewegung an den ganz leicht zugänglichen Kiemen. Außerdem lassen sich zur richtigen Zeit die Larven von Fröschen oder anderen Amphibien halten und sogar züchten, und diese zeigen — s. S. 156 — die Blutbewegung im Schwanze und anderen durchsichtigen Teilen des Körpers. Das alles kann man sich leider ohne ein solches Aquarium nicht beschaffen, wohl aber bleibt einem unter allen Umständen die Möglichkeit offen, sich ein Glas voll Wasser mit Infusorien — im weitesten Sinne des Wortes, also auch mit den von ihnen fast nicht zu trennenden Bakterien, Rädertieren usw. — zu bevölkern und so das Material für manche sehr hübsche Beobachtungen zu gewinnen. Ehe wir aber dieses unser Hauptthema erörtern, sei ganz kurz dargelegt, wie man die erwähnten Amphibienlarven und sogar kleine Fische dazu bringt, uns den Kreislauf des Blutes zu zeigen, also einen der interessantesten Vorgänge, die sich nur mit dem Mikroskope wahrnehmen lassen.

Eine frisch dem Aquarium entnommene Froschlarve (Kaulquappe) ist viel zu lebhaft, als daß sie sich ohne weiteres auf den Mikroskoptisch legen ließe. Sie muß erst betäubt werden. Das geschieht am einfachsten und für das Tier unschädlichsten, indem man sie in einen kleinen Behälter mit Wasser bringt und nun auf die Oberfläche etwas Alkohol gießt: auf 50 ccm Wasser genügen etwa 3 cm reinen — ja nicht des denaturierten — 90proz. Allmählich schläft das Tier ein, d. h. seine Bewegungen werden langsamer, und es läßt sich dann anfassen und transportieren, ohne sich dagegen zu sträuben. Allerdings dauert es länger, ehe dieser Zustand erreicht wird, wenn das Wasser sehr kalt, als wenn es lauwarm ist. Nun muß man dafür sorgen, daß die Larve nicht vorzeitig erwacht, und das erreicht man, indem man sie auch während der Beobachtung entweder im Gemische von Alkohol und Wasser beläßt oder sie wenigstens damit befeuchtet. Soll sie dann später wieder erwachen, so braucht man sie nur in reines Wasser zurück zu versetzen[1]).

Es versteht sich zwar von selbst, mag aber hier nochmals erwähnt werden, daß man das Mikroskop während der Beobach-

[1]) Statt des Alkohols mag zum Betäuben eine geringe Menge Äther dienen, auch Chloroform läßt sich dazu verwenden, ferner Chloralhydrat und Cocain, aber alle diese Mittel sind lange nicht so harmlos wie der Alkohol, regen auch meist das Opfer zuerst stark auf, bevor sie es einschläfern. — Die Larven der Molche *(Triton* und *Salamandra)* halten zwar auch ohne Betäubung still, sind also bequemer zu beobachten, aber nicht so leicht zu bekommen.

tung der Larve (auch anderer lebender Wesen von größerem Umfange, z. B. eines Fischleins oder Wurmes) vor der Benetzung mit dem Wasser hüten muß. Am besten durch Auflegen einer Glasplatte auf den Tisch. Die Larve hat man entweder in einer kleinen Glasschale so untergebracht, daß sie sich bequem beobachten läßt, oder wenn das nicht geht, direkt auf die Glasplatte gelegt und hier mit Fließpapier bedeckt, um den Körper feucht zu halten; auf dieses muß man dann von Zeit zu Zeit mit einer Pipette etwas von dem Betäubungsmittel geben. Den Schwanz lagert man schräg nach oben, so daß er auch von der Linse 4 erreicht werden kann, und legt ein Deckglas darauf, das aber keinen Druck ausüben darf.

Außer dem Kreislaufe, der natürlich nach einiger Zeit stockt, da die Bedingungen für das Tier doch gar wenig normal sind, lassen sich die Zellen der Oberhaut und sogar die mehr innen gelegenen Gewebe frisch und in ihrem richtigen Zusammenhange studieren. Man wird da sehen, daß man eben nicht viel sieht, weil die meisten Gewebe zu durchsichtig sind. Dafür treten die Pigmentzellen umso deutlicher hervor, verdecken sogar oft andere Stellen, die man beschauen möchte, lassen sich aber leider nicht entfernen.

Die Weichtiere im Zimmer-Aquarium ermöglichen auch die Beobachtung lebenden Spermas — man muß es allerdings gelernt haben, am frischen Tiere die Hoden zu finden und zerzupfen — sowie der Eier. Diese werden ja von manchen Arten in Form eines Laiches an Wasserpflanzen und dgl., sogar an Traggläsern, die man im Aquarium aufstellt, abgelegt; er ist durchsichtig genug, um die Entwickelung des Keimes in den gröbsten Umrissen zu zeigen. (Zur Anfertigung von Dauerpräparaten der Eier raten wir nicht, da dies zu schwer ist und sich nicht lohnt.) Auch von kleinen Wasserkrebsen (Flohkrebsen usw.) lassen sich an den Embryen wohl die Hauptzüge der Entwickelung beobachten, und das geht sogar an kleinen Eiern von Insekten oder Spinnen. Nur muß man in diesem Falle, da sie allermeist eine rauhe Schale haben, sie in einem unschädlichen fetten Öle, z. B. Olivenöl, untersuchen, denn darin treten die Teile des Embryos viel deutlicher hervor, und dieser entwickelt sich eine Zeit lang ruhig weiter, obwohl seine Atmung durch die Schale ja vom Öle behindert wird. Immerhin sind alles dies sehr schwierige Objekte, auf die hier nur der Vollständigkeit wegen aufmerksam gemacht werden soll.

Da bei längerem Verweilen kleiner Tiere in nur wenig Wasser die Verdunstung zu stark sein würde, hat man, wie schon gesagt, ab und zu frisches Wasser zuzufügen. Das empfiehlt sich auch der Atmung des Tieres halber, und dann muß man sogar das Wasser, damit es nicht stagniert, unter dem Deckglase in Bewegung halten, indem man es auf der anderen Seite absaugt. Soll das längere Zeit geschehen, so würde der stete Gebrauch der Pipette und die Aufmerksamkeit, die man darauf verwenden muß, zu viel Mühe machen. Da hilft man sich ganz einfach so, daß man Zu- und Ableitung des Wassers durch Baumwollfäden besorgt; beide reichen bis unter das Deckglas in das Wasser, und der eine schöpft das frische aus einem seitlich vom Mikroskope, höher als dieses, gestellten Glase, der andere leitet es in

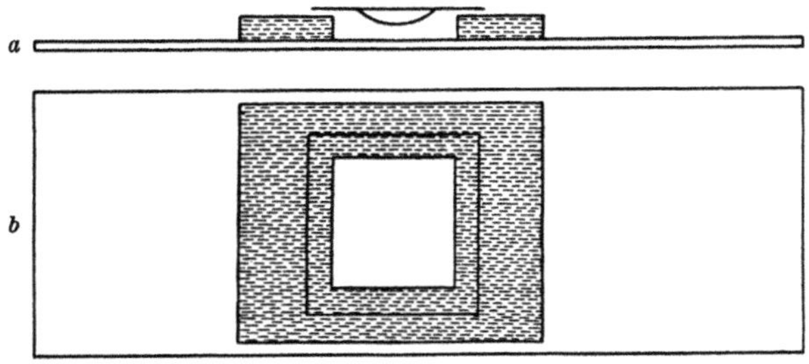

Fig. 24. *a* von der Seite, *b* von oben. Die Pappe ist gestrichelt.

derselben Weise in ein niedrigeres Gefäß ab. Einige Stunden lang kann dieser Apparat auch ohne besondere Aufsicht tätig sein, und länger dauert ja eine solche Beobachtung kaum.

Im Zusammenhange hiermit sei auch der Feuchten Kammer erwähnt, Sie ist in den mannigfachsten Formen erdacht worden, dient aber lediglich dem Studium ganz kleiner lebender Objekte oder überlebender Teile von größeren. Stets handelt es sich bei ihr um den Schutz des Präparates vor Verdunstung der Flüssigkeit, worin es liegt, und ein Wasserwechsel, wie bei dem eben geschilderten Apparate, ist ganz ausgeschlossen. Eine recht einfache Art dieser Kammer (Fig. 24) besteht aus einem Stücke dicker Pappe, das in der Mitte so weit ausgeschnitten ist, daß ein Deckglas nicht hindurchfallen kann, sondern mit dem Rande darauf ruht. Nun legt man die Pappe auf ein Tragglas, durchtränkt sie gut mit Wasser, bringt das Objekt in seiner Flüssigkeit auf das Deckglas schön in die Mitte, dreht dieses rasch geschickt um und legt es auf den Ausschnitt. So wird das Objekt vor dem Austrocknen bewahrt. Gibt man ab und zu seitlich etwas Wasser an den Rand der Pappe, so daß diese immer feucht bleibt, so kann man einen ganzen Tag lang die Tierchen in ihrem kleinen Gefängnisse beobachten. Sie befinden sich hier, wie man das nennt, im Hangenden Tropfen; dieser darf natürlich mit dem Wasser in der Pappe nirgend in Berührung treten. Für kürzere Zeit genügt es wohl, das Deckglas mit dem Tropfen nach unten über einen großen Hohlschliff in einem Tragglase zu legen und mit Vaselin zu umranden, um die Verdunstung unmöglich zu machen. Die kleinen Objekte liefern aber, wenn sie nicht ganz dicht unter dem Deckglase bleiben, namentlich an dessen Rändern oft keine recht scharfen Bilder.

Den nämlichen Zweck wie die eben beschriebene verfolgt eine viel größere Art der Feuchten Kammer, aber in ganz davon

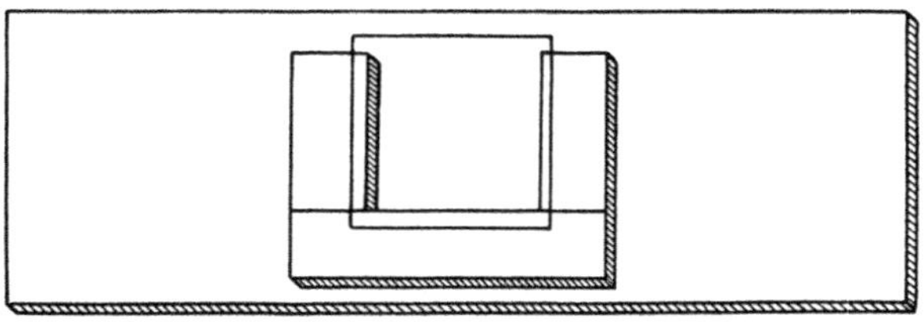

Fig. 25.

verschiedener Weise. Bei ihr bilden den Hauptteil ein beliebiger flacher Teller und eine Glasglocke, die darin Platz findet. Gießt man Wasser in den Teller, so wird die Luft unter der Glocke nicht nur abgesperrt, sondern auch mit Feuchtigkeit gesättigt. Jetzt braucht nur unter die Glocke auf ein geeignetes Gestell — man kann es sich aus Zinkblech oder Glas selbst leicht machen — das Objekt gebracht zu werden und ist dann vollkommen vor dem Eintrocknen geschützt, solange das Wasser im Teller nicht selber verdunstet ist. Man stellt in diese Art der Feuchten Kammer also nur die Objekte, die nicht gerade bearbeitet werden, und bewahrt sie so auch vor Staub.

Zuweilen ist recht brauchbar ein sog. Klein-Aquarium (Fig. 25). Es besteht aus einem Tragglase, am besten einem etwas größeren als die gewöhnlichen, auf dem man drei dünne und schmale Streifen von Glas[1]) oder Celluloid befestigt hat: im ersteren Falle mit hartem Balsam oder Goldgrund, im letzteren mit Aceton. Die eine Längsseite bleibt offen, dagegen kittet

[1]) Sie dürfen höchstens 1 mm dick sein, damit die Linse 4 nicht darauf stößt, sondern frei darüber weggehen kann. Am einfachsten schneidet man sie sich aus einem Tragglase zurecht.

man auf die Leisten von oben her ein Deckglas mit Collodium[1]) auf. Beim Gebrauche füllt man den Apparat durch eine fein ausgezogene Pipette mit dem Wasser, das die Tierchen enthält, und legt das Oberteil des Mikroskopes ein wenig um, so daß die offene Seite des Tragglases nach oben schaut. Will man aus irgendeinem Grunde das Aquarium senkrecht stellen, so muß man das Mikroskop natürlich ganz umlegen. Dann empfiehlt es sich, das Umdrehprisma zu benutzen, weil sonst die Beobachtung reichlich unbequem würde.

Ein anderes Hilfsmittel bei derartigen Studien am Leben niederer Tiere, das zwar nicht absolut nötig aber zuweilen sehr nützlich ist, bildet das Kompressorium, d. h. ein kleines Instrument, mit dem man den Druck des Deckglases auf das Objekt innerhalb sehr weiter Grenzen variieren und so nicht nur dieses in der gewünschten Lage festhalten, sondern auch so zusammenpressen kann, daß es dünner, also durchsichtiger wird. Freilich geradezu zerquetscht soll es dabei nicht werden, sondern bei Nachlaß des Druckes sich wieder erholen. In der Regel verwendet man nicht die gewöhnlichen Deckgläser, da sie zu leicht zerbrechen, vielmehr etwas resistentere, meist dem betreffenden Apparate angepaßte. Zur Not kann man zum selben Zwecke das Gemisch für die Wachsfüße verwenden, nur ist damit die genaue Verstärkung des Druckes recht schwer, und noch mehr ist es nachher die Abschwächung bis auf das dem Tiere zuträgliche Maß. Selbstverständlich braucht man für ganz kleine Tiere, wie die Infusorien, das immerhin etwas umständliche Kompressorium nicht, sondern kommt hier mit den Wachsfüßen sehr gut aus.

Und nun wenden wir uns zu den Infusionstierchen als den Objekten, die am ehesten lebend zur Beobachtung mit Lupe und Mikroskop gelangen, da sie sich relativ einfach fangen oder züchten lassen, auch ziemlich gut ohne große Sorgfalt am Leben bleiben. Wir verstehen darunter in erster Linie die eigentlichen Infusorien, aber auch die mit ihnen gemeinschaftlich in den sog. Infusionen vorkommenden selteneren Gruppen der niedersten Tiere sowie die kleinen Krebslein, Rädertiere, winzigen Würmer usw. nebst den Bakterien und anderen einfachen Pflanzen, die jenen, soweit sie sich nicht untereinander auffressen, zur Nahrung dienen. Vorausgesetzt wird dabei allerdings der Besitz einer guten Infusion, d. h. eines Aufgusses von Wasser auf Heu, Stroh, trocknes Laub und ähnliche Pflanzenteile, der eine Zeit lang im warmen Zimmer gestanden hat und nun zuerst wesent-

[1]) Die kleine Kammer läßt sich nur schlecht reinigen, falls ihre Teile ganz fest miteinander verkittet sind; da ist gerade das Collodium das richtige Mittel, denn das Deckglas löst sich, wenn man alles einige Zeit in einem Teller voll Wasser liegen läßt, ab und ist später leicht und rasch wieder anzubringen.

lich Bakterien[1]), dann aber auf deren Kosten eine oder andere Art von echten Infusorien liefert. Alle diese Wesen sind natürlich aus den Keimen entstanden, die den genannten vegetabilischen Stoffen anhafteten, als man sie ins Wasser brachte.

Es ist hier nicht der Ort, eine genaue Anweisung zur Züchtung dieser Tiere zu geben. Nur soviel sei gesagt, daß ein vorsichtiger Zusatz von Salatblättern und Brot zur Infusion recht nützlich ist. Immer aber dauert es wenigstens einige Tage, bevor die Tiere so reichlich auftreten, daß man sich mit Vorteil an die Beobachtung und weiter an die Fixierung und Herstellung von Dauerpräparaten machen darf. Übrigens enthält Wasser, in dem ein Blumenstrauß lange gestanden hat, meist Infusorien aller Art, freilich selten viele. Zur Not mag man aus diesem seine Objekte schöpfen und sie in anderem Wasser durch Zusatz der genannten Nährstoffe vermehren.

Nicht ohne Grund treiben sich die Infusorien und Genossen am liebsten dicht unter dem Wasserspiegel herum. Hier ist das Wasser am besten mit Sauerstoff versorgt. Man schafft nun mit Pipette oder Glasstab einen Tropfen von dort auf ein Tragglas und beobachtet die Welt darin mit Linse 1 ohne Deckglas. Allermeist wird die Bewegung der Tierchen viel zu rasch sein, als daß man Einzelheiten genau erkännte. Ist der Tropfen recht flach ausgefallen, so kann man es wagen, ihn auch mit Linse 4 zu mustern, immer noch unbedeckt; mehr sehen wird man freilich damit nicht, denn die Bewegungen scheinen nur umso stürmischer zu sein. Nun bringe man eine Nadelspitze voll ganz fein pulverisierten Karmins[2]) — je feiner und weniger, desto besser — in den Tropfen, rühre mit der Nadel gut um und lege ein Deckglas auf, das man aber zuvor an allen 4 Ecken mit niedrigen Wachsfüßen versehen hat. Man warte, bis sich die Ströme im Tropfen beruhigt haben, und fasse eins der größeren Tiere ins Auge: man nimmt das Spiel der Wimpern, wenigstens der gröberen, deutlich wahr und sieht das der feineren an den Wirbeln, die sie im Wasser hervorrufen, indem sie die Karminkörnchen hin und hertreiben. Sollten die Bewegungen noch zu schnell sein, so übe man sich in Geduld: das Wasser wird unter dem Deckglase zuerst in der Mitte luftarm, und so wandern die Tiere langsam aber sicher an den Rand und häufen sich hier derart an, daß man sie bequem zu Gesichte bekommt. Nicht lange dauert es, und man

---

[1]) Diese lassen sich auch mit Linse 4 nicht so stark vergrößern, daß man an ihnen irgendwelche Einzelheiten wahrnimmt.

[2]) Auch Tusche, die man selbst angerieben hat, ist brauchbar.

findet den roten Farbstoff bereits in dem einen oder anderen Tierchen; er ist zwar gerade keine Nahrung für sie, aber auch nicht giftig, und da sie fortwährend Körnchen davon herbeistrudeln und verschlucken, so geraten manche in den Körper und werden sogar etwas verdaut. Denn in günstigen Fällen löst sich ein wenig davon zu einer roten Flüssigkeit, die nun solange im Tiere bleibt, bis sie von ihm ausgestoßen wird.

Damit das Wasser nicht austrocknet, bringt man das Tragglas, wenn man nicht beobachtet, in die große Feuchte Kammer. Hierin können die Tiere sogar über Nacht ohne Schaden verweilen, nur sollte man ihnen die Last des Deckglases vorher abnehmen, damit sie leichter zum Sauerstoffe gelangen können.

Ein gutes Mittel, um die Bewegungen zu verlangsamen, ist der Quittenschleim, wie man ihn beim Drogisten erhält, aber auch selbst bereiten kann. Man mischt davon etwas zum Wassertropfen auf dem Tragglase und merkt sofort, daß den Tierchen in der dicklichen Flüssigkeit die Fortbewegung stark erschwert ist. Auf die Dauer können sie allerdings den Zusatz nicht vertragen, sondern sterben.

Während das Karmin als in Wasser so gut wie unlöslich vom Tiere nur fest aufgenommen wird, dringen andere Farbstoffe sehr leicht und rasch durch die für sie durchlässige äußerste Schicht des Körpers in diesen flüssig ein. Es sind deren eine ganze Menge bekannt, aber wir wollen uns auf einen einzigen beschränken, das Bismarckbraun. Ganz ungiftig ist es zwar nicht, aber wenn man es in sehr geringer Dose dem Wassertropfen zusetzt, so sieht man bereits nach einer Minute im Tierleibe allerlei braune Körnchen, die vorher als farblos nicht auffielen. (Sollte wider Erwarten der Farbstoff doch zu reichlich gewesen sein, so bringe man von diesem Tropfen einen kleinen Teil zu einem anderen großen Wassertropfen voll Infusorien, und dann wird es wohl gerade recht sein.) Im Anfange scheinen die Tiere sogar lebhafter zu werden. Der Zellkern wird — das sei hier gleich betont — nicht gefärbt, und auch vom Karmin nimmt er nichts auf. Dies gilt ebenfalls, wenn man zum Tropfen auf dem Tragglase ein Minimum fein pulverisierten Hämatoxylins gibt und nun darauf haucht, um es durch das Ammoniak im Atem leichter zu lösen. Die Tierchen befinden sich eine Zeitlang ganz wohl dabei; erst wenn sie absterben, wird der Farbstoff von den Kernen aufgenommen, so daß sie sich braun färben.

Da der Wunsch gerechtfertigt ist, von den im Leben so interessanten kleinen Wesen Dauerpräparate zu gewinnen, teils um das, was man an ihnen bereits gesehen hat, festzuhalten, teils um neue Aufschlüsse zu erlangen, so seien hier gleich die dazu nötigen Methoden im Zusammenhange besprochen. Nur läßt es sich dabei nicht vermeiden, daß manches wiederholt wird, was bereits früher erörtert wurde.

Will man, was wohl am nächsten liegt, die Zellkerne rasch und elektiv färben, so braucht man nur zum Tropfen mit den Tierchen darin ein wenig einer ganz hellen Lösung von Methylgrün in Wasser zu bringen, der man etwas Essigsäure zugefügt hat; so sterben die Tiere ungemein schnell, und nun nehmen ihre Kerne den Farbstoff begierig auf. Leider sind derartige Präparate nicht lange haltbar: man kann ihnen der Einfachheit halber Glyzerin vom Deckglasrande her zufließen lassen, so daß die Objekte durchsichtig genug werden, aber es lohnt sich nicht, weitere Versuche in dieser Richtung zu machen. Auch Karm- oder Hämalaun sind zum gleichzeitigen Töten und Färben geeignet, nur darf man an solche Präparate keine hohen Anforderungen stellen, da die Tiere nicht rasch genug darin sterben und so doch ziemlich deformiert werden. Überhaupt bereiten gerade die Infusorien dem Bestreben nach guten und dauerhaften Präparaten Schwierigkeit, obwohl man bei ihrer geringen Größe und leichten Durchdringbarkeit eher das Gegenteil erwarten sollte.

Zum regelrechten Fixieren sind die Dämpfe von Formol oder Essigsäure nicht gut, eher schon die von Jod, aber auch nur für kurze Zeit; ebenso genügt zwar der Zusatz einer Spur der Lösung von Jodjodkalium zum Wasser mit den Tieren, um diese so zu töten, daß besonders die Wimpern scharf hervortreten. Aber auch hieraus lassen sich keine anständigen Präparate gewinnen. Dagegen werden die Hauptorgane gut erhalten, wenn man das Wasser etwa mit der gleichen Menge der 1proz. Lösung von Pikrinsäure mischt: Kerne und Cilien werden sehr deutlich, und nur der Nachteil haftet diesem Mittel an, daß es sich äußerst schwer wieder aus den Geweben entfernen läßt. Am ehesten noch, wenn man dem Waschalkohol etwas einer Mineralsäure zufügt. Aber das kann man einfacher haben, indem man statt der reinen Pikrinsäure ein Gemisch von ihr mit einer solchen Säure verwendet. Von dieser Pikrinschwefelsäure — ihre Bereitung s. auf S. 187 — gibt man zum Wasser ein reichliches Quantum (etwa $^1/_5$) unter stetem Umschütteln oder wenigstens Umrühren, damit sich die Säure sofort überall gleichmäßig verbreitet. Je nach der Menge des Materiales nimmt man diese Operation entweder in einem Uhrglase oder besser in einem Tubus vor; in letzterem setzt sich auch alles viel schneller ab als in dem flachen Uhrglase. Stände uns eine der kleinen, an den

Tisch anschraubbaren Zentrifugen zur Verfügung, so ließen sich Flüssigkeit und Festes leicht voneinander sondern; wo das nicht der Fall ist, da muß man eben warten, bis sich das tote Material zu Boden gesetzt hat, und kann erst dann mit einer Pipette vorsichtig die Pikrinschwefelsäure wegnehmen[1]). Dabei läßt es sich nicht ganz vermeiden, daß auch von den allerkleinsten und leichtesten Wesen manche in die Pipette geraten; überhaupt kann man zufrieden sein, wenn man von ihnen beim Absaugen nicht mehr als 10% einbüßt. Man bringt nun an die Stelle der soeben entfernten wässerigen Flüssigkeit das gleiche Quantum 60proz. Alkohols, mischt von neuem sorgfältig und läßt den Tubus wieder ruhig stehen, bis sich alles gesetzt hat. Zum dritten Male wird abgesaugt und nun 90proz. Alkohol zugegeben. In diesem können die Tierchen bis auf weiteres bleiben.

Ein ebenso gutes aber einfacheres Fixiermittel ist die Trichloressigsäure. Diese mag man in 10proz. Lösung vorrätig halten und gibt davon zu 2—3 ccm des Infusorienwassers einen einzigen Tropfen, der bei gutem Umschütteln oder Rühren die Tierchen sofort tötet. Man saugt dann, nachdem die Strömung aufgehört hat, die Flüssigkeit vom Bodensatze vorsichtig so weit ab wie nur möglich, darf ohne weiteres etwa die gleiche Menge Karmalaun zufügen und findet nach ½ Stunde die Infusorien gut durchgefärbt, die etwa mitgefangenen kleinen Krebse usw. freilich wenig oder gar nicht. Nun zieht man die Färblösung ebenfalls fast ganz ab, bringt an ihre Stelle viel destilliertes Wasser, läßt sich alles wieder absetzen, wäscht noch ein oder zwei Male in der nämlichen Weise — hier kann man nicht zu sorgfältig verfahren, denn sonst bekommt man ja Alaunkristalle ins Präparat —, gibt 60proz., nach nochmaligem Absaugen 90proz. Alkohol zu und bewahrt dieses Material ebenfalls auf.

Alle geschilderten Prozeduren nimmt man, wie gesagt, am besten in einem Tubus vor, dessen Größe sich nach der Menge

---

[1]) Das will gelernt sein, denn man darf ja das Sediment nicht aufrühren und soll doch die Flüssigkeit so viel wie möglich entfernen. Am besten bedient man sich einer an beiden Enden offenen Pipette, führt sie, oben mit dem Finger verschlossen, bis ziemlich nahe an den Grund des Tubus und läßt nun durch langsames Wegnehmen des Fingers die Flüssigkeit sacht aufsteigen. Dann hebt man die Pipette heraus und entleert sie durch Ausblasen mit dem Munde. Bequemer geht das, wenn sie oben durch einen Kautschukschlauch geschlossen ist, nur liegt dann die Gefahr nahe, daß man gleich zu viel absaugt und so von den Organismen mit hineinreißt. Gerade hier hängt alles von der Geschicklichkeit ab, die man sich aber erst durch viel Übung erwirbt.

der Tierchen zu richten hat. Stets muß er natürlich so weit sein, daß man mit der Pipette bis auf den Grund gelangen kann. Auch die nach den anderen Methoden fixierten Wesen darf man in der geschilderten Art mit Karm- oder Hämalaun im Tubus färben; nur sollte man das wenig durchsichtige Hämalaun, bevor man es absaugt, tüchtig mit Alaunlösung verdünnen und wieder ruhig stehen lassen, da man sonst leicht allzu viel Material mit in die Pipette zieht. Boraxkarmin ist weniger angebracht, da es umständlicher ist und nicht so deutlich und schön tingiert.

Indessen auch die Färbung im Uhrglase hat ihre Vorzüge, denn man kann dabei alles besser überwachen. Nur ist sie, wie wir gleich sehen, nicht gar leicht, aber man möge auch sie üben. In das Uhrglas bringt man so viel Karm- oder Hämalaun, daß der mit den Tierchen hineingeratende Alkohol den Alaun nicht zum Kristallisieren veranlaßt. Dann gibt man mit einer oben offenen Pipette aus dem Vorrate an Infusorien 1 oder 2 Tropfen hinzu. Das Karmalaun muß erheblich länger mit ihnen in Berührung bleiben als das Hämalaun, da es nicht so intensiv färbt. Hat man sich an einer Probe, die man mit einer feineren Pipette aus dem Uhrglase holt, von der richtigen Stärke der Färbung überzeugt, so versucht man durch Rütteln am Uhrglase, und indem man dieses im Kreise dreht, die Tierchen in der Mitte zu versammeln; dann saugt man entweder die Färblösung vorsichtig ab oder überträgt jene in ein anderes leeres Uhrglas. Nun wäscht man sie mit Wasser gut aus und behandelt sie erst dann mit Alkohol von 60% und 90% weiter. (Man wird dabei die unliebsame Erfahrung machen, daß zwar im Wasser sich die Tierchen ziemlich rasch zu Boden setzen, sobald jedoch der Alkohol hinzukommt, Wirbel entstehen, die sich gar nicht wieder beruhigen wollen. Vor allen Dingen muß man da die Verdunstung des Alkohols nach Möglichkeit beschränken, indem man das Uhrglas zudeckt, auch während des Gebrauches der Pipette nicht auf den Alkohol atmet.) So gelangt man endlich dazu, ihn durch Benzylalkohol zu ersetzen, wirft erst einen Probeblick auf die noch in diesem befindlichen Objekte und kann sie definitiv in ein Harz — Euparal oder Terpentin — einschließen. Einfacher ist es, wenn man sie direkt aus dem starken Alkohole auf ein Deckglas befördert und dieses gleich nachher auf das zuvor mit einem Tropfen Gummisirup versehene Tragglas fallen läßt. Allerdings dauert es dann noch ziemlich lange, bevor der Sirup den Alkohol in den Tierchen verdrängt und sie durchsichtig gemacht hat.

Will man noch bequemer verfahren, so bedient man sich der Methode mit dem Celloidin — s. S. 55 —; das geht besonders gut, wenn die Objekte bereits gefärbt sind. Denn nun führt man sie aus dem starken Alkohol in absoluten über, setzt diesem etwas Celloidinlösung oder Collodium zu, bringt von der gut gemengten Flüssigkeit, worin die Infusorien ziemlich gleichmäßig verteilt sind, einen kleinen Tropfen auf ein Tragglas, läßt ihn etwas trocknen — natürlich nicht so sehr, daß die Objekte selber trocken werden — und legt sofort das Deckglas nebst einem Tropfen Benzylalkohol oder Terpineol darauf. Das Celloidin ist ja nicht mitgefärbt, wird also ganz durchsichtig, gibt aber seinen Alkohol nur so langsam ab, daß die Einschiebung eines Intermediums vor dem definitiven Euparal oder Terpentin geboten ist.

Die Methode mit den Gelatineplättchen (s. S. 55) ist ebenfalls anwendbar, bietet aber keine besonderen Vorteile. Endlich kann man auch die ungefärbten Tierchen in Celloidin einschließen und dann färben; indessen muß man dabei den Alaun bis auf die allerletzten Spuren entfernen, weil er sonst gern im Celloidin auskristallisiert und das ganze Präparat verdirbt. In diesem Falle bringt man den Tropfen mit dem Materiale besser auf ein Deckglas, läßt ihn eben antrocknen, dreht das Deckglas um und legt es auf ein kleines Uhrglas voll 60proz. Alkohols, von da in der nämlichen Weise auf Wasser, auf Karm- oder Hämalaun, auf Alaunlösung, wieder auf Wasser, endlich auf Alkohol von 60% und 90%, und zum Schlusse auf das Tragglas mit einem Tropfen Terpineol.

Wir hatten bisher stillschweigend vorausgesetzt, daß genug Material vorhanden sei, durften daher sozusagen einen Massenmord an den Infusorien begehen und brauchten vor starken Verlusten nicht zurückzuschrecken. Anders ist zu verfahren, wenn nur ganz wenige oder gar ein einziges Tierchen in ein Dauerpräparat umgewandelt werden soll, mithin alle Operationen auf dem Tragglase, meist sogar unter dem Deckglase vorgenommen werden müssen. Indessen haben wir gerade alle hiermit verbundenen Schwierigkeiten schon auf S. 80 und 143 ausführlich dargelegt, können also hier darauf verweisen.

Werden in den erwähnten Massenmord andere kleine Tiere hineingezogen, wie Rädertiere, niedere Krebse und dgl., so mag man sie nach dem Grundsatze: mitgefangen, mitgehangen! ruhig weiter behandeln. Es muß hier aber gleich gesagt werden, daß man meist an den Resultaten keine große Freude erlebt. Denn diese in der Regel nicht so kleinen Wesen färben sich weniger gut durch, sind (ebenfalls wegen ihrer nicht leicht durchdringlichen Haut) sehr zu Schrumpfungen geneigt und haben sich auch wohl schon beim Fixieren stark zusammengezogen, so daß man an ihnen nicht viel mehr sehen kann. Das gilt namentlich von den Rädertieren, für die deshalb besondere Methoden zum Betäuben vor dem Fixieren bestehen. Aber das ist für den Anfänger eine zu umständliche Arbeit, und so sei ihm nachdrücklich von allen Versuchen in dieser Richtung abgeraten.

Zehntes Kapitel.

Zeichnen und Messen der Objekte.

Von diesen beiden Tätigkeiten des Mikroskopikers ist die erstere bei weitem die wichtigere und sei deswegen hier am ausführlichsten besprochen. Allerdings gehört zum Zeichnen mikroskopischer Präparate, oder um es genauer zu sagen: dessen, was man an ihnen beobachtet und zugleich der zeichnerischen Wiedergabe für nötig erachtet, nicht wenig Talent. Indessen selbst der auf diesem Felde nicht begabte Forscher kann wenigstens soviel lernen, daß er das, was er sieht und darstellen will, korrekt aufs Papier bringt. Auf die korrekte Wiedergabe aber kommt es in erster Linie an; man sollte also seiner Hand so weit sicher sein, daß sie da, wo eine Linie scharf und gerade gezogen werden muß, diese nicht wellig und ungleich dick zeichnet. Wer mit Tusche oder überhaupt dem Pinsel nicht umzugehen weiß, mag sich des Stiftes bedienen, umso eher als ja die Umrisse der Objekte unter allen Umständen mit ihm auf das Papier gebracht werden, und erst die Eintragung der Einzelheiten dem Pinsel oder der Feder anvertraut werden mag.

Das Zeichnen mit dem Mikroskope — wenn man sich kurz so ausdrücken darf — beschränkt sich allermeist auf die ganz getreue Darstellung von Dingen, die in einer Ebene liegen; also hat man Schatten und Licht nur selten anzubringen, auch fallen die perspektivischen Verkürzungen in der Regel fort. Denn was man im Präparate nicht scharf sieht, soll man nicht zu zeichnen versuchen, wenn man es nicht wenigstens an einer anderen Stelle desselben oder in einem anderen Präparate deutlich wahrnimmt und nun aus beiden Beobachtungen ein einziges Bild zusammensetzt. Daß dies geschehen sei, muß man aber in der Beschreibung der Figur ausdrücklich angeben, damit der Leser nicht auf die falsche Meinung verfällt, ein derartiges Präparat habe dem Zeichner wirklich vorgelegen. Man braucht nicht gleich von einer Fälschung zu reden; aber wenn irgendwo, so ist gerade hier absolute Ehrlichkeit erforderlich. Will man daher eine Zeichnung von einem Schnitte machen, so darf man das nur dann tun, wenn der Schnitt so dünn ist, daß er die Dinge in der zu zeichnenden Ebene ganz deutlich zeigt, nicht aber so dick, daß man diese Ebene durch die darübergelegenen nur verworren wahrnimmt und auch durch die darunter befindlichen schlecht beleuchtet hat. Zur Not darf man unter ungünstigen Umständen — wenn z. B. kein besserer Schnitt vorhanden ist — an Stelle der Wirklichkeit seine Vermutungen zeichnerisch darstellen, muß dann aber ausdrücklich sagen, daß es sich nur um eine Skizze oder schematische Zeichnung handelt.

Also zuerst sucht man die Umrisse des Objektes aufs Papier zu bringen. Wie verfährt man hierbei, und wie weit ist diese Art des Zeichnens von der gewöhnlichen verschieden? Hat man sich darin geübt, mit dem linken Auge ins Mikroskop zu sehen, so läßt sich damit nach einiger Übung das Bild des Objektes auf ein Stück weißen Papieres projizieren, das man rechts neben den Fuß des Instrumentes legt; zugleich nimmt man mit dem rechten Auge den Stift wahr, kann also das Bild zeichnen. Allerdings gehört dazu etwas Gewöhnung, und man darf den Kopf während des Skizzierens der Umrisse ja nicht verschieben[1]). Aber zur Not geht es, wenn man 1. auf dem Papiere die Bleistiftspitze scharf sieht, und 2. die Beleuchtung des Objektes durch den Spiegel so regelt, daß sie mit der des Papieres harmoniert, d. h. weder zu stark noch zu schwach ist. Auf diesen Punkt gehen wir später ein, daher sei jetzt nur angegeben, wie man sich hilft, wenn man den Stift, auch ohne mit dem anderen Auge ins Mikroskop zu blicken, undeutlich sieht. Das beruht nämlich darauf, daß die Entfernung von etwa 35 cm, um die das Papier vom Auge absteht, zu groß ist. Man muß daher entweder eine Konkavbrille von der richtigen Stärke aufsetzen oder das Papier dem Auge näher bringen, d. h. höher legen, etwa auf ein Buch. Tut man letzteres, so wird, wie ohne weiteres einleuchtet, dem stark Kurzsichtigen auf dem sehr hohen Papiere die Zeichnung kleiner ausfallen, so daß er mitunter die Einzelheiten nicht mehr ordentlich wiedergeben kann. Immerhin lohnt es sich für den, der überhaupt mit dem linken Auge zu mikroskopieren weiß, einige Versuche mit dem Zeichnen durch Doppelsehen

---

[1]) Auch kann es vorkommen, daß man nur einen Teil des Sehfeldes rechts vom Fuße des Mikroskopes erblickt, den Rest dagegen weiter links auf dessen Tische, also in einer Fläche, die das Nachfahren der Umrisse nicht gestattet. Das ist eben individuell verschieden.

— so nennt man diese Art — zu machen. In der Praxis wird er sie wohl nur selten anwenden, obwohl es die einfachste und billigste Methode ist, auch bei ihr kein Licht verloren geht, da man ja keines Apparates mit spiegelnden oder brechenden Gläsern bedarf.

Da man die eben erwähnten Unvollkommenheiten des Doppelsehens natürlich schon bald erkannte, hat man früh nach Hilfsmitteln gesucht, um das mikroskopische Bild und den Zeichenstift durch ein und dasselbe Auge zu gleicher Zeit wahrzunehmen, und ist so zur Erfindung der Zeichenapparate gelangt. Von diesen gibt es mehrere Typen, die wir dem Prinzipe nach kurz besprechen müssen.

Das Bild, das man beim Schauen ins Okular sieht, ist nur virtuell, nicht reell, wohl aber läßt sich statt seiner ein reelles auf einer Mattscheibe erhalten, die man in der richtigen Entfernung anbringt. Man überzeugt sich hiervon leicht, indem man zuerst auf ein Objekt, z. B. einen Fliegenflügel, mit Linse 4 und Okular 1 einstellt, dann das Okular herausnimmt und auf den Tubus ein mattes Glas oder ein Stück durchscheinenden sog. Butterbrodpapieres legt. Blendet man nun mit der Hand das fremde Licht ab, so sieht man das Objekt deutlich, muß allerdings die Linse etwas tiefer schrauben; hält man das Papier höher über dem Tubus, so wird das Bild stärker vergrößert, aber in demselben Maße hat man mit der Linse tiefer zu gehen; das läßt sich so weit treiben, bis das immer schwächer werdende Licht, das vom Spiegel herkommt, und das von allen Seiten eindringende fremde Licht keine deutliche Wahrnehmung mehr erlauben. Baute man sich über dem Mikroskope ein festes Gestell und legte auf dieses die Mattscheibe, so könnte man das Bild auf ihr nachzeichnen, wenn das nicht zu unbequem wäre[1]). Da hat man sich auf zwei andere Arten zu helfen gewußt. Erstens läßt sich natürlich durch geeignete Prismen, die man auf den Tubus setzt, und indem man diesen in einem bestimmten Winkel

[1]) Erscheint das Bild auf der Mattscheibe scharf, und bringt man an ihre Stelle eine photographische Platte, so läßt sich ein brauchbares Negativ gewinnen, das in eben dem Maße größer aber auch verwaschener wird, je weiter die Platte vom Objektive entfernt ist. Beim Photographieren mit dem Mikroskope verfährt man im Prinzipe entweder ebenso, benutzt also das Okular nicht, oder nimmt auch dieses zu Hilfe, erhält mithin bei dem gleichen Abstande der Platte vom Objektive stärkere Vergrößerungen, muß aber dann für mehr Licht sorgen. Die Mikrophotographie ist indessen nicht so leicht zu erlernen, daß man dem Anfänger zu einem Versuche mit ihr raten dürfte, auch setzt sie, wenn sie etwas ordentliches leisten soll, ziemlich beträchtliche Geldmittel voraus. (Siehe auch auf S. 175.)

umlegt, das Bild auf eine horizontale Fläche werfen, aber diese Art des Zeichnens bringt, auch abgesehen von der Notwendigkeit einer meist sehr starken Lichtquelle zur Beleuchtung des Präparates, Übelstände mit sich, ist also nicht zu empfehlen und soll hier nicht näher besprochen werden. Dagegen kann man zweitens bei normaler Stellung des Mikroskopes versuchen, auf irgend eine Weise mit einem und demselben Auge — in der Regel mit dem rechten — das Bild sowohl des Objektes als auch

Fig. 26. Zeichenapparat nach Abbe, sein Oberteil etwas nach hinten gekippt, um das Okular einsetzen zu können.

der Bleistiftspitze zu erblicken, da man alsdann nur mit dieser die Umrisse jenes nachzufahren braucht. Dazu bieten sich offenbar zwei Wege dar: entweder sieht man das Zeichenpapier und auf ihm den Stift direkt, das Objekt dagegen indirekt, oder umgekehrt. In jenem Falle wird das Bild des Objektes durch ein rechtwinkliges Prisma horizontal nach rechts abgelenkt und durch ein anderes Prisma wieder senkrecht gestellt, so daß es nicht mehr aus dem Mikroskop zu kommen scheint, sondern vom Zeichenpapiere, das rechts neben diesem liegt. Aber das macht den Ansatz eines eigenen horizontalen Tubus an das Mikroskop nötig, ist auch sonst weniger einfach als die andere Art, nämlich: das Bild des Objektes direkt, das des Stiftes indirekt zu sehen. Hier benutzt man das Mikroskop wie gewöhnlich, nur sitzt auf dem Okulare ein kleines Prisma, an dessen Kante vorbei man ins Mikroskop schaut, aber zugleich durch das Prisma hindurch Papier und Stift sieht. Auch diese Art von Zeichenapparat ist in zwei voneinander sehr verschiedenen Typen vorhanden. Bei dem vollkommneren (Fig. 26) gelangt das Licht vom Papiere zuerst auf einen Spiegel, der genau im Winkel von 45⁰ gestellt wird, von da in ein kleines rechtwinkliges Prisma, das über dem Tubus sitzt und hinten versilbert ist, so daß es als Spiegel wirkt und das Licht nochmals um 45⁰, senkrecht nach oben lenkt. Um nun auch die Strahlen vom Objekte her ins Auge gelangen zu lassen, hat der Silberbelag des Prismas in der Mitte ein rundes Loch von 1—2 mm Durchmesser, und damit sie hier nicht vom Glase des Prismas zur Seite dirigiert werden, ist ein anderes, genau gleich großes, aber nicht versilbertes Prisma angekittet; beide zusammen bilden das sog. Abbesche Würfelchen. So nimmt das Auge das Objekt direkt wahr und zugleich durch zweimalige Spiegelung, also in der richtigen Lage, das Papier nebst dem Stifte. Natürlich hat hier das Papier genau horizontal zu liegen, was für das Zeichnen sehr angenehm ist, auch sind am Apparate andere Einrichtungen vorhanden, die ebenfalls seine Benutzung erleichtern, aber dafür ist er recht teuer, je nach Größe und Ausstattung 30—72 M.

Fig. 27.

Der andere, viel einfachere Typus, die sog. Camera lucida, kostet in der Form, wie sie von der Firma Zeiß geliefert wird, nur 21 M., reicht aber für den Anfänger mehr als aus und sei ihm, obwohl sie nicht so bequem ist wie der soeben beschriebene, zur Anschaffung empfohlen.

Um die Camera (Fig. 27) in Gebrauch zu nehmen, schlägt man das Prisma zur Seite, so daß es den Ring freigibt, nimmt das Okular vom Mikroskope und schiebt den Ring auf den Tubus. Dann setzt man das Okular ein, dreht das Prisma wieder über den Ring, aber nur so weit, daß bei Betrachtung von oben her der durch die kleine Öffnung sichtbare Teil der einen Kante des Prismas die sog. Austrittspupille[1]) des Mikroskopes gerade halbiert, und schiebt den Ring auf dem Tubus so weit abwärts, bis die beiden halbrunden Ausschnitte am unteren Rande des Prismas ziemlich dicht über den Rand des Okulares geraten (Fig. 27).

[1]) So heißt die helle Scheibe, die man wahrnimmt, wenn man genau von oben auf die obere Linse des Okulares schaut. Man kann auch seitlich auf diese Linse visieren und danach das Prisma einstellen.

Beim Hineinschauen ins Mikroskop muß nun das ganze Sehfeld frei sein und darf keine farbigen Ränder zeigen; eventuell verschiebt man das Prisma so lange, bis diese Bedingung erfüllt ist. Dann muß und wird das Sehfeld genau so groß erscheinen wie ohne die Camera. (Das ist mit Okular 2 leichter zu machen als mit 4.) Als Objekt legt man bei schwachen Vergrößerungen, also mit Objektiv 1 und Okular 2, am besten einen Glasmaßstab unter, auf dem eine Teilung in halbe Millimeter eingeritzt ist, so daß man es mit schön schwarzen Linien auf hellem Grunde zu tun hat. Das Zeichenpapier aber bringt man einstweilen rechts vom Mikroskop auf den Arbeitstisch und versucht nun die Striche mit einem spitzen Bleistifte zu zeichnen. Wahrscheinlich sieht man zuerst die Spitze nicht scharf oder überhaupt nicht; daran kann die Kurzsichtigkeit schuld sein, und dann muß man das Papier so lange immer höher legen, bis man sie gut sieht; oder das Licht, das aus dem Mikroskope kommt, ist zu hell, und dann muß man durch Zuziehung der Irisblende oder Verstellung des Spiegels dafür sorgen, daß die Lichtmengen, die vom Papiere und vom Spiegel stammen, einander ziemlich gleich werden. Das ist mitunter gar nicht einfach zu erreichen, auch kann es vorkommen, daß wohl ein Teil des Sehfeldes nicht zu hell erscheint, der Rest aber doch, und dann bleibt nichts anderes übrig, als während des Zeichnens die Beleuchtung nach und nach zu ändern. Das Papier befestigt man, um beide Hände frei zu haben, mit Zwecken auf einer Unterlage von Holz, weniger gut direkt auf dem Arbeitstische.

Zur Übung in dieser neuen und durchaus nicht leichten Kunst versuche man es, die Teilung auf dem Maßstabe genau zu zeichnen; schon dieses anscheinend überflüssige Unternehmen hat seine Schwierigkeiten. Zuerst lege man die Teilung so, daß ihre Striche nicht von rechts nach links, sondern vom Mikroskop nach dem Fenster zu laufen, und messe, wenn man die Skizze fertig hat, mit einem guten Maßstabe die Entfernung zwischen ihnen aus. Man habe z. B. mit Linse 1 und Okular 2 operiert und dabei gefunden, daß die 8 Zwischenräume zwischen den 9 Strichen, die man im Sehfelde wahrnahm, zusammen 67 mm ausmachen. Nun mißt man die Distanz zwischen den 5 mittleren und findet sie zu 33, die zwischen den 7 nach Weglassung der beiden äußersten zu 50, so ergibt eine einfache Rechnung, daß keine wesentliche Verzeichnung stattgefunden hat. (Es versteht sich von selbst, daß man bei der Dicke der Striche immer entweder die untere oder die obere der beiden Linien zeichnet, die jeden Strich begrenzen.) Jetzt dreht man den kleinen Maßstab so, daß die Striche von rechts nach links verlaufen, und zeichnet, indem man sonst nichts ändert, wieder etwa 9 Striche. Da ergibt sich aber die ganze Distanz nicht zu 67, sondern zu 78, und geht man dieser Erscheinung nach, so findet man, daß die ersten 5 Striche links zusammen nur 36 mm einnehmen, die 5 rechts dagegen 42 mm. Während also die Distanz zwischen je 2 Strichen links 8,5 mm ist, wenig mehr als bei der vorigen Messung, wächst sie rechts auf 10, mithin verzeichnet die Camera umso stärker, je weiter nach rechts man kommt. Das ändert sich, sobald man das Zeichenbrett nicht mehr rein wagerecht sein läßt, sondern schräg legt, so daß es einen Winkel von etwa 25° mit der Horizontalen bildet. Man sollte daher ein Stück des Maßstabes mehrere Male bei immer größerer Neigung der Unterlage skizzieren, bis es nicht mehr verzeichnet wird, und sich hiernach das definitive Brett mit der richtigen Schräge anfertigen lassen. Ist dieses geschehen, so kann man langsam dazu übergehen, ein Präparat zu zeichnen, und wird bald merken, daß man sich in der Regel damit begnügen muß, nur die Umrisse[1]) und die Hauptpunkte mit der Camera festzulegen, darauf aber aus freier Hand und eventuell unter Benutzung der Linse 4 die Skizze zu vollenden.

Als einfache Präparate kommen nur solche in Betracht, wo die zu zeichnenden Teile alle oder doch meist in einer Ebene liegen und zugleich scharfe Linien darbieten, deren Wiedergabe mit dem Stifte verhältnismäßig leicht gelingt. Dazu eignen sich besonders Schnitte durch Pflanzen mit großen Zellen, also durch eine Zwiebel, weniger schon durch Holundermark; ferner Querschnitte durch die Wurzel einer Zwiebel, da an ihnen, wenn sie richtig gefärbt sind, die Kerne sehr deutlich hervortreten. Teile von Tieren sind im allgemeinen schwieriger; am ehesten lassen sich z. B. die Adern in einem Fliegenflügel zeichnen; bei stärkerer Vergrößerung mag man von einem Stücke des Flügels die Haare abzubilden versuchen.

Sehr viel schwerer wird sofort jeder Beginn, plastisch zu zeichnen. Man möge das an einem Brennesselhaare probieren, weil man es da nur mit einem drehrunden Körper zu tun hat, dessen Dicke in den einzelnen Regionen man nach der Bewegung der Feinen Schraube abschätzen kann; man braucht also nur Schatten und Licht richtig anzubringen, nachdem man den optischen Längsschnitt, d. h. die beiden Linien, die das Haar von der Basis bis zur Spitze seitlich begrenzen, mit der Camera

---

[1]) Hierzu eignet sich das schwächere Okular besser als das stärkere, besonders wenn man das ganze Sehfeld zeichnen will.

aufs Papier gebracht hat. Danach mag man sich an einem Fliegenbeine abmühen, dessen viele Haare und Borsten auf der ganzen Oberfläche zerstreut stehen. Da muß man wieder den optischen Längsschnitt zeichnen und kann erst nachher die darüberliegenden Teile, in diesem Falle die Behaarung, ebenfalls dem Bilde einverleiben, natürlich in der Verkürzung, die dabei nötig wird. Das Bein muß aber gebleicht sein, da man sonst mit der Camera die Haare, schwarz auf schwarzem Grunde, nur schwer wahrnimmt.

Für die ähnlichen Fälle, wo das Zeichenpapier zuviel Licht ausstrahlt, so daß man das Bild im Mikroskope nicht deutlich sieht, werden der Camera zwei Rauchgläser beigegeben, von denen man entweder eins oder alle beide unter die freie Fläche des Prismas schiebt; man wird sie aber nicht oft benutzen müssen.

Wie stark vergrößert ist nun eine Zeichnung, die man mit der Camera macht? Das hängt offenbar zunächst von der Kombination des Objektives und Okulares ab, die man gerade gewählt hat, und diese richtet sich wiederum nach dem Bedürfnisse, entweder ein Übersichtsbild bei schwacher Vergrößerung zu geben, oder mit einer starken Linse zwar nur ein Stück des Objektes, aber dafür mit allen den Einzelheiten, die eine solche Linse uns zeigt. Ferner spricht ein anderer Faktor mit: je näher man das Papier der Camera bringt, um so kleiner fällt das Bild aus, also muß man auf die Entfernung des Papieres vom Auge Rücksicht nehmen. Man zeichne daher in der Lage des Papieres, bei der die Spitze des Bleistiftes am schärfsten erscheint, und die man sich natürlich merken muß, das uns schon bekannte Glas mit Teilung in halbe Millimeter bei Linse 1 und Okular 2 so genau wie möglich und nicht nur einmal, sondern mehrere Male, aber jedesmal eine andere Stelle der Teilung. Alle gezeichneten Distanzen messe man dann mit einem gewöhnlichen, aber genauen Meßlineal aus und nehme davon das Mittel. So gelangt man zu einer Zahl, die ein für allemal angibt, wie stark die Zeichnung unter den angeführten Bedingungen das Objekt vergrößert darstellt. Dasselbe tut man mit Linse 1 und Okular 4; dabei ergibt sich, daß man nicht wie eben 9 Striche auf einmal deutlich sieht, sondern nur 7. Für Linse 4 ist aber die Teilung in halbe Millimeter zu grob, denn man nimmt nun jeden Strich nicht mehr als eine annähernd gerade Linie, vielmehr so unscharf begrenzt wahr, daß man in Verlegenheit käme, sollte man sagen, wo die Grenze zu ziehen sei. Man bedient sich daher eines Okularmikrometers, das man ja sowieso erwerben muß, und legt es auf ein Tragglas, um es beim Zeichnen bequem auf dem Tische verschieben zu können. Von dieser viel feineren Teilung sieht man mit Okular 2 zwar auch nur 10 Striche, aber sie sind ganz scharf, eignen sich mithin zum Abzeichnen vortrefflich; mit Okular 4 hat man ihrer 8 auf einmal im Sehfelde. Man hätte auch mit Linse 1 dieses Mikrometer benutzen dürfen, aber die Striche stehen zu dicht, als daß man sie beim Zeichnen gut auseinanderhalten könnte.

Man hat nun für jede Linsenkombination mit der Genauigkeit, die überhaupt solchen Messungen innewohnen kann, aber für die Praxis ausreicht, die Vergrößerung festgestellt, die der Zeichnung zukommt, jedoch nur dann, wenn das Papier in der ein für allemal normierten Entfernung vom Prisma liegt[1]. Ein beliebiges Objekt, das man an Stelle der Teilungen zeichnet, ist natürlich in genau derselben Weise vergrößert wiedergegeben. Man ersieht hieraus die Wichtigkeit der soeben ermittelten Zahlen, denn sie gestatten uns die Messung von Objekten, die man nur mit dem Mikroskope deutlich wahrnimmt. Vorausgesetzt wird dabei immer, daß die Zeichnungen nicht verzerrt sind, aber das haben wir ja durch Ausprobieren der Lage des Zeichenbrettes nachdrücklich ausgeschlossen. Bei jeder Zeichnung notiert man sich, gleich nachdem die Umrisse mit der Camera entworfen sind, welche Vergrößerung ihr zukommt.

Wie erwähnt, legt man mit dem Prisma nur die Umrisse und wichtigsten anderen Punkte fest, möchte daher glauben,

---

[1]) Leider begnügen sich manche Forscher damit, in ihren Arbeiten nur kurz anzugeben, welche Linsen sie zu ihren Zeichnungen benutzten, ohne auch zu sagen, in welcher Höhe sie das Zeichenbrett liegen hatten; solche Daten sind, wie man leicht sieht, ziemlich wertlos, besonders wenn die Linsen von wenig bekannten Firmen stammen. Man sollte es nie versäumen, die richtigen Ziffern hinzusetzen oder mindestens auf jeder Figur auch einige Intervalle eines dazu geeigneten Maßstabes anzubringen, die bei der nämlichen Vergrößerung gezeichnet wurden; dann mag es dem Leser überlassen bleiben, hieraus die Zahlen selber zu berechnen. Ebenso laufen in der Literatur Angaben umher, die wahrscheinlich dem blinden Vertrauen der Autoren auf die der Optiker zuzuschreiben, also nicht ohne weiteres als richtig anzuerkennen sind. Denn die Zahlen in den Tabellen, die man beim Kaufe eines Mikroskopes erhält, sind bei der sog. normalen Sehweite von 250 mm gewonnen, d. h. die Fläche, auf die das Bild projiziert wurde, stand um diesen Betrag vom Auge ab. Das ist aber bei den Zeichnungen nur sehr selten der Fall. Sagt uns also der Optiker: Linse 1 liefert mit Okular 2 eine Vergrößerung von 25 Mal, so bedeutet das: bei einer Distanz von 250 mm. Ein für alle Fälle brauchbares Maß ist aber damit nicht gegeben.

daß jenes überhaupt nur einen Notbehelf darstellt. Denn ein Zeichner von Profession müßte es entbehren können; indessen würde er dann die Vergrößerung nicht genau anzugeben wissen, und selbst bei einer von einem solchen Manne entworfenen Zeichnung gewährt es dem Beschauer eine Beruhigung, wenn ihm gesagt wird, ihr liege eine Skizze mit der Camera zugrunde. Natürlich läßt sich vom Objekt auch ein Photogramm machen und als Basis für die Zeichnung benutzen. Ist man einmal darauf eingerichtet, so gewinnt man unverzeichnete Linien auf diesem Wege meist rascher als auf dem gewöhnlichen mit der Camera; nur sind leider die Apparate und Chemikalien zu teuer, als daß man dem Anfänger anraten dürfte, sich die dazu nötige Gewandtheit erst durch viele Übung zu erwerben. Ein Mikrophotogramm aber direkt, d. h. ohne Überarbeitung, zeigt eher die Unvollkommenheiten des Präparates, als daß es dem nicht mit dem Objekte Vertrauten einen Einblick in dieses gewährte. Nur wo es sich um ganz kleine Gegenstände handelt, die genau in einer Ebene liegen, z. B. um Bakterien, läßt sich ein ziemlich scharfes Bild durch die Photographie erreichen, aber selbst unter diesen und ähnlichen günstigen Umständen ist das nichts für den Anfänger.

Wie weit man die mit dem Prisma angelegte Skizze ausführt, hängt wesentlich von der individuellen Begabung im Zeichnen ab. Denn wem es leicht wird, der begnügt sich nicht mit der Skizze, sondern arbeitet sie mit Stift, Feder und sogar Farbpinsel aus. Jedenfalls sollte der Anfänger es nicht unterlassen, soweit er es vermag, die Skizze zu vervollständigen, wäre es auch nur, um sich dabei gründlich zu üben. Denn erst indem man sich so liebevoll mit dem Objekte beschäftigt, wie es beim Zeichnen erforderlich ist, gewinnt man ihm manches ab, was an ihm beim bloßen Betrachten im Mikroskope verborgen blieb. Und so sind die hierauf verwandten Stunden durchaus nicht verloren, auch vermögen viel Geduld und guter Wille hier wie überall die mangelnde oder vielleicht bis dahin nur wenig entwickelte Fähigkeit zu ersetzen.

Zum Schlusse dieses Abschnittes sei noch kurz erwähnt, daß man als Papier am besten ein glattes, allenfalls ganz feinkörniges benutzt, als Stift zum Skizzieren einen weichen, damit die Linien sich später leicht wegwischen lassen, zur definitiven Ausführung dagegen einen recht harten. Stets aber müssen sie eine lange, fein auslaufende Spitze haben, also oft geschärft werden.

Vom Messen der Objekte.

Die eine Art des Messens, nämlich die durch Zeichnen bei bestimmter Vergrößerung und Ausmessen der Teile in der Skizze, haben wir bereits erörtert. Es können aber Fälle eintreten, wo es zu lästig wäre, erst die Camera aufzusetzen, das Papier auf der richtig geneigten Ebene in die normale Entfernung vom Auge zu bringen und mit dem Stifte wenigstens die Linien, auf die es ankommt, zu zeichnen. Da verfährt man, wie folgt.

Das Okularmikrometer, das wir schon (s. S. 173) benutzten, soll, wie sein Name angibt, in das Okular gelegt werden. Es besteht deshalb aus einer runden Scheibe mit einer Teilung, die von der oberen Linse des Okulars dem Auge vergrößert dargeboten wird, also nicht besonders fein zu sein braucht. In der Regel sind in das Glas 50 Linien eingeritzt und eingeschwärzt, die 5 mm in je 10 Teile zerlegt wiedergeben. Um zu messen, bringt man das Mikrometer in Okular 2 oder 4 — dazu muß die obere Linse ab- und dann wieder angeschraubt werden — und sieht damit ins Mikroskop, aber noch ohne Objekt. Sollte hierbei die Teilung nicht ganz scharf erscheinen, so schraubt man entweder die obere Linse nicht ganz fest oder bedient sich seiner Brille, je nachdem man weit- oder kurzsichtig ist[1]). Nun legt man das Objekt auf den Tisch, stellt scharf darauf ein und dreht das Okular so lange, bis die Teilung an der zu messenden Linie entlang oder ihr wenigstens parallel läuft. Für die schwache Linse reicht es aus, als Objekt wieder den Glasmaßstab mit halben Millimetern zu wählen und zuzusehen, wieviel Striche des Okularmikrometers auf den Raum zwischen zwei Intervallen kommen. Da aber die Striche etwas roh erscheinen, so sollte man mehrere Messungen vornehmen und daraus das Mittel ziehen. Man findet nun z. B., daß bei Linse 1 und Okular 2 4 Intervalle, also 2 mm, ziemlich genau die 50 Striche des Mikrometers füllen, bei Okular 4 dagegen, wo 2 mm bereits zuviel wären, 1 mm etwa 27 Striche einnimmt. Daraus geht hervor, daß im ersten Falle jedes Intervall des Mikrometers $\frac{2000}{1000}$ durch 50, d. h. $\frac{40}{1000}$ mm beträgt; bei Okular 4 ergibt die analoge Rechnung $\frac{37}{1000}$. Linse 4 macht feinere Teilungen nötig: entweder ein anderes Okular-

---

[1]) Man mag auch nach Abschrauben der unteren Okularlinse die Blende im Rohre vorsichtig so lange nach oben schieben, bis man die Linien der Teilung genau sieht, und sie dann so stehen lassen.

mikrometer, das man als Objekt nimmt, oder besser ein Glas, das 1 mm in 100 Teile zerlegt zeigt, aber nicht ganz billig ist. Die Prüfung mit einer derartigen Skale bei Okular 2 ergebe, daß $\frac{4}{10}$ mm 41 Intervalle des Mikrometers füllen, bei Okular 4 aber 45; dann beträgt 1 Intervall $\frac{400}{1000}$ durch 41 bzw. 45, also $\frac{9{,}8}{1000}$ bzw. $\frac{8{,}9}{1000}$ mm.

Beide Werte, wie sie dastehen, sind reichlich unbequem für die Rechnung, wenn man oft zu messen hat. Aber zunächst ist schon seit langem als Maßeinheit in allen Zweigen der Mikrotechnik der tausendste Teil des Millimeters eingeführt und als Mikromillimeter oder kurz als My (griechisch μ) bezeichnet worden, so daß wir in unserem Falle es mit 9,8 bzw. 8,9 μ zu tun haben. Und um die lästigen Brüche loszuwerden, verändert man ganz einfach die Länge des Tubus durch Herausziehen oder Hineinschieben des engeren Rohres so weit, bis bequemere Werte resultieren, also etwa genau 10 bzw. 9 μ, und notiert sich sofort, bei welcher Tubuslänge sie sich ergeben haben, damit man bei Messungen von Objekten den Tubus stets in der dazu gehörigen Länge anwendet. Bei Linse 1 und Okular 2 war rein zufällig eine runde Zahl herausgekommen, also fällt hier jeder Grund zur Abweichung von der normalen Tubuslänge (155 mm) fort, aber schon bei Okular 4 mit der Zahl 37 lohnte es sich wohl, auch diese durch Manipulationen mit dem inneren Tubus auf 40 zu bringen.

Als ein geeignetes Objekt zu Übungen im Messen kann Stärke dienen. Man sucht Länge und Breite erst eines besonders großen, später auch der kleineren Körner festzustellen, aber einstweilen nur in Strichen des Mikrometers. Zugleich zeichnet man dieselben Körner so exakt wie nur möglich, berechnet dann aus den schon bekannten Vergrößerungszahlen der Linsen die wirklichen Werte und hat so die Daten zur Ermittlung des Wertes der Intervalle zwischen den Strichen zur Hand; natürlich darf man sich auch hier nicht auf eine einzige Zeichnung verlassen. Die so erlangten Mittelwerte müssen mit den vorhin berechneten übereinstimmen.

Es ist wohl nicht überflüssig, zu erwähnen, daß alle Angaben von Vergrößerungen mit Lupe und Mikroskop linear gedacht sind, d. h. nur in einer Richtung einer Ebene. Also 25 mal vergrößert heißt, daß jede Linie, die in Wirklichkeit 1 mm lang ist, 25 mm lang erscheint. Wollte man die Vergrößerung der Fläche angeben, so käme man rasch zu enormen Zahlen — in unserem Falle bereits zu 25 × 25, also zu 625mal —, und das tun in der Tat die sogenannten Optiker, die dem gewöhnlichen Publikum ordinäre Linsen als solche mit riesigen Leistungen anpreisen.

Bisher haben wir uns nur mit der Messung der Dimensionen eines Objektes beschäftigt, die man bei scharfer Einstellung ohne weiteren Gebrauch der feinen Schraube wahrnimmt. Aber man kann auch die Dicke eines Objektes mit dem Mikroskope messen, freilich weniger bequem. In der Theorie ist das allerdings ganz einfach: man stellt erst auf die obere, dann auf die untere Fläche ein und zählt die Zähne am Kopfe der feinen Schraube, die beim Übergange von der einen Einstellung zur anderen an einem festen Zeiger vorbeipassiert sind; das tut man auch beim Rückgang in die erste Einstellung und nimmt daraus das Mittel. Kennt man nun die Höhe eines Ganges der Schraube in Millimetern sowie den Brechungsindex des Objektes, so läßt sich dessen Dicke berechnen. Da aber an unserm Mikroskop ein solcher Zeiger fehlt, auch die Zähne am Schraubenkopfe sich nicht leicht zählen lassen, so lohnt es sich nicht, genauer auf die Sache einzugehen. Das Prinzip wird dem Leser ja klar sein.

Elftes Kapitel.

Alphabetisches Verzeichnis der Farbstoffe und anderen Reagenzien sowie der Geräte für die praktischen Übungen.

Ein Verzeichnis, wie es in der Überschrift angedeutet ist, wäre unnütz, wenn es sich auf die bloßen Namen beschränkte. Es wird aber zweckmäßig, sobald es dem Anfänger Winke für die Bereitung der Gemische zum Fixieren und Färben gibt, ihn ferner über die Mengen dieser Stoffe aufklärt, die er bei regulärer Anwendung brauchen wird, endlich ihn in der Benutzung zahlreicher Dinge einweiht, mit denen er sonst, im täglichen Leben, nur sehr selten zu tun hat. Um dies zu leisten, muß die Liste stets die hauptsächlichsten Eigenschaften, mitunter auch die Herkunft und sogar die etwaigen Verfälschungen der Stoffe namhaft machen.

Absichtlich ist in diesem Büchlein das Gebiet der Bakteriologie gar nicht berührt und das ebenfalls umfangreiche der Mikrochemie nur gestreift worden. Trotzdem findet der Leser der nächsten Seiten viel zahlreichere Reagenzien und andere Stoffe aufgeführt, als ihm mit Rücksicht auf seine Börse vielleicht lieb ist, und bei den Instrumenten macht er wohl dieselbe Erfahrung. Aber das läßt sich leider nicht ändern, ist auch in jedem technischen Betriebe so. Man sehe z. B. das große Arsenal eines Zahnarztes an, und doch hat dieser nur ein ganz spezielles Fach zu bearbeiten.

Soweit zur Aufbewahrung der Stoffe Flaschen in Betracht kommen, genügen solche mit guten Korkpfropfen, wenn nicht ausdrücklich etwas anderes angegeben wird. Siehe auch S. 190.

1. Farbstoffe.

Einige allgemeine Bemerkungen seien vorausgeschickt. Man bezieht die Farbstoffe oder ihre Lösungen, soweit man sie sich nicht selber herstellen kann und mag, wohl am besten aus dem auch sonst empfehlenswerten Laboratorium von G. Grübler in Leipzig. Beim Gebrauche sorge man in erster Linie dafür, daß wirklich nur das gefärbt wird, worauf es in jedem Falle ankommt, dagegen weder die Finger noch der Tisch oder gar das Mikroskop. Am wenigsten schadet das den Fingern, denn von den Farbstoffen in der Liste widersteht keiner, der mit Karmin oder Karminsäure bereitet wird, dem Waschen mit Seife. Man darf also, wenn es nicht anders geht, die Tücher zum Abtrocknen der Präparate, die Schalen usw. mit solchen Farbstoffen verunreinigen. Ist der Arbeitstisch gut mit Paraffin getränkt, und wischt man einen Fleck auf ihm sofort, nachdem er gemacht ist, sorgsam weg, so bleibt kaum eine Spur davon. Hämateïntonerde, d. h. Hämalaun, färbt hartnäckiger, besonders die Nägel und die Haut darunter; da muß man schon mit Oxalsäure oder schwacher Salzsäure nachhelfen. Da die Farbstoffe meist nicht lichtecht sind, so darf man die gefärbten Präparate nicht lange dem Lichte aussetzen, sonst verblassen sie merklich. Auch im Balsam und anderen Harzen wird die Färbung mit Hämalaun nach einigen Monaten etwas heller, namentlich am Rande des Deckglases; man tut daher gut daran, dieses sehr viel größer zu nehmen, als das Objekt ist. Man prüfe auch von Zeit zu Zeit die definitiv weggelegten Präparate und verwende die hieraus resultierenden Erfahrungen für die Zukunft. Dagegen sind die Färbungen mit Karmin- oder Karminsäuregemischen in den Harzen durchaus beständig; das läßt sich bei jenen nach unseren eigenen Erfahrungen für 40 Jahre aussagen, und eine längere Dauer beansprucht in diesem Falle wohl niemand.

Auf das bisher nur nebenbei erwähnte Brasilin, Muchämateïn, Mucikarmin und Orange G wird hier nicht weiter eingegangen.

Ammoniumkarminat s. Karminsäure.

Bismarckbraun. Es dient nur zur sog. Vitalfärbung, daher genügt 1 g vollauf.

Boraxkarmin. Man löse 1 g Borax in 32 ccm destillierten Wassers, gebe ½ g guten Karmins hinzu und bringe alles zum Kochen, entweder in einer kleinen Porzellanschale oder einem Becherglase, besser jedoch in jener, da das Gemisch leicht stark schäumt. Man kocht so lange, bis alles gelöst ist, was man bei vorsichtigem Aufstoßen mit einem Glasstabe auf den Boden der Schale merkt. Nun läßt man die Lösung abkühlen, gießt sie in eine Flasche und setzt 18 ccm 96proz. Alkohols zu, mischt gut und filtriert erst nach 2—3 Tagen. Auf dem Boden der Flasche wird man viele Kristalle von Borax — in dem 35proz. Alkohol ist dieser lange nicht so leicht löslich wie in Wasser — finden, die durch und durch gefärbt sind, außerdem die Unreinigkeiten im Karmin und Borax.

Eosin. Es dient nur zur Gegenfärbung nach der Tinktion der Zellkerne mit Hämalaun. Man bestelle die in Wasser lösliche Sorte, 5 g genügen.

Hämalaun. Über seine Bereitung s. S. 134. Man macht es sich am besten selbst, um sich auch in dieser Technik zu üben. Leider ist es nicht lange unverändert haltbar, sondern schlägt an Wänden und Boden der Flasche einen dunkelblauen Stoff nieder, besonders rasch und reichlich, wenn die Flasche aus weichem Glase besteht, das an die Lösung gern Alkali abgibt. Jedoch braucht man deswegen das Hämalaun nicht gleich wegzugießen, sondern kann es entweder ab und zu filtrieren oder schöpft beim Färben jedesmal die wenigen Tropfen mit einer Pipette mitten aus der Flüssigkeit und wischt die noch volle Pipette außen mit Filtrierpapier gut ab, um vom unlöslichen Stoffe nichts auf das Tragglas oder in das Uhrschälchen zu bekommen. Erst wenn das Hämalaun ganz schwach geworden ist, mache man neues und spüle die Flasche dazu recht sauber aus, eventuell sogar mit einigen Tropfen Salz- oder Schwefelsäure, da sie sich in der Regel sonst nicht ordentlich reinigen läßt.

Hämatoxylin. Mit 5 g kommt man sehr weit, da ja schon 1 g für 1 Liter Hämalaun ausreicht, und die anderen Verbindungen, wie Eisen- und Chromhämatoxylin, nur sehr selten gebraucht werden. Man nimmt am besten die Sorte in Kristallen.

Jod. Siehe hierüber auf S. 185. Die Fälle, wo es als Farbstoff dienen kann, sind schon auf S. 125 besprochen worden.

Karmalaun. Über Bereitung und Eigenschaften s. S. 131. Wie beim Hämalaun raten wir auch hier zur eigenen Anfertigung aus den Muttersubstanzen, weniger zu der aus den bei Grübler käuflichen Tabletten, die freilich bequemer und rascher ist.

Karmin. Man verschaffe sich eine gute Sorte, da im Handel auch solche vorkommen, die überhaupt keins sind, sondern nur rot färben. Es darf nicht in Wasser löslich sein, wohl aber und ohne Rest, wenn man etwas Ammoniak zusetzt. Man prüfe also, wenn man nicht etwa von Grübler das Carmin. rubr. opt. bezogen hat, wozu wir dringend raten, in der eben angegebenen Weise, ob man wirklich ein gutes Karmin vor sich hat. 10 g genügen. Außer zum Färben dient es viel zum Injizieren von Gefäßen der Tiere und zum Füttern niederer Wassertiere, da es nicht giftig ist und durch seine Farbe im Darme oder anderen Organen leicht sichtbar wird.

Karminsäure. Diese darf ja nicht mit dem Karmin verwechselt werden. Im Gegensatz zu diesem muß sie in Wasser oder reinem Alkohol leicht und klar löslich sein, auch auf dem Platinbleche ohne Asche verbrennen. Man wähle die Sorte 1a von Grübler; 5 g genügen vollauf, aber man darf sie weder an einem heißen Orte aufbewahren noch auch feucht werden lassen, da sie gern zusammenbackt und dann schlecht zu dosieren ist. Von den Verbindungen der K. interessiert uns außer der mit Aluminium, die das wirksame Prinzip im Karmalaun bildet, das Ammoniumkarminat, das man einfach durch Zusatz von Ammoniak zur Lösung der K. erhält und zuweilen zum Färben benutzt; über das Eisen- und Calciumkarminat s. S. 131.

Methylgrün. Es dient uns nur in einer mit Essigsäure versetzten Lösung zum Färben der Zellkerne (s. S. 128). Schon mit 1 g kommt man aus, aber man nehme die beste Sorte, da es sonst leicht zuviel Methylviolett enthält, von dem es sich überhaupt nur schwer ganz befreien läßt.

Pikrinsäure. Über ihre Verwendung als Farbstoff s. S. 130.

Säurefuchsin. Es ist nicht mit dem gewöhnlichen oder basischen Fuchsin zu verwechseln. 5 g genügen.

Sudan III, kurzweg Sudan. Es dient nur zum Färben fettartiger Stoffe; 2—3 g reichen aus. Man läßt ein wenig davon in einer Flasche mit 60proz. Alkohol einen Tag lang unter öfterem Umschütteln in Berührung und schöpft beim Gebrauche von dieser gesättigten, aber ganz hellen Lösung mit einer Pipette, ohne den Bodensatz aufzurühren. Die Lösung in Chloralhydrat — s. S. 183 — wirkt nicht so stark. Das Sudan löst sich reichlich in einem Gemisch von Chloralhydrat und Alkohol, färbt aber dann nicht besser als in der rein alkoholischen Lösung.

2. Die übrigen Reagenzien und anderen Stoffe.

Sie müssen, wo nicht ausdrücklich das Gegenteil bemerkt steht, chemisch rein sein und sind aus einem guten Drogengeschäfte oder besser von Grübler in Leipzig zu beziehen.

Aceton. Es dient nur zum Kleben von Celloidinstreifen auf Glas, ist sehr flüchtig und leicht brennbar (s. bei Äther). 20 g reichen aus.

Äther (Schwefeläther). Er dient zur Bereitung von Collodium und Celloidinlösungen, muß einigermaßen wasserfrei sein und darf nicht sauer reagieren. Verwendet man ihn zum Gefrierenlassen von Objekten, um diese zu schneiden, so braucht er nicht so rein zu sein; falls man ihn nicht hierzu benutzt, so reichen 100 ccm weit. Die Flasche muß sehr gut verkorkt werden, da er ungemein flüchtig ist; auch ist er sehr leicht brennbar, daher Vorsicht bei seiner Anwendung in der Nähe einer offenen Flamme dringend geboten.

Alaun. Ob man Kali- oder Ammoniakalaun nimmt, ist gleichgültig. Man macht davon eine 5proz. Lösung in destilliertem oder Leitungswasser und gibt, damit in ihr keine Schimmelpilze auftreten, auf je 100 ccm einige Tropfen Formol hinzu. Etwa 100 g genügen.

Alkohol (Äthylalkohol, Spiritus). Für die meisten Zwecke kommt man mit dem sog. denaturierten aus, der 90proz. sein soll. Von ihm braucht man große Mengen und bezieht ihn daher gleich in den bekannten Literflaschen. Ferner bedarf man des reinen 96proz. und des 100proz. oder absoluten, von jeder Sorte etwa 200 ccm. Letzterer enthält aber immer noch eine Spur Wasser, die in der Regel nicht schadet. Will man auch sie entfernen, so gibt man zum Alkohol etwas geglühtes Kupfersulfat und schüttelt ihn damit oft um, solange dieses noch bläulich wird; dann muß man es sehr gut sich absetzen lassen und gießt den nun entwässerten Alkohol behutsam ab. — Den Vorrat an schwächerem Alkohol stellt man durch Verdünnen des denaturierten 90proz. mit Wasser her, wobei meist das Leitungswasser ausreicht, falls es nicht garzuviel Kalk enthält. Nur muß man den etwa ausgefallenen Kalk erst gut absitzen lassen, bevor man die Flüssigkeit filtriert oder vorsichtig abgießt. Man kommt mit 80-, 60- und 40proz. aus und braucht nur selten 50- und 30proz. Zum 80proz. nimmt man 80 Volumteile Alkohol und 10 Teile Wasser und gewinnt daraus leicht den 40proz; um 60proz. zu machen, nimmt man 2 Teile Alkohol und 1 Teil Wasser; aus diesem ist der 30proz. leicht gemacht. Soll der schwächere Alkohol aber ganz rein sein, so hat man vom 96proz. auszugehen: für den 80proz. nimmt man 80 Teile davon und 16 Teile destillierten Wassers, für den 60proz. 60 Teile Alkohol und 36 Teile destillierten Wassers; letzteren mag man auch gleich beim Gebrauche aus 80proz. und 40proz. zu gleichen Teilen mischen. — Saurer Alkohol wird durch Zusatz von Salz- oder Schwefelsäure zu 60proz. bereitet; man hat eventuell den dabei entstehenden Gips durch Filtrieren zu entfernen. Von der Säure gibt man zu je 10 ccm einen Tropfen und schüttelt sorgfältig um, da sich die schwere Säure sonst gleich zu Boden senkt. Mit der Zeit bildet sich auf Kosten eines Teiles der Säure der entsprechende Äther, indessen reicht der unzersetzte Rest immer aus.

Ammoniak (Liquor Ammonii caustici der Apotheker). Es dient allermeist zum Abstumpfen von Säuren, aber auch als Gegengift nach Formol, ferner zur Bereitung des Hämateïns, zum Lösen von Karmin sowie zur Bildung des Ammoniumkarminates. Man bewahrt es in einer Flasche mit Glasstöpsel auf und stellt diese dicht neben die mit der Salzsäure, damit sich die Dämpfe beider gegenseitig vernichten. Da schon bald ein Teil des Ammoniaks verdunstet, so ist es geraten, nur kleine Mengen — etwa 50 ccm — vorrätig zu halten. Mitunter läßt sich statt des reinen Ammoniaks das Ammoniumcarbonat (Hirschhornsalz) verwenden.

Balsam s. Canadabalsam.

Benzol und Xylol. Von diesen beiden Intermedien verdunstet das Benzol viel leichter als das Xylol und wird daher hauptsächlich zum Einbetten in Paraffin verwandt, das Xylol hingegen nachher zum Entfernen des Paraffins aus den Schnitten, da das Benzol dabei sich zu rasch verflüchtigen und die Schnitte trocken zurücklassen würde. Leicht entzündlich ist besonders das Benzol, also brauche man es nie, wenn eine offene Flamme dicht in der Nähe ist. Man kommt mit je 100 ccm aus. Mit Benzin (Petroläther) darf man das Benzol nicht verwechseln.

Benzylalkohol. 50 ccm genügen, da er nur als Intermedium benutzt wird. Seine Anwendung in der Mikrotechnik ist ganz neu, man wird ihn also wohl nur von Grübler beziehen können. Er mischt sich klar einerseits schon mit 90proz. Alkohol, andererseits von den Harzen nur mit Euparal und Terpentin, nicht auch mit Canadabalsam; Paraffin und Celloidin löst er nicht.

Borax. Er muß rein sein, man sollte daher nicht den des Handels verwenden. 50 g genügen vollauf, da er nur zur Bereitung des Boraxkarmines dient.

Calciumcarbonat s. Kreide.

Calciumchlorid. Die gesättigte Lösung in destilliertem Wasser kann als Medium dienen. Dies gilt auch vom Kaliumacetat, das man in einer analogen Lösung benutzt. Beide brechen das Licht nicht so stark wie reines Glyzerin.

Canadabalsam. Er stammt von der amerikanischen Tanne *Abies balsamea* und vielleicht auch von *A. canadensis*. Am besten verwendet man die Lösung des vorsichtig getrockneten Harzes in Xylol, da in ihr das flüchtige Öl nicht mehr vorhanden ist, und er dann relativ rasch hart wird. Etwa 50 ccm genügen. In den Kork der Flasche steckt man von unten her ein Zündholz oder einen Zahnstocher von der richtigen Länge, um damit bequem den Balsam in Tropfen herausnehmen zu können; den Kork selbst reibt man, damit er nicht im Halse festklebt, sorgfältig mit etwas Glyzerin ein. Jenes empfiehlt sich auch für die Vorräte von Euparal, Terpentin, Glyzerin und Terpineol, dieses außerdem für die beiden erstgenannten Stoffe.

Cedernöl (s. S. 63.) Gemeint ist das gewöhnliche, billige, nicht das eingedickte für die sog. Immersionslinsen. 20 g genügen längst.

Celloidin s. Collodium.

Celluloid in Platten. Man braucht es in schmalen Streifen für Zellen oder als Schutz der Objekte gegen den Druck des Deckglases.

Chloralhydrat. Etwa 30 g reichen aus. Zur Lösung nehme man 10 g auf 15 ccm Wasser; dazu setze man ein wenig Sudanfarbstoff, lasse sich diesen gut lösen, was nicht rasch geht, und filtriere.

Chlornatrium s. Kochsalz.

Chloroform. Es dient weniger zum Betäuben oder Töten von Tieren als zum Verdünnen des Canadabalsams und zum Erhärten des Collodiums, stets aber nur in ganz geringen Mengen.

Chlorwasser. Man beziehe es, da es beim längeren Stehen am Lichte allmählich schwächer wird, immer frisch aus einer Apotheke. Es dient zum Bleichen von Schnitten (s. S. 151).

Chromsäure. Sie kann als Fixator verwandt werden (s. S. 79).

Collodium. Das sog. Coll. duplex der Apotheken, das etwa 4% Schießbaumwolle enthält, reicht meist aus, jedoch nimmt man besser das reinere Celloidin, das ebenfalls eine Schießbaumwolle ist, und macht sich die Lösung selber. Das Celloidin wird von der einzigen es herstellenden Fabrik in Platten geliefert, die noch feucht sind und Alkohol + Äther enthalten; diese Tafeln schneidet man in ganz kleine Stücke und trocknet sie langsam. Dann sind es harte, gelbliche Würfelchen; so bezieht man es von Grübler und reicht, da man eine höchstens 4proz. Lösung davon gebraucht, mit einigen Gramm aus. Man gibt auf 2 g in einer Flasche 25 ccm absoluten Alkohols, läßt sie damit unter häufigem Umschütteln einen Tag lang in Berührung und setzt erst, wenn sie darin aufgequollen sind, 25 ccm Äther hinzu, worauf die Lösung rasch fertig wird.

Colophonium. Es ist der feste Rückstand bei der Gewinnung des Terpentinöls aus dem Terpentin durch Destillation. Über seine Verwendbarkeit als Medium s. S. 61.

Dammarharz. Es stammt von *Dammara orientalis* und wird gleichfalls als Medium gebraucht, bricht aber das Licht schwächer als Canadabalsam. Siehe S. 61.

Destilliertes Wasser s. Wasser.

Eiweißglyzerin. Es dient nur zum Aufkleben, man kommt daher mit wenigen ccm aus, so daß es sich nicht lohnt, es selbst zu bereiten[1]). Man beziehe es von Grübler. Mit der Zeit wird es braun und dick, klebt aber die Schnitte noch ebenso gut wie früher auf. Das Glyzerin im Gemische soll die Klebschicht auf dem Tragglase während des Auflegens der Schnitte feucht halten.

Essigsäure. Sie dient zur Sichtbarmachung der Zellkerne in frischen Objekten sowie zur Lösung des kohlensauren Kalkes in Präparaten, auch als Zusatz zu Fixiergemischen und für einige andere Zwecke. Die 100proz. heißt Eisessig, da sie schon bei etwa $+ 17^0$ erstarrt, allerdings nur, wenn sie ganz wasserfrei ist. Man reicht mit 100 ccm längst aus. Sie ist sehr flüchtig, und ihre Dämpfe greifen die Augen ziemlich stark an, ebenso die Instrumente aus Eisen und Messing.

Euparal. Es ist ein Gemisch von nicht genau bekannter Zusammensetzung (aus Eucalyptusöl, Paraldehyd, Sandarak usw.) und nur bei Grübler zu haben. Es dient als Medium für den definitiven Einschluß, bricht aber das Licht weniger stark als Balsam, was vorteilhaft sein kann. Sein Hauptvorzug vor diesem ist, daß es sich bereits mit Alkohol von 90% verträgt, so daß man die Objekte direkt aus diesem hineinbringen kann und sie nicht erst ganz zu entwässern braucht. Da es sehr dünnflüssig ist, so muß man stark mit der Verdunstung des flüchtigen Anteils darin rechnen, also nicht nur von vornherein viel Euparal nehmen, sondern auch oft nachfüllen, damit die Präparate nicht eintrocknen. 100 ccm reichen aus. Siehe S. 61 und bei Canadabalsam.

Fette Öle s. Öle.

Fluornatrium und Flußsäure zum Entkieseln (s. S. 150).

Formol. Es ist die 40proz. Lösung des Formaldehydes in Wasser, enthält aber nebenbei Methylalkohol und Ameisensäure, denen es nahesteht. Sowohl in dieser Stärke als auch in den gebräuchlichen Verdünnungen mit Wasser reizt es die Schleimhäute ungemein stark (s S. 75). Es wird

[1]) Die Vorschrift dazu ist folgende. Man öffnet vorsichtig ein frisches Ei, läßt das Eiweiß, aber nur dieses, in eine Mensur laufen, gibt dazu ebensoviel Glyzerin und auf je 100 ccm des Gemisches 1 g salicylsaures Natrium (gegen das Schimmeln), schüttelt tüchtig um, bis dieses gelöst ist, und bringt alles auf ein angefeuchtetes Filter, bedeckt aber den Trichter mit einer Glasplatte, da das Filtrieren sehr lange dauert.

wesentlich zum Fixieren gebraucht, aber auch als Antisepticum den Alaunlösungen zugesetzt. Einige 100 ccm dürften ausreichen.

Gelatine. Sie wird besonders zum Injizieren von Gefäßen der Tiere benutzt, aber auch zum Einbetten von Objekten, die geschnitten werden sollen, und zur Bereitung der Glyzeringelatine (s. diese). Man bedarf ferner der Tafeln, deren sich die Lithographen zum Durchpausen bedienen, kommt aber mit wenigen qcm davon aus, die man sich am besten von einem Lithographen besorgt. Auch Deckgläser aus Gelatine finden zuweilen Anwendung.

Glyzerin. Nur das ganz neutrale, wie es Grübler liefert, ist gut, aber auch dieses löst ein wenig Calciumcarbonat, ist daher als Medium für definitive Präparate nicht brauchbar, wenn sie Kalkkörperchen enthalten. 100 ccm genügen. Es dient ferner zur Bereitung von Eiweißglyzerin, Glyzeringelatine und Gummiglyzerin. Siehe auch bei Canadabalsam.

Glyzeringelatine. Sie wird am besten von Grübler bezogen. Will man sie selber machen, so läßt man 6 g guter heller Gelatine in 40 ccm Wasser quellen, setzt 50 g Glyzerin zu, erwärmt das Gemisch bis zur Lösung etwa 15 Minuten lang, rührt dann 1 g Karbolsäure darunter und filtriert das Ganze noch heiß durch angefeuchtete Glaswolle. 50 ccm genügen längst.

Goldgrund. Er dient zum Umrahmen von Präparaten in wässerigen Flüssigkeiten und besteht wesentlich aus gekochtem Leinöl. Zu haben bei Grübler. 50 ccm reichen weit; ist er zu dünn, so läßt man ihn in offener Flasche allmählich dick werden, ist das Gegenteil der Fall, so setzt man Terpentinöl zu. Über den Gebrauch siehe bei Maskenlack.

Gummiglyzerin s. S. 90.

Gummischleim. Man löst helle, sorgfältig ausgesuchte Stücke von Gummi arabicum (ja nicht das Pulver!) in Wasser auf, läßt durch langes Stehen sich den Schmutz absetzen, gießt den klaren Teil ab und dickt ihn bei gelinder Wärme bis zur gewünschten Konsistenz ein. Er schimmelt nicht, wenn er recht dick ist.

Gummisirup. Auch zur Bereitung dieses Gemisches muß man sehr reine Stücke Gummi arabicum aussuchen. Dazu gibt man je ebensoviel Zucker und 1proz. Formollösung; in dieser lösen sich die beiden anderen Bestandteile langsam, daher nimmt man die Operation auf dem Wasserbade vor und erlaubt dem fertigen Produkte dann, sich zu klären. Mitunter bleibt es aber etwas trübe; das hängt mit der Art des Gummis zusammen, schadet jedoch in dünner Schicht nicht viel. Man reicht mit 50 ccm weit.

Hirschhornsalz s. Ammoniak.

Jod. Man kauft es entweder in fester Form oder meist bequemer als 10proz. Lösung in starkem Alkohol, d. h. als sog. Jodtinktur; von dieser setzt man, um das Jodwasser zu bereiten, zu 100 ccm Wasser nur einige Tropfen, solange wie sie sich bei gutem Umschütteln noch lösen. (Eine andere Art der Bereitung s. auf S. 126.) Ein sehr viel stärkeres Gemisch erhält man durch Lösen von 1 g Jod und 10 g Jodkalium in 100 ccm Wasser; es dient hauptsächlich zur Nachbehandlung der mit Sublimat fixierten Gewebe. Das Jod und seine Lösungen sind in gut verschlossenen Flaschen aufzubewahren, am besten mit Glasstöpseln, jedoch widersteht auch ein mit Paraffin gut eingeriebener Kork dem Jod ziemlich lange.

Jodkalium (Kalium jodatum der Apotheker) s. Jod.

Kali- oder Natronlauge. Man kauft sie am besten in kleinen Mengen beim Drogisten, da sich ihre Bereitung aus dem festen Kaliumhydrat nicht lohnt. Die 33proz. Lauge ist für manche Zwecke zu stark, läßt sich aber leicht verdünnen. Aufbewahrt wird sie wohl ebenso gut in Flaschen mit Korken wie mit Glasstöpseln, aber man sollte den Kork oder Stöpsel tüchtig mit weichem Paraffin einreiben, damit jener nicht so leicht angegriffen wird, und dieser sich nicht im Flaschenhalse so festsetzt, daß er nicht wieder losgeht; man mag daher auch den Hals innen damit einreiben. Vom Korke lasse man keine Stücke in das Glas fallen! Mit der Zeit zieht die Lauge aus der Luft Kohlensäure an und wirkt dann nicht mehr so gut.

Kaliumacetat s. Calciumchlorid.

Kaliumbichromat (doppeltchromsaures Kalium). Es wird zum Fixieren gebraucht; 100 g dürften ausreichen. Man löst 3 g davon in 100 ccm Wasser und setzt 5 ccm Essigsäure zu.

Kaliumchlorat (chlorsaures Kalium). 50 g genügen vollauf, da es nur zum Bleichen dient.

Karbolsäure (Phenol). Die ganz wasserfreie ist kristallisiert, zerfließt aber sehr rasch an der Luft. Sie dient oft als Mittel zum Aufhellen von Präparaten, kommt jedoch, weil sie leicht nachdunkelt und sehr schlecht riecht, hierfür kaum noch in Frage. Ferner lassen sich in die an der Luft zerflossene Karbolsäure kleine Insekten direkt einlegen und durchsichtig machen, auch von da durch Xylol in Balsam übertragen. Jedoch schlägt man statt dieses besonders bei englischen Dilettanten beliebten Weges besser den gewöhnlichen, sichereren, obwohl langsameren durch die Alkoholreihe ein. Sonst dient die Karbolsäure auch als Antisepticum, z. B. für die Glyzeringelatine. Man kommt mit 20—30 ccm bequem aus.

Klebwachs s. Wachs.

Kochsalz (Chlornatrium). Das gewöhnliche Küchensalz ist rein genug, darf aber nicht feucht sein. Die sog. physiologische Kochsalzlösung, besser als Normalsalzwasser zu bezeichnen, besteht aus der nur $^3/_4$proz. Lösung in destilliertem Wasser und wird benutzt, wenn man Gewebe von Wirbeltieren frisch untersuchen will und vom Safte dieser Gewebe nicht genug zur Verfügung hat. Für Fische und Wirbellose sind jedoch Lösungen von anderer Stärke erforderlich.

Kreide (Calciumcarbonat). Die feine Schlemmkreide, die man als Zahnpulver braucht, dient in der Mikrotechnik zum Entsäuern des Alkohols nach dem Entkalken von Objekten, aber auch zum Putzen von Deck- und Tragglasern. Man achte gerade hierbei darauf, daß die Kreide keine gröberen Teile enthält, die das Glas ritzen könnten.

Kupfersulfat s. Alkohol.

Maskenlack. Er dient zum Umrahmen der Präparate in wässerigen Flüssigkeiten und wird am besten von Grübler bezogen. 50 ccm reichen für viele Präparate hin. Man befestigt im Korke einen kleinen Pinsel, der in einem dünnen Holzstäbchen steckt, derart, daß er nur mit der Spitze in den Lack taucht, und schiebt ihn nach Bedarf tiefer. Nur darf sich kein Lack an den Kork setzen, weil dieser sonst leicht im Halse festklebt; auch mag man den Kork gut mit Glyzerin einreiben. Ist der Lack zu dick geworden, so verdünnt man ihn vorsichtig mit absolutem oder 96proz. Alkohol; ist er zu dünn, so läßt man die Flasche eine Zeitlang offen stehen.

Natriumjodat ($NaJO_3$, nicht Natrium jodatum, NaJ). Da es nur zum Oxydieren des Hämatoxylins gebraucht wird, so genügen einige Gramm, die man am besten von Grübler bezieht.

Natriumsalicylat (salicylsaures Natrium). Es dient nur als Antisepticum, man kommt daher mit wenigen Gramm aus.

Natriumsulfat (schwefelsaures Natrium). Es wird zum Auswaschen der Säure beim Entkalken von Knochen usw. benutzt; man reicht mit 100 g schon sehr weit.

Natronlauge s. Kalilauge.

Nelkenöl. Wir benutzen es nicht, wie sonst sehr viele, als Intermedium für die Überführung der Objekte vom Alkohol in Balsam oder gar Paraffin — hierfür haben wir bessere Mittel —, sondern nur im Gemisch mit Collodium beim Einbetten kleiner Objekte in Paraffin (s. S. 101). Hierzu bedarf man aber nur weniger ccm, auch ist es einerlei, ob es noch farblos oder bereits braun geworden ist.

Öle, fette. Als Medium können, obwohl selten, Oliven- oder Rizinusöl verwandt werden.

Osmiumsäure. Sie dient als Reagens auf weiche oder flüssige Fette, hauptsächlich aber allein oder in Verbindung mit anderen Stoffen zum Fixieren. Infolge ihres sehr hohen Preises und der Schwierigkeiten bei ihrer Anwendung ist dem Anfänger von ihrem Gebrauch abzuraten.

Paraffin. Es gibt mehrere Sorten, die sich durch ihren Schmelzpunkt unterscheiden. Für unsere Zwecke genügen je 100 g des ganz harten (Schmelzpunkt ungefähr 60°) und einer sehr weichen Sorte, die bei etwa 45° schmilzt. Durch Zusammenschmelzen beider in den richtigen Mengen lassen sich die Sorten dazwischen herstellen. Das Paraffin muß ganz in Benzol löslich sein; von den kleinen Schmutzteilen, Fasern usw. befreit man es durch langes Stehenlassen in der Wärme (s. S. 94).

Paraffinöl (Paraffinum liquidum). Es kann als Medium dienen, aber auch zum Einfetten der Instrumente und zum Schmieren der Achsen am Mikrotom.

Phenol s. Karbolsäure.

Pikrinsäure. Man braucht sie sowohl zum Fixieren als auch zum Färben. Zum ersteren Zwecke macht man sich eine 1proz. Lösung in Wasser, die nahezu gesättigt ist; diese kann auch zum Färben dienen, jedoch ist manchmal besser die Lösung in Alkohol oder Xylol, aber diese darf ja nicht stark sein, da sie sonst leicht überfärbt. Da die Pikrinsäure Wolle sehr tief färbt und fast gar nicht mehr daraus zu entfernen ist, so sei man im Interesse seiner Kleider sehr sauber bei der Anwendung. Sie schmeckt äußerst bitter, man nehme daher auch seine Finger in acht.

Pikrinschwefelsäure. Es ist nur ein Gemisch, keine chemische Verbindung der beiden Säuren. Man verdünnt die 1proz. Lösung der Pikrinsäure mit der doppelten Menge destillierten Wassers und gibt auf je 6 ccm einen Tropfen konzentrierter Schwefelsäure hinzu.

Quecksilberchlorid s. Sublimat.

Quittenschleim. Man kauft ihn beim Drogisten und kommt, da er nur für lebende Infusorien benutzt wird, mit wenigen ccm aus.

Salpetersäure. Gleich den beiden anderen starken Mineralsäuren wird sie in Flaschen mit Glasstöpseln aufbewahrt; speziell die Salzsäure, als sehr flüchtig, weit entfernt von den Mikroskopen und anderen empfindlichen Instrumenten. Am besten stellt man sie neben die Flasche mit Ammoniak, damit deren Dämpfe die sauren sofort bändigen. Sowie die Stöpsel nicht gut schließen, bildet sich auf den Flaschen ein weißer Belag von Ammoniumchlorid und -nitrat. Wir verwenden die Salpetersäure nur zum Entkalken, kommen daher mit 50 ccm der reinen 25proz., deren spezifisches Gewicht 1,15 sein muß, bequem aus.

Salzsäure. Auch diese muß, wo nicht ausdrücklich das Gegenteil angegeben wird, die reine 33proz. (spezifisches Gewicht 1,666) sein; von ihr genügen 100 ccm. Im übrigen siehe bei Salpetersäure.

Schwefelsäure. Gemeint ist die reine starke vom spezifischen Gewichte 1,84. Beim Verdünnen mit Wasser oder Alkohol sei man recht vorsichtig und gieße stets die Säure in die andere Flüssigkeit, nie umgekehrt. 100 ccm genügen. Im übrigen siehe bei Salpetersäure.

Spiritus s. Alkohol.

Sublimat (Quecksilberchlorid, $HgCl_2$). Da es sehr giftig ist, so gehe man ja recht vorsichtig damit um. Die mit seinen Lösungen in Berührung kommenden Gerätschaften dürfen nicht von Metall sein, da sie sonst angegriffen werden und nicht nur selber leiden, sondern auch jene verunreinigen. Die wäßrige Lösung (6proz.) kann man zur Not mit gewöhnlichem Wasser machen, erhält aber dann einen Bodensatz, von dem man die Lösung behutsam abgießen muß.

Terpentin, venetianischer. Er ist so, wie er im Handel als Ausfluß aus *Pinus larix* vorkommt, nur im Gemische mit Wachs für die Wachsfüße verwendbar. Soll er dagegen das definitive Medium für Präparate bilden, so muß man ihn erst in einem hohen Glasgefäße mit dem gleichen Volumen 96proz. Alkohols gut mischen und diese Lösung sich mehrere Wochen lang ruhig setzen lassen. Dann gießt man die klare Flüssigkeit ab und stellt sie offen, aber gegen Staub geschützt hin, bis sie dick genug wird (s. auch bei Canadabalsam). Die Präparate bringt man direkt aus starkem Alkohol hinein, hat aber, da der Terpentin sich schon rasch konzentriert, viel nachzufüllen, damit sich unter das Deckglas keine Luftblasen einschleichen. Vom rohen Terpentin genügen 100 ccm vollauf; man mag auch den gereinigten von Grübler kaufen.

Terpentinöl. Es dient zur Verdünnung des Goldgrundes, nebenbei wohl auch zum Lösen des Colophoniums. Wenige ccm reichen aus.

Terpineol, flüssiges. Es wird hauptsächlich als Intermedium, nebenher als definitives Einschlußmittel gebraucht. Man bezieht es am besten von Grübler; 100 ccm genügen. Siehe auch bei Canadabalsam.

Trichloressigsäure. Eine geringe Menge der 10proz. Lösung reicht aus, da sie nur zum Fixieren ganz kleiner Objekte, besonders der Infusorien, dienen soll. Man bezieht sie von Grübler.

Vaselin. Man kann es zum Einfetten der Instrumente verwenden auch zum Umrahmen von Deckgläsern (s. S. 158). 10—20 g genügen.

Wachs. Das gelbe Bienenwachs wird in erster Linie zur Bereitung des sog. Klebwachses gebraucht, aus dem man die Wachsfüßchen macht. Man schmilzt 2 g Wachs und 1 g venetianischen Terpentins in einem Porzellanschälchen über einer ganz kleinen Flamme und rührt das Gemisch bis zum Erkalten mit einem alten Spatel oder Messer gut um. Es muß so weich sein, daß man mit einer Ecke des Deckglases nach der anderen hineinstoßen und etwas davon herausholen kann, ohne das Deckglas zu zerbrechen. (Eventuell muß man noch etwas Terpentin mehr nehmen und von neuem schmelzen.) Nach dem Gebrauche lassen sich die Deckgläser leicht mit Watte reinigen. — Ferner dient das Wachs (am besten wird es, noch flüssig, reichlich mit Lampenruß vermischt) in einer Präparierschale, d. h. einer flachen Glasschale oder einem ähnlichen Blechgefäße, als Boden, in den man die Objekte mit Nadeln feststeckt.

Wasser. Meist reicht das gewöhnliche aus, besonders wenn man es filtriert, und nur selten muß es destilliert sein. Dieses bewahrt man in einer Flasche auf, deren Kork von einer Glasröhre durchsetzt wird, die aber außerhalb des Korkes abwärts gebogen ist, damit durch sie kein Staub hineingerät. Bei völligem Abschluß der Luft verdirbt das Wasser leicht.

Wasserstoffhyperoxyd (Aqua oxygenata). Es kann zum Bleichen dienen. Man bezieht es am besten in kleinen Mengen frisch, da es mit dem Alter an Wirksamkeit einbüßt.

Xylol s. Benzol.

Zucker. Man bedarf seiner nur zur Bereitung des Gummisirups. Wenige Gramm reichen aus, am besten nimmt man klare Kristalle.

Anhangsweise seien hier einige Stoffe erwähnt, die oft gebraucht werden, aber nicht zu den Reagenzien gehören.

Vom Filtrierpapier nehme man die gewöhnliche Sorte, da die Niederschläge, die man abzufiltrieren hat, in der Regel ziemlich grob sind. Das Filter soll stets etwas kleiner geschnitten werden, als die Weite des Trichters (s. auch S. 192) beträgt, so daß es nicht über den Rand herausragt. Man kommt fast immer mit einem glatten Filter aus und braucht nicht erst ein Faltenfilter zu machen. Wird beim Filtrieren einer wässerigen Lösung der Karminsäure das Papier graugrün, so enthält dieses Kalk, aber das hat weiter keine Bedeutung. Kalilauge filtriert man besser durch Glaswolle, da sie das gewöhnliche Filtrierpapier leicht durchfrißt.

Zum Beschreiben der Traggläser dient, wenn es nur provisorisch sein soll, ein guter Fettstift, besonders ein gelber. Später bringt man entweder ein Papierschildchen an oder benutzt die sog. Glastinte, die bei Grübler zu haben ist; man wähle die schwarze Sorte und schüttle sie vor dem Gebrauche jedesmal gut um. Zum Schreiben damit genügt eine gewöhnliche Feder. Die Schrift auf dem Glase muß, wenn sie trocken geworden ist, die Benetzung mit den gebräuchlichen Reagenzien und Farbstoffen vertragen. Die Tinte besteht aus Wasserglas und echter flüssiger Tusche etwa zu gleichen Teilen; da man aber letztere nicht immer echt erhält, so bezieht man besser das fertige Gemisch von Grübler. Mit 20 ccm kommt man weit, falls man sie gut verkorkt hält. Auch die Vorratflaschen für die Reagenzien kann man damit signieren.

3. Geräte aus Glas und Porzellan.

Obwohl wir uns auch hier auf das Nötigste beschränken, so ist die Liste doch ziemlich lang geworden. Manche feinere Beobachtung oder Operation läßt sich eben ohne die dazu gehörigen Apparate nicht ausführen; es wäre nutzlos, sie mit ungeeigneten Werkzeugen zu versuchen.

Bechergläser und Kochflaschen. Sie dienen zur Bereitung von Lösungen in der Wärme und können, wenn es sich um wässerige handelt, auch durch eine Porzellanschale ersetzt werden. Kochflaschen sind besser als Becher, weil sie sich zukorken lassen, so daß sich die Lösungen darin klären, ohne durch Verdunsten des Lösungsmittels konzentrierter zu werden. Jedoch sind die Becher leichter zu reinigen. Größere als zu 100 ccm werden nicht gebraucht, wohl aber kleinere bis zu 30 ccm herab. Die von Jenaer Glase sind vorzuziehen, aber die gewöhnlichen genügen auch, wenn man nicht lange darin zu kochen hat.

Deckgläser. Man kauft sie am besten gleich geschnitten, denn will man sie sich mit einem Schreibdiamanten schneiden, so hat man dabei zuviel Bruch. Man halte sich aber nur einen kleinen Vorrat, da sie mitunter bei längerem Liegen in der Schachtel trübe werden und sich dann nicht mehr klar putzen lassen. (Dies gilt auch von den Tragglässern.) Die gebräuchliche Größe ist 18×18 mm, selten braucht man welche von 22×22 oder 22×16 und 26×21. Ihre Dicke darf zwischen 0,15 und 0,20 mm schwanken; man bestimmt sie einfach, indem man von den Gläsern eins nach dem anderen auf den Tisch fallen läßt und sie nach dem Klange sortiert: je heller der Ton, desto dicker. Nun faßt man einige gleichdicke zusammen und mißt sie mit dem Halbmillimeter-Maßstabe oder genauer mit dem Okularmikrometer, worauf man durch Division die Dicke des einzelnen exakt genug erhält. (Es gibt auch Deckglastaster zur Bestimmung der Dicke, aber sie sind zu teuer und entbehrlich.) Die Bruchstücke, die sich beim Putzen usw. ergeben, hebe man auf, da sie als Stützleisten für dicke Objekte dienen können. — Das Putzen neuer Gläser ist schon auf S. 34 besprochen worden. Genau so verfährt man, wenn man ein Präparat gleich nach der Beobachtung zerstört, denn alsdann ist ja das Medium noch flüssig. Ist dieses aber einmal fest geworden, so legt man, wenn es ein Harz ist, das Präparat auf die Wärmeplatte oder hält es einen Augenblick in die Flamme und schiebt das Deckglas vorsichtig vom Tragglase herab; beide Gläser reinigt man nun durch Einlegen in gebrauchtes Xylol oder ein anderes Lösungsmittel des Harzes und gutes Abwischen. Da aber in alten Präparaten die Innenflächen beider Gläser oft durch das Harz angegriffen sind, so lohnt sich das mühsame Reinigen nicht. — Runde Deckgläser haben nur dann einen Zweck, wenn die Präparate elegant aussehen sollen, und man braucht dazu eine Drehscheibe für die Lackringe. Die Deckgläser aus Glimmer oder Gelatine gewähren als solche keinen Vorteil, jedoch lassen sich letztere anderweitig (s. S. 55) verwenden.

Flaschen aus gutem, hartem Glase. Die meisten müssen wirklich gute Korke haben, nur selten bedarf man welcher mit Glasstöpseln, die aber wesentlich teurer sind. Das Glas sei immer weiß, nicht grün, und fast nie wird gelbes nötig, da man ja die gegen das Licht zu schützenden Stoffe ebenso gut in hellen Flaschen mit einem Mantel aus schwarzem Papiere aufbewahren kann. Die enghalsigen Flaschen für Flüssigkeiten wählt man in den Größen von 20, 30, 50 und 100 ccm; von den weithalsigen, in denen man feste Stoffe (Salze usw.), ferner die Objekte in Alkohol und anderen Medien unterbringt, werden auch größere gebraucht.

Glasröhren und Glasstäbe. Da man sie sich meist selber in die richtigen Längen, zum Teil auch in feine Spitzen auszieht, so müssen sie von leicht schmelzbarem Glase sein, das sich aber in der Flamme nicht entglasen darf. S. auch S. 64 u. 66.

Kochflaschen s. Bechergläser.

Maßstäbe von Glas. Siehe S. 171.

Mensuren oder Meßgefäße. Es genügt je eine zu 5 und zu 100 ccm. Nach dem Gebrauche spüle man sie recht sorgfältig aus und lasse sie wieder gut trocknen.

Objektträger s. Traggläser.

Pipetten. Man bedarf ihrer sowohl zum Übertragen kleiner Objekte aus einer Flüssigkeit in eine andere oder auf das Tragglas als auch zum Abzählen von Tropfen. Danach müssen sie verschieden weit sein und eine verschieden weite und lange Spitze haben. Man kann sie sich leicht herstellen, wenn man die Behandlung des Glases in der Flamme etwas gelernt hat. Im übrigen s. S. 64.

Porzellanschalen. Sie dienen wesentlich zum Kochen wässeriger Flüssigkeiten. Eine große für etwa 150 ccm und eine kleine für 50 ccm genügen. Man sorge dafür, daß der Rand, soweit er nicht glasiert ist, von den Lösungen, besonders der Farbstoffe, nicht berührt wird, da diese sich in der rauhen Masse leicht festsetzen und dann oft nur durch Säuren entfernen lassen, die selbst wieder gründlich ausgewaschen werden müssen. — Kleine, unten flache Schalen verwendet man mit Vorteil beim Einbetten in Paraffin, da man in ihnen die Objekte besonders gut sieht.

Präparatgläser s. Flaschen und Tuben.

Reagensgläser. Wenn man sie gut behandelt, genügen wenige, aber sie sollten von Jenaer Glase sein. Die gebräuchlichen Maße sind: Länge etwa 15 cm, Weite oben mit dem umgebogenen Rande etwa 2 cm, jedoch braucht man für kleine Mengen Flüssigkeit auch kürzere und engere.

Spirituslampe. Sie ist am besten von Glas, damit man sehen kann, ob sie noch Alkohol enthält, auch muß sie seitlich eine Öffnung mit Glasstöpsel zum Einfüllen des Alkohols haben. Aus Blech kann man sich leicht einen Schornstein (Fig. 16 auf S. 94) zurechtschneiden, der die oft sehr kleine Flamme gegen Zug schützt.

Traggläser (Objektträger). Man kaufe nur solche vom englischen Formate, d. h. 76 × 26 mm groß, und mit geschliffenen Kanten. Die mit rohen sind zwar viel billiger, ruinieren aber unweigerlich beim Abtrocknen und Putzen Handtuch und Hand. Dagegen brauchen sie nicht aus dem feinsten Glase zu sein, ein leicht grünes genügt. Jedoch müssen sie völlig eben sein, also auf dem Mikroskoptische, wenn man an dem einen Ende auf sie drückt, fest liegen bleiben. Sollten sie diese Probe nicht bestehen, so prüft man jedes unmittelbar vor dem Gebrauche nochmals und verwendet es dann so, daß die schwach nach oben gekrümmte Fläche das Präparat aufnimmt. Sie ruhen dann jedenfalls fest auf und sind nur in der Mitte ein wenig höher, was aber nicht viel schadet. — Außer den gewöhnlichen Traggläsern braucht man einige mit eingeschliffenen Höhlungen von verschiedener Weite und Tiefe, z. B. zur Beobachtung im Hangenden Tropfen (s. S. 158). Im übrigen s. bei Deckgläser.

Trichter. Es genügen ein kleiner und ein mittelgroßer; Weite der oberen Öffnung etwa 5 resp. 10 cm. Unten sollten sie nicht schräg abgeschliffen sein, weil sich hier, wo die ursprüngliche glatte Haut fehlt, die Lösungen, namentlich der Farbstoffe, in das Glas hineinziehen und daraus oft nur durch Säuren wieder entfernen lassen. Die Wände müssen den richtigen Winkel von 60° miteinander bilden, damit das Papier sich überall gut anlegt. Filtriert man nicht direkt in eine Flasche, sondern in eine Schale oder ein Becherglas, so lasse man den Trichter unten deren Wand berühren, sonst spritzen leicht Tropfen umher.

Tropfgläser. Zur Not sind sie entbehrlich, da man ja einzelne Tropfen auch mit der Pipette abzählen kann. Am ehesten sind sie für destilliertes Wasser zu empfehlen, und da genügt eins von 25 bis 30 ccm Inhalt. Die Tropfen werden sehr verschieden groß, je nach der Form der Öffnung, aus der sie kommen, und noch mehr nach der Art der Flüssigkeit.

Tuben von Glas für Präparate, d. h. zum Aufbewahren kleiner Objekte, für die die weithalsigen Flaschen zu groß sind. Man hat sie mit rundem und plattem Boden. Letztere stehen natürlich besser aufrecht, lassen sich aber gerade am Boden nicht so gut reinigen wie erstere. Um diese vor dem Umfallen zu bewahren, stellt man sie in kurze Stücke von Bleiröhren, die man an einer Seite der Länge nach aufschlitzen mag (Fig. 16 auf S. 94), um sie je nachdem etwas zu erweitern oder zu verengern. Man sorge auch bei den Tuben für Korke, die gut schließen und unten ganz glatt sind, so daß sich keine Krümel ablösen können.

Uhrgläser. Man braucht sie von mehreren Weiten und Tiefen. Es ist angenehm, z. B. für das Einbetten in Paraffin, aber nicht unerläßlich, daß sie einen flachen Boden haben, denn auch die runden kann man durch geeignete Unterlagen von Pappe, Kork oder dgl. sicher aufstellen. Zum Bedecken nimmt man entweder dünne Glasscheiben oder andere Uhrgläser. Um letztere bequem zu handhaben, kitte man einen kleinen kurzen Kork mit Siegellack auf, aber etwas seitlich (Fig. 28), so daß er den Blick nach unten nicht hindert. Ganz kleine Uhrgläser mag man mit hartem Balsam in der Höhlung eines ausgeschliffenen Tragglases festkitten, darf sie aber nur für wässerige Flüssigkeiten gebrauchen, weil sonst der Balsam sich löst.

Fig. 28.

Unterlagen aus schwarzem und weißem Milchglase. Sie dienen beim Anfertigen der Präparate und mögen etwa 10 × 10 cm groß sein. Die doppelt so langen, deren eine Hälfte weiß, die andere schwarz ist, sind viel leichter zerbrechlich, auch weniger handlich.

4. Geräte aus Metall, Horn usw.

Brenner. Man benutzt entweder einen gewöhnlichen Bunsenschen, und da muß alles, was erhitzt werden soll, soweit man es nicht in der Hand hält, auf entsprechend hohen Gestellen ruhen, oder den liegenden Mikrobrenner, der bei R. Jung in Heidelberg zu haben und nur reichlich 3 cm hoch ist. Dieser empfiehlt sich besonders für das Einbetten in Paraffin, da er sehr sparsam brennt und trotz seiner niedrigen Form eine blaue Flamme liefert.

Dreifuß. Er dient sowohl beim Kochen als auch beim Filtrieren. Seine Höhe richtet sich nach der des Brenners; man wähle ihn recht weit — der Ring habe einen Durchmesser von etwa 12 cm — und lege eventuell ein Dreieck von Draht darauf, das das Kochgefäß zu tragen hat. Für langsames Erhitzen ist eine Asbestplatte brauchbar. Zum Filtrieren durch einen sehr kleinen Trichter in eine Schale oder dgl. kann man an dem einen Fuße einen dazu passenden Ring aus dünnem Drahte anbringen.

Lampen. Zur Beleuchtung des Mikroskopes ist jede helle Lampe recht, da ja auch unsere stärkste Linsenkombination keine großen Ansprüche an das Licht stellt. Das gewährt den Vorteil, daß ein und dieselbe Quelle zugleich dem Spiegel und dem Arbeitstische Licht zuführt, so daß beim Zeichnen auch das Papier, beim Anfertigen der Präparate das Objekt nebst den Nadeln usw. hell genug werden. Nur muß man, da das direkte Lampenlicht im Spiegel ungünstig wirkt, eine Mattscheibe davorsetzen, am einfachsten ein Stück dünnen durchscheinenden Butterbrotpapieres. Man befestigt dieses in einem Halter[1]), den man zwischen Lampe und Spiegel schiebt. Die Entfernung zwischen diesen drei Gegenständen muß man ausprobieren; sie kann bei der schwachen Linse natürlich größer sein, als wenn man der starken Linse halber mehr Licht braucht. Will man eine eigene Lampe zum Mikroskopieren haben, so wähle man das kleine Modell von Zeiss; ob die Gas- oder die elektrische Lampe, ist einerlei. Bei ihr steht vor der Lichtquelle ein Glaskolben mit Wasser, man darf also die Lampe dem Mikroskope näher rücken, als sonst anginge, auch kann man statt des Wassers eine dünne Lösung von Kupfersulfat einfüllen, um das gelbe Licht in weißes zu verwandeln. Will man dies auch bei der gewöhnlichen Lampe erreichen, so nimmt man als Mattscheibe ein hellblaues Glas mit darauf geklebtem mattem Papiere.

Mappen für Präparate. Sie sich selbst zu machen, lohnt sich nicht, da man sie sehr viel billiger und besser kaufen kann, z. B. bei Grübler.

---

[1]) Aus einer Postkarte schneidet man vom einen schmalen Rande her ein Stück von 8 × 6 cm heraus und beklebt die Lücke mit dem durchscheinenden Papiere; den anderen schmalen Rand biegt man 3 cm weit um und erhält so den Fuß für den Schirm. Diesen stellt man je nach der Höhe der Lampe senkrecht oder schräg vor den Spiegel.

Man wähle aber nur solche, in denen jedes Präparat vom anderen getrennt ist und wagerecht liegt. Die Leisten zwischen den Präparaten müssen so hoch sein, daß auch ziemlich dicke Objekte nicht vom Deckel der Mappe beschädigt werden.

Messer und Scheren. Zur eigentlichen Anfertigung der Präparate gebraucht man sie nur selten, umsomehr aber zur Gewinnung des Materiales, das erst weiter verarbeitet werden soll. Also z. B. zum Ausschneiden von Eingeweiden irgendeines Haustieres, von denen kleine Stücke fixiert werden sollen, oder zum Abtrennen eines Blattes, einer Blüte usw. Dazu reichen eine große Schere und ein ebensolches Messer hin, aber man bedarf auch mindestens einer feinen Schere, wenn man sich an Insekten, Spinnen usw. wagt, um von ihnen geeignete Teile zu bekommen, und ein feines Messer ist nicht überflüssig. Mitunter leistet eine krumme Schere bessere Dienste als eine gerade, man versorgt sich also wohl mit beiden Arten.

Nadeln. Gewöhnliche Nähnadeln reichen meist aus, aber sie müssen gut sein. Die ganz feinen sind nicht kräftig genug, man suche also starke aus und verleihe ihnen durch Schleifen — s. S. 31 — die feine Spitze. Auch die sog. Nickelinnadeln sind zu empfehlen, da sie zwar sich nicht so fein spitzen lassen wie die aus Stahl, aber bei guter Behandlung unverwüstlich sind und nicht rosten. Eine oder mehrere Lanzettnadeln sind bei manchen feineren Arbeiten unentbehrlich; wer geschickt ist, kann sie selber herstellen (s. S. 32).

Pinsel. Einige kleine werden zum Ziehen der Lackränder um die Präparate, ferner zum Aufnehmen der Paraffinschnitte vom Messer, endlich zum Befeuchten des Rasiermessers und Abnehmen der Schnitte davon benutzt. Am besten gebraucht man zu jeder dieser Verrichtungen einen eigenen Pinsel, muß ihn aber sehr sauber halten.

Pinzetten. Eine grobe und mehrere feine genügen. Siehe S. 31.

Scheren siehe Messer.

Schleifsteine. Man braucht einen mittelgroßen guten für die Schliffe durch Knochen usw. sowie einen kleinen gewöhnlichen zum Schärfen der Nadeln; dies kann man zur Not auf der Rückseite des anderen besorgen.

Wage und Gewichte. Eine kleine Handwage für Dezi- und Zentigramme ist unentbehrlich, eine größere für die Gramme bis etwa 100 g erwünscht.

Zwölftes Kapitel.

Verzeichnis des Materiales an Tieren, Pflanzen und anorganischen Gebilden zu den Übungen.

Von tierischen Objekten kommen folgende in Frage.

Speichel. Er dient zur Demonstration des Mundepitheles und der Speichelkörperchen, ferner zur Erlernung einfacher Fixierungen und Färbungen. Siehe S. 24, 73, 78.

Haare von Mensch und anderen Säugetieren, speziell Wolle. Man untersucht sie teils ungeschnitten teils nach Einbettung in Gummi in Schnitte zerlegt. Siehe S. 88 u. 89.

Menschliches Hühnerauge. Es läßt sich mit Kalilauge macerieren (s. S. 152).

Haut von Säugetieren in Gestalt von Fensterleder. Es zeigt gut die Fasern der Unterhaut (Cutis).

Blut von Mensch und anderen Wirbeltieren. Es kann zu Übungen im Behandeln sehr kleiner Objekte dienen (s. S. 102). Ein Tröpfchen frischen Blutes von Huhn oder Taube, auf dem Tragglase recht dünn ausgestrichen, an der Luft getrocknet, mit Karm- oder Hämalaun gefärbt, mit Wasser abgespült, wieder getrocknet und mit Terpineol bedeckt, zeigt die Kerne der roten Blutzellen.

Knochen und Zähne von Säugetieren. Sie eignen sich zum Erlernen des Schleifens und Entkalkens (s. S. 146 und 149). Als Knochen kann jeder daraus hergestellte Gegenstand des Haushaltes verwandt werden, z. B. der Stiel einer Zahnbürste, ein Feder- oder Nadelhalter.

Milch. Sie bildet ein gutes Objekt für die Fettfärbung mit Sudan (s. S. 21), ebenso Käse für Schnitte mit dem Rasiermesser (s. S. 87).

Innere Organe höherer Wirbeltiere. Zur Not kommt man mit einer Taube oder einem Huhne aus, falls sie ganz frisch zu haben sind, also etwa für die Küche angekauft werden. Man schneidet kleine Stücke von Leber, Darm, Luftröhre, Lungen, Muskeln, auch wohl Haut und Nieren, aus und bringt sie am einfachsten direkt in eine relativ große Menge 90proz. Alkohols, um sie erst später in Ruhe zu verarbeiten. Noch besser ist es natürlich, wenn man von einem soeben mit Chloroform getöteten Säugetiere (Maus, Ratte usw.) oder Vogel (Sperling) die genannten Organe selber herausnehmen und in die Fixiergemische bringen kann.

Niedere Wirbeltiere. Als solche kommen in Betracht wohl nur die Fische, denn ein Frosch ist nicht so leicht zu beschaffen, eher wohl Froschlarven, die sehr gute Objekte bilden (s. S. 155). Ein kleiner Süßwasserfisch — man töte ihn durch einen Schnitt mit dem Messer in den Kopf oben, wo man das Hirn vermuten darf, und fahre dann mit einem dünnen Drahte im Rückenmarke nach hinten, um dieses zu zerstören — bietet Material genug. Besonders geeignet sind die Flossen, jedoch muß man sie noch frisch mit Nadeln auf eine Korkplatte aufspannen, so daß sie auch in den Fixiergemischen gedehnt bleiben. Sie ergeben dann, entsprechend gefärbt und durchsichtig gemacht, sehr lehrreiche Präparate vom Bau der Haut, speziell der Chromatophoren (Farbstoffzellen) darin. Auch die Schuppen sind der Betrachtung wert. Von den Kiemen lassen sich ebenfalls gute Präparate gewinnen. Die Linsen bringt man direkt in Alkohol, wo sie trüber werden, und versucht sie (oder die ganz undurchsichtigen von gekochten Fischen) in Benzol, Benzylalkohol usw. wieder durchsichtig zu machen. Die Eingeweide behandelt man wie die der Säugetiere und Vögel.

Weichtiere. Hier sind zunächst die Schalen von Muscheln und Schnecken zu nennen, sofern sie sich zu Dünnschliffen eignen, besonders das Perlmutter (s. S. 147). Ferner bieten die Muscheln, z. B. die Teichmuschel, aber auch die kleineren, die man wohl in Aquarien hält, eine sehr bequeme Gelegenheit zur Beobachtung der Flimmerzellen lebend und als regelrechtes Dauerpräparat dar: man bringt von den Kiemen ein

Stücklein mit einem Wassertropfen auf den Mikroskoptisch und wird gleich das Spiel der Wimpern wahrnehmen. Zum Fixieren ist besonders gut Sublimatlösung. Auch Sperma und Eier sind unter Umständen günstige Objekte (s. S. 156). Endlich mag man versuchen, von einer Lungenschnecke die sog. Zunge oder Radula zu gewinnen. Man legt eine Landschnecke, am einfachsten von denen ohne Haus, auf 24 Stunden in Wasser, findet sie dann tot vor und kann sie nun bequem öffnen und außer anderen Organen den Anfang des Darmkanals herausnehmen; diesen bringt man in kalte Kalilauge (s. S. 152), spült die macerierten Weichteile mit Wasser gut weg und erhält so die sehr resistente Radula mit ihren eigentümlichen Zähnchen rein, kann sich auch davon ein Präparat in Glyzeringelatine oder Harz einlegen.

Chitintiere (Insekten, Tausendfüßer, Spinnentiere, Krebstiere). Vor allem ist hier das große Heer der Insekten wichtig. Von diesen seien aufgeführt: die Stubenfliege nebst ihren Verwandten, ferner die Motten, überhaupt Schmetterlinge als Schuppenträger, sowie Mücken, Bienen, Wespen, Schaben, Grillen u. a. mehr. Mücken geben sehr lehrreiche Präparate, wenn man sie direkt in starken Alkohol bringt, worin sie sofort sterben, und nach gehöriger Härtung darin zwischen den Fingern der linken Hand mit dem Rasiermesser der Länge nach durchschneidet, so daß man den ganzen Körper ziemlich genau halbiert. (Das gelingt freilich nicht ohne einige Übung.) Man legt beide Hälften dann in ein Harz derart, daß man von der einen die Außen-, von der anderen die Innenseite nach oben wendet, kann sie auch vorher mit Boraxkarmin oder Karmalaun färben; andererseits mag man vorher alle Weichteile mit Kalilauge fortschaffen und bekommt so besonders klare Bilder des Chitinskelettes. Von Fliegen und noch größeren Insekten sind solche Präparate nicht so übersichtlich, da sie zu dick werden, auch das schwarze Pigment hinderlich ist, falls man es nicht durch Bleichen entfernt oder wenigstens gemildert hat. — Auch ein Floh ist für den Mikroskopiker keineswegs ein übler Gast. Gibt er doch recht interessante Präparate ab, teils im ganzen, teils zergliedert. Man versuche sich hier an der sorgsamen Auseinanderlegung seiner Mundteile oder an der noch schwereren seiner Fühler. Desgleichen sind Bettwanze und Läuse wohl ohne Mühe zu bekommen; sie bieten des Merkwürdigen genug dar. — Die Bienen, genauer nur ihre Arbeiterinnen, zeigen bei richtigem Vorgehen das Wachs am Orte seiner Entstehung. Man trennt an der mit Chloroform getöteten Biene mit einer feinen Schere das Bauchstück des Hinterleibes vom Rückenstücke ab, bringt es in Kalilauge, beizt darin alle Weichteile fort, wäscht gut aus und legt es mit Wasser zwischen zwei Deckgläser, um es von beiden Seiten betrachten zu können: von innen sieht man zuerst das hier sehr durchsichtige, haarlose, glatte Chitin, dann das Wachs, von außen natürlich zuerst das Wachs. Die Wachsplättchen kann man auch vorsichtig herausholen und isoliert aufbewahren; ferner lassen sich an einer anderen Biene, die man ebenso öffnet, aber nun in Sublimat oder Pikrinschwefelsäure fixiert, die Wachszellen als eine Schicht kleiner sechsseitiger Prismen ziemlich gut sehen, besonders nach Färbung mit Karmalaun in Glyzerin oder einem Harze. — Hat man einen tropischen Schmetterling, z. B. *Morpho*, mit schön blauen Flügeln zur Verfügung, so schließe man von einem Flügel ein Stückchen in Luft, ein anderes in Harz ein; man gewinnt so einen Einblick in die Art, wie der Schiller bei schrägem Oberlichte zustande kommt. Auch die Schuppen des Silberfischleins *(Lepisma)* sind sehr lehrreich. Außer der echten Seide lohnt es sich, die Spinnenseide anzuschauen; man wickelt einfach einen von Staub recht reinen Teil eines Spinnewebes um ein Tragglas und befestigt darauf ein Deckglas mit 4 Wachstropfen, kann ihn auch in Harz einschließen. Von Insekten, Spinnen und Krebsen lassen sich allerlei Präparate anfertigen, die den Reichtum gerade dieser Tiere an vielgestaltigen Haaren, Borsten, Schuppen und dergl. zeigen. Dies gilt auch von den Keimzellen (Sperma und Eiern), an denen sich ja manches beobachten läßt (s. S. 156).

Würmer. Die größeren, wie Blutegel, Regenwürmer usw., eignen sich natürlich nur nach sorgfältiger Präparation zum Studium mit dem Mikroskope, kommen daher für den Anfänger kaum in Betracht. Allenfalls mag er versuchen, den kleinen Borstenwürmern, die sich in Aquarien finden, Präparate abzugewinnen. Eher kann er sich mit den lebenden Rädertieren beschäftigen, die sich zugleich mit den Infusorien usw. in den Aufgüssen (s. S. 159) entwickeln.

Vom Badeschwamme läßt sich das Fasergerüst, wie es zum Waschen benutzt wird, gut in Gummi einbetten und schneiden (s. S. 90). — Über die Infusorien und anderen mikroskopischen Tiere s. S. 159.

Von pflanzlichen Objekten seien folgende hier kurz aufgeführt.

Die Brennhaare der Nessel dienen zur Beobachtung der Plasmaströme (s. S. 26). Die Schale einer einigermaßen frischen Zitrone liefert mit dem Rasiermesser Schnitte zum Studium der Ölzellen (s. S. 87). Was sich alles an Papier und Baumwoll- oder anderen pflanzlichen Fasern sehen läßt, ist bereits auf S. 22 und 24 erörtert worden. Über den Kaffeesatz s. S. 20, über Stärke und Brot S. 17 u. 125, über Kork S. 86, über Mark von Holunder oder Sonnenblumen S. 83, über Linsensamen S. 92, über die Steinnuß S. 148. Sehr brauchbar ist ferner der Fruchtknoten irgendeines Zwiebelgewächses, z. B. der Narzisse oder Tulpe, da er sich leicht aus freier Hand in Querschnitte zerlegen läßt, die nach Färbung mit Karm- oder Hämalaun hübsche Bilder der Zellen und Kerne liefern. Auch ein Stückchen einer Kartoffel eignet sich zum Schneiden (s. S. 88), desgleichen im Frühjahre die jungen Triebe, wo die Anordnung der Stärkekörner in den Zellen gut hervortritt.

Besonders instruktiv ist die Zwiebel (*Allium*): die vertrockneten obersten Häute zeigen die Zellmembranen, können auch Kristalle beherbergen; die tieferen Schichten lassen noch die Zellkerne erkennen. Jedoch sollte man Stücke der Zwiebel vorher in Alkohol legen, um sie besser schneiden zu können. Vor allem aber mag man eine kleine Zwiebel in einem Glase mit Wasser zum Keimen bringen und in den jungen Wurzeln (nach Fixierung in Sublimatlösung oder einfacher erst in schwachem, dann in starkem Alkohol) auf Schnitten die Kerne studieren. Das Keimen dauert allerdings lange, auch darf man die Zwiebel nur ganz wenig ins Wasser tauchen lassen. An einem kleinen Grase, das man mit der Wurzel ausgegraben hat und in Wasser stellt, sprossen schon bald neue Wurzeln hervor; auch diese kann man zum Studium heranziehen. Die Halme liefern gute Präparate der stark verkieselten Haare. — Sehr lehrreich ist die Nadel einer Tanne, Fichte oder eines anderen Nadelholzes; man schneidet sie mit dem Rasiermesser und färbt die Schnitte mit Karmalaun. Von den Blättern der jungen Zwiebel, noch besser aber von denen der Hyazinthe und Narzisse, lassen sich leicht mit Pinzette oder Messerchen lange Streifen der Oberhaut frisch abziehen und speziell auf die Kerne der Spaltöffnungszellen untersuchen, eventuell nach Fixierung in Alkohol von 30, 60 und 90%. Auch die weißen Blüten dieser und anderer Pflanzen sind sehr interessant: man findet schon bald heraus, daß das Weiß keine echte Farbe ist, sondern nur auf der Lichtbrechung durch die Luft in den Zellen beruht, kann auch in den Stielen eine Lösung von Säurefuchsin aufsteigen lassen (s. S. 139) und so die Blüte unecht färben.

Frische Hefe, vom Bäcker bezogen, mag man in Zuckerlösung keimen lassen und beobachten; viel ist aber auch mit der stärksten Linse nicht daran zu sehen.

Anorganische Objekte.

Über Glasfäden und Glaspulver s. S. 24, 59 und 133. Als Material für schöne Kristalle sind außer Alaun, Borax und Kochsalz (s. S. 27) manche anderen Salze brauchbar, desgleichen Gemische, z. B. von Alaun und salizylsaurem Natrium: man möge einfach einen Tropfen Karmalaun auf dem Tragglase langsam verdunsten lassen. Ferner scheide man aus einer wässerigen Lösung von Chlorcalcium durch Schwefelsäure Gips, durch Soda hingegen Calciumcarbonat ab und beobachte die Vorgänge dabei; s. auch S. 28. Tusche, selbst angerieben, sowie feines Karminpulver, zeigen die Molekularbewegung deutlich (s. S. 25).

Register.

GPSR Compliance

The European Union's (EU) General Product Safety Regulation (GPSR) is a set of rules that requires consumer products to be safe and our obligations to ensure this.

If you have any concerns about our products, you can contact us on ProductSafety@springernature.com

In case Publisher is established outside the EU, the EU authorized representative is:

Springer Nature Customer Service Center GmbH
Europaplatz 3
69115 Heidelberg, Germany

Batch number: 10682323

Printed by Printforce, the Netherlands